21世纪 技能创新型人才培养系列教材

物联网系列

智能家居及楼宇
网络控制系统应用

主 编◎李 浩 向 鑫

副主编◎袁振文 李东军 刘 欢

中国人民大学出版社

·北京·

图书在版编目（CIP）数据

智能家居及楼宇网络控制系统应用 / 李浩，向鑫主编 . -- 北京：中国人民大学出版社，2022.12
21 世纪技能创新型人才培养系列教材 . 物联网系列
ISBN 978-7-300-31438-9

Ⅰ . ①智… Ⅱ . ①李… ②向… Ⅲ . ①住宅－智能化建筑－高等职业教育－教材②智能化建筑－通信网－高等职业教育－教材 Ⅳ . ① TU241 ② TU855 ③ TN915

中国国家版本馆 CIP 数据核字（2023）第 028166 号

21 世纪技能创新型人才培养系列教材·物联网系列
智能家居及楼宇网络控制系统应用
主　编　李　浩　向　鑫
副主编　袁振文　李东军　刘　欢
Zhineng Jiaju ji Louyu Wangluo Kongzhi Xitong Yingyong

出版发行	中国人民大学出版社		
社　　址	北京中关村大街 31 号	**邮政编码**	100080
电　　话	010 - 62511242（总编室）		010 - 62511770（质管部）
	010 - 82501766（邮购部）		010 - 62514148（门市部）
	010 - 62515195（发行公司）		010 - 62515275（盗版举报）
网　　址	http://www.crup.com.cn		
经　　销	新华书店		
印　　刷	北京七色印务有限公司		
规　　格	185 mm×260 mm　16 开本	**版　　次**	2022 年 12 月第 1 版
印　　张	18.75	**印　　次**	2022 年 12 月第 1 次印刷
字　　数	433 000	**定　　价**	52.00 元

网络技术的飞速发展，大大拓展了人们的视野，丰富了人们的物质生活和精神生活，极大地促进了人类社会的进步。

众多先进企业以工业网络互联技术为基础，搭建了各种各样的工业网络控制平台，通过共享控制过程中的实时数据，有力地推动了智能化制造、网络化协同、数字化管理等工业控制新模式的进程，促进了实体经济提质、增效、降本、绿色和安全发展。

无处不在、万物互联的物联网被称为信息科技产业第三次革命的产物，它将网络应用推广到各行各业，催生了智慧农业、智慧环保、智慧交通、智慧物流、智慧城市和智慧家居等。物联网将推动人类社会从"信息化"向"智能化"转变，促进信息科技与产业发生巨大变化，带领我们走进智能化世界。

本教材基于首钢工学院新落成的智能楼宇实训基地项目，以智能楼宇和智能家居领域的典型网络控制系统为载体进行组织和编撰，具体涵盖 CAN 总线智能照明系统、北大青鸟消防报警系统、电力猫传输的有线/无线局域网络视频监控系统以及海尔智慧家居物联网云平台控制系统。

本教材通过横向和纵向两条线来构建知识体系：

（1）横向：总线网络控制系统、局域网控制系统、广域网控制系统。

（2）纵向：对于每个典型网络控制系统，详细讲解了硬件物理层接口规范、网络通信协议帧、系统设备的工作原理、集成设计的方法、集成设计的步骤、系统运行时的信息流等内容，涉及理论、操作方法和实践技能，有助于读者对三大网络控制系统的集成应用有一个全方位的理解和把握。

本教材采用"项目引领，任务驱动"的模式编写，以必需且够用为原则统筹、遴选每个任务，且每个任务均列出了知识目标、技能目标和素养目标。具体任务编写时，遵循知识、技能的逻辑相关性，按照先简单、后复杂的方式呈现知识点和技能点，具有工作过程系统化的特点。

由于本教材对应的课程具有跨学科、跨专业、知识零散和跳跃性较大等特点，因此学习本教材需要具备一定的电工电子和单片机应用开发等方面的基础知识和技能。

由于作者专业水平有限，加之各控制系统可供参考的文献不足，书中难免存在疏漏之处，恳请广大读者批评指正。

编者

C O N T E N T S 目录

第三篇 广域网控制系统

第一篇

总线网络控制系统

CAN 总线智能照明系统

CAN 是控制器局域网络（Controller Area Network）的简称，由以研发和生产汽车电子产品而著称的德国 BOSCH 公司开发，并最终成为国际标准（ISO 11898），是国际上应用最广泛的现场总线之一。

与一般的通信总线相比，CAN 总线的数据通信具有突出的可靠性、实时性和灵活性。由于其良好的性能及独特的设计，CAN 总线越来越受到人们的重视。CAN 总线在汽车领域的应用是最广泛的，世界上著名的汽车制造厂商大多采用了 CAN 总线来实现汽车内部控制系统与各检测和执行机构间的数据通信。同时，由于 CAN 总线本身的特点，其应用范围已不再局限于汽车行业，而向智慧家居、自动控制、航空航天、航海、过程工业、机械工业、纺织、机器人、医疗等领域发展。CAN 已经形成国际标准，并已被公认为最有前途的现场总线之一。其典型的应用协议有：SAE J1939/ISO 11783、CANopen、CANaerospace、DeviceNet、NMEA 2000 等。

技能目标

- 掌握智能照明系统的 CAN 总线网络的硬件连接方法。
- 掌握网关控制器的硬件连接方法。
- 掌握调光控制器的硬件连接方法。
- 掌握窗帘控制器的硬件连接方法。
- 掌握开关控制器的硬件连接方法。
- 掌握智能面板的硬件连接方法。
- 熟悉通用路由器的设置和硬件连接方法。
- 掌握上位机组态软件的画面组态设置方法。
- 掌握将手机 / 平板连接到路由器的 WiFi 的方法。
- 掌握将上位机组态下载到手机 / 平板端的方法。

素养目标

- 遵守电气设备接线工艺标准的技能素质养成。
- 养成独立查阅技术手册的学习习惯。
- 养成通过网络搜索专业信息的学习习惯。
- 养成独立思考和分析问题的学习习惯。
- 训练独立解决问题的能力。
- 养成不依赖他人的学习习惯，遇到简单故障能够自我修正。
- 养成回顾与总结的学习习惯。
- 注重团队协作意识的培养。

任务 CAN 总线智能照明系统的工作原理、系统集成与调试

任务目标

- 熟悉 CAN 总线的网络体系架构。
- 熟悉 CAN 总线设备之间的通信原理。
- 掌握网关控制器的接线原理。
- 掌握调光控制器的接线原理。
- 掌握窗帘控制器的接线原理。
- 掌握开关控制器的接线原理。
- 掌握智能面板的接线原理。
- 了解网关控制器关于地址自学习的工作原理。

主要设备器材及软件清单

名称	型号	数量	名称	型号	数量
FAST 无线路由器	FW300R	1	2 路开关控制器	KZD-2W2K10A	2
网关控制器	CAN-TCP/ICP	1	4 路开关控制器	KZD-4W4K10A	3
2 路窗帘控制器	KZD-4W2C	1	2 键智能开关面板	MDB-2J	5
2 路调光控制器	KZD-4W2T3A	1	4 键智能开关面板	MBD-4J	2
智之屋上位机软件	免安装版 AptitudePicture	1	12V 直流电源模块	DR-15-12	1

📚 任务内容

（1）搭建如图 1-1-1 所示的 CAN 总线网络系统。

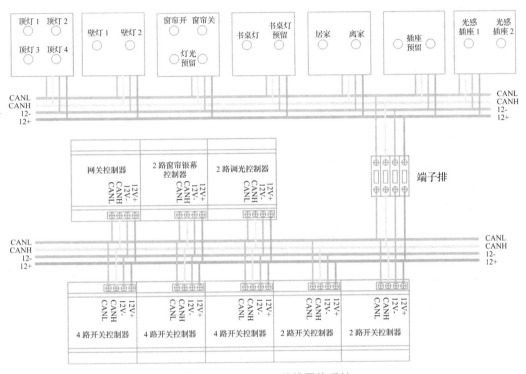

图 1-1-1　CAN 总线网络系统

（2）按照图 1-1-2 所示完善系统的配电接入。

（3）按照图 1-1-3 所示完善网关控制器的连接。

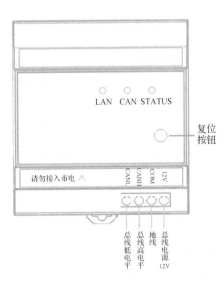

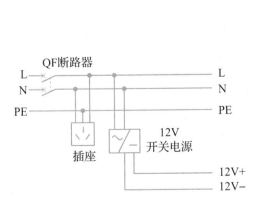

图 1-1-2　系统配电接入原理图　　　　图 1-1-3　网关控制器连接原理图

（4）按照图1-1-4所示完善窗帘控制器的负载接入。

（5）按照图1-1-5所示完善调光控制器的负载接入。

（6）按照图1-1-6所示完善开关控制器的负载接入。

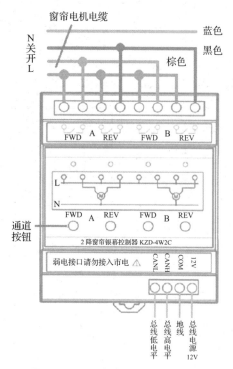
图1-1-4 窗帘控制器连接原理图

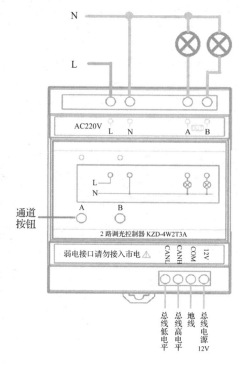
图1-1-5 调光控制器连接原理图

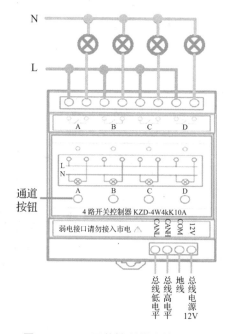
图1-1-6 开关控制器连接原理图

（7）按照图 1-1-7 所示完善智能开关面板的连接。

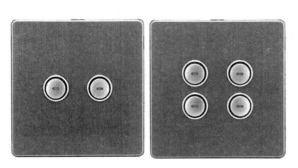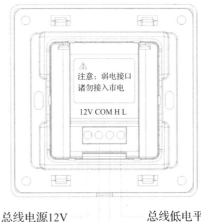

注意：弱电接口
诸勿接入市电

12V COM H L

总线电源12V　　　　　　总线低电平
　　地线　　　　　　　　总线高电平

图 1-1-7　智能开关面板连接原理图

（8）对系统进行合理设置，通过智能面板控制各被控设备。
（9）对系统进行合理设置，通过上位机软件控制各被控设备。
（10）对系统进行合理设置，通过手机 / 平板 App 控制各被控设备。

🎓 任务知识

知识点 1：计算机网络通信的分类

在计算机的数据通信中，按每次传送的数据位数，通信方式可分为串行通信和并行通信。对于点对点之间的计算机通信，按照数据在线路上的传输方向，通信方式可分为单工通信、半双工通信与全双工通信。按照通信的地理范围划分，可分为局域网、城域网和广域网。按通信介质分类，可分为有线网络和无线网络。按接收方的多少分类，可分为点到点单播、组播和广播式网络。按网络中节点的地位不同分类，可分为 PtP 网（对等网）、C/S 模式（客户机 / 服务器模式）和 B/S 模式（浏览器 / 服务器模式）。按网络通信信道的用户使用数量分类，可分为独享信道网络和共（分）享信道网络。

知识点 2：串行通信

串行通信技术是指通信双方按位进行，遵守时序的一种通信方式。串行通信中，将数据按位依次传输，每位数据占据固定的时间长度，可使用一条数据线，在控制线的有机组织下就可以完成系统间的信息交换（某些串行通信不需要控制线），特别适用于计算机与计算机、计算机与外设之间的远距离通信。串行通信传输 1 位的时间为 T 的话，传输 1 字节的数据，则耗时 8T 时间。异步串行通信规定低位在前先发送，高位在后。串行通信的原理如图 1-1-8 所示。

串行总线通信过程的显著特点：通信线路少，布

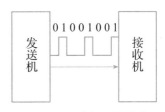

图 1-1-8　串行通信的原理

线简便易行，施工方便，结构灵活，系统间协商通信协议，自由度及灵活度较高，因此在电子电路设计、信息传递等诸多方面的应用越来越多，典型应用如通用串行总线 USB（Universal Serial Bus）、RJ 接口的网口等。

知识点 3：并行通信

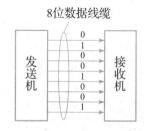

图 1-1-9　并行通信的原理

在控制信号的有机组织下，并行通信数据的多个数据位同时、并行地传送。并行通信速度快，但用的通信线较多、容易受到干扰而导致出错，成本高，故不适合进行远距离通信。典型应用如计算机或可编程逻辑控制器 PLC（Programmable Logic Controller）的各种内部总线，它们就是以并行方式传送数据的。并行通信的原理如图 1-1-9 所示。

知识点 4：单工通信

在单工通信（Simplex Communication）中，通信的信道是单向的，发送端与接收端也是固定的，即发送端只能发送信息，不能接收信息；接收端只能接收信息，不能发送信息。基于这种情况，数据信号从一端传送到另外一端，信号流是单方向的。例如：收音机中的广播采用的就是单工通信的工作方式。广播站是发送端，听众是接收端。广播站向听众发送信息，听众获取信息。广播站不能作为接收端获取听众的信息，听众也无法作为发送端向广播站发送信号。

知识点 5：半双工通信

半双工通信（Half-duplex Communication）可以实现双向通信，但不能在两个方向上同时进行，必须交替进行。这种工作方式下，发送端可以转变为接收端；相应地，接收端也可以转变为发送端。但是在同一时刻，信息只能在一个方向上传输。因此，也可以将半双工通信理解为一种切换方向的单工通信。例如：对讲机是日常生活中常见的半双工通信设备，对讲机的双方可以互相通信，但在同一个时刻，只能由一方讲话。

知识点 6：全双工通信

全双工通信（Full duplex Communication）简称双工通信，是指在通信的任意时刻，线路上都存在 A 到 B 和 B 到 A 的双向信号传输。全双工通信允许数据同时在两个方向上传输，因此又称为双向同时通信，即通信的双方可以同时发送和接收数据。在全双工方式下，通信系统的每一端都设置了发送器和接收器，因此，能控制数据同时在两个方向上传送，该方式需要两个独立的信道来发送信号和接收信号，还需要用到控制线、状态线和地线等。例如：手机通话时，双方既可以接听，又可以同时说话，这就是典型的全双工通信应用。

知识点 7：独占信道网络

（1）双机通信模型。

要实现主机 1 与主机 2 之间相互通信，可以建立如图 1-1-10 所示的简单的串行通信模型，主机 1 的发送端连接到主机 2 的接收端，主机 2 的发送端连接到主机 1 的接收端。

图 1-1-10　双机全双工串行通信模型

这种通信模型的特点如下：

1）双机通信需要"发送"和"接收"两个独立的信道，并且双机独占这两个信道。

2）发送与接收各行其道，参与通信的任何一方在接收信息的同时，还可以发送信息。

3）双机可以随时发起通信，不受其他方面的约束和影响，通信的实时性高，且软件编程实现简单。

4）如果大部分时间里双机没有通信需求，则独占信道被闲置，信道利用率很低。

（2）三机通信模型。

按照图 1-1-10 所示的双机通信模型的思路，可设计出三机串行通信模型，如图 1-1-11 所示。

三机通信模型的特点如下：

1）任意两台控制器之间的通信均需要"发送"和"接收"两个信道，并独占这两个信道。

2）由于任意两台控制器之间的发送信道与接收信道互不侵占，因此参与通信的任何一方在接收信息的同时，还可以发送信息。

3）任意两台控制器之间可以随时发起通信，不受其他方面的约束和影响，通信的实时性高，软件设计实现简单。

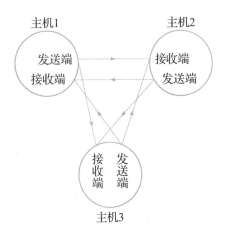

图 1-1-11　三机全双工串行通信模型

4）如果大部分时间没有通信需求的话，则独占信道被闲置，信道利用率很低。

5）三机通信总共需要 6 条独立信道，每台控制器与其他设备的连接信道需要 4 条，硬件连接复杂。

（3）4 台及以上的多机通信模型。

按照以上思路，如果还是采用独占信道的方式设计通信模型的话，归纳一下，除了满足三机串行通信模型中 1）～ 4）条的特点，多机串行通信模型还具有以下特点：

每台控制器与其他联网设备的连接信道需要 $2(n-1)$ 条，n 机通信总共需要 $2C_n^2$ 条独立信道。当联网控制器的数量 n 增大时，硬件设计不可实现。

知识点 8：共享信道网络

在独占型网络系统中，通信的任意双方独占发送信道和接收信道，通信软件功能实现会很简单，但是硬件连接非常繁杂，这种连接方式只应用于单芯片的设计中，用于不同子功能模块之间的高速通信。

在绝大多数的实际应用中，参与联网的网络设备都是海量的，控制器之间的网络连接只能采用共享信道方式进行硬件连接。共享信道的网络通信，硬件连接比较简单，但是通信软件设计就会变得相当复杂。

知识点 9：单播网络

主机之间"一对一"的通信模式，网络中的交换机和路由器对数据只进行转发不进行复制。如果10个客户机需要相同的数据，则服务器需要逐一传送，重复10次相同的工作。但由于其能够针对每个客户及时响应，所以现在的网页浏览全部采用IP单播协议。网络中的路由器和交换机根据其目标地址选择传输路径，将IP单播数据传送到其指定的目的地。

知识点10：广播网络

主机之间"一对所有"的通信模式，网络对其中每一台主机发出的信号都进行无条件复制并转发，所有主机都可以接收到所有信息（不管是否需要），由于其不通过路径选择，所以网络成本很低。有线电视网就是典型的广播型网络，实际上，电视机接收到所有频道的信号，但只将一个频道的信号还原成画面。在数据网络中也允许广播的存在，但其被限制在二层交换机的局域网范围内，禁止广播数据穿过路由器，防止广播数据影响大面积的主机。

知识点11：组播网络

主机之间"一对一组"的通信模式，也就是同一个组的主机可以接收到此组内某一台主机发送的数据，网络中的交换机和路由器只向有需求者复制并转发其所需数据。主机可以向路由器请求加入或退出某个组，网络中的路由器和交换机有选择地复制并传输数据，即只将组内数据传输给加入组的主机。这样既能一次将数据传输给多个有需要的主机，又能保证不影响其他不在该组的主机的通信。

知识点12：现场总线型网络

现场总线型网络是一种共享的、串行的、半双工、广播式的通信网络。控制器将发送信道和接收信道合二为一，在一个信道中分时、双向传输通信信息。发送信息期间，不能同时接收信息，只能等待发送完毕后才能进行信息接收；同理，接收信息期间，不能发送信息，接收完毕后才能往外发送信息。现场总线型网络的通信模型如图1-1-12所示。

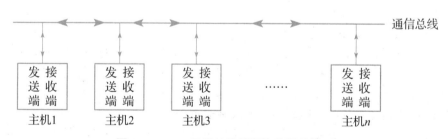

图1-1-12　现场总线型网络的通信模型

现场总线型网络的通信模型硬件连接的特点如下：

（1）控制器连接总线网络的信道只有一个，视物理层协议的不同，该信道可以采用1根或2根导线作为物理信号的传输载体，硬件连接简单。

（2）在总线接收信息期间，控制器不能同时往总线发送信息；同理，往总线发送信息期间，它也不能接收总线信息，控制器通信方式属于半双工。

（3）以广播方式进行通信，控制器向总线发送的信息能够被其他所有控制器接收。

（4）控制器之间的通信会受到总线网络中其他控制器的发送状态的影响；任意时

刻只允许一台控制器往总线上广播发送信息，该台控制器发送完毕后，其他控制器才能继续使用总线发送信息；这对共享信道的使用管理提出了更高的要求，软件实现的难度和复杂性大幅增加。

（5）通信信道的共享提高了信道的利用率，但是通信的实时性受到一定的影响。

与总线型网络不同，在分组交换式网络中，由于通信节点之间发送信道和接收信道分离，采用的是全双工、串行通信，因此在发送信息期间，也可以同时接收信息。

知识点 13：总线型网络中的主站和从站

一条数据链路上的各数据站之间为了正确地交换数据而进行的控制，称为数据链路控制（Data Link Control，DLC）。这一控制过程包括数据链路的建立，交换双方的同步，电文的有效、可靠地传送，必要的差错恢复与纠正，数据透明传输的实现，异常情况的发现和处理，数据链路的释放等。提供上述数据传送与控制功能的实体在数据链路控制规程（协议）中统称为数据站或站。在数据通信基本型控制规程中，数据站按其实现的功能的性质与能力可分为主站与从站；在高级数据链路控制（High-Level Data Link Control，HDLC）规程中，数据站按其实现的功能的性质与能力可分为主站、次站与组合站。

数据链路控制是由特定的数据链路控制规程来实现的。数据链路控制规程通常有面向字符的数据通信基本型控制规程和面向比特的高级数据链路控制规程两种。它们的基本功能如下：

（1）建立数据链路：主要是确定链路的操作方式，如在 HDLC 规程中选用正常响应方式、异步响应方式或异步平衡方式，在数据通信基本型控制规程中选用"探询"或"选择"方式，以确定数据站之间的收发关系，即谁先发谁后发；设置各种状态参数为原始状态，即清"0"；在某些情况下还可进行通信者身份的识别等。

（2）码组或帧控制：这种控制包括按码组的格式或帧的结构发送消息电文；发送必要的控制信息；在接收站还原成消息电文送给用户等。

（3）差错控制：在数据通信基本型控制规程中对信息码组采用水平垂直奇偶校验码或循环码进行编码，并用等待发送方式进行重发差错控制；在 HDLC 规程中用循环码进行编码，用连续发送方式进行重发差错控制。

（4）链路流量控制：当接收站缓冲存储器存满或接收机出现临时故障时，数据链路控制规程应能控制信息流量，使发送暂停或继续。

（5）异常状态的报告和恢复：数据链路规程应能检测到异常状态，并能采取相应的措施恢复到正常状态；当确实无法恢复时应能通知高层加以处理或发出告警指示。

（6）保证编码透明传输：数据链路规程应能保证对链路上所传送的字符及数据无限制，在帧的结构与规程处理上应有特殊措施。

（7）释放链路：当数据站与数据站间通信完毕或因其他原因发出拆链信号后，规程应能及时释放链路。

主站可发送命令，接收响应，并最终负责数据链路层的差错恢复。某个主从式网络中可以存在 1 个主站和多个从站，也可以是多个主站和多个从站。在某给定时刻，一条数据链路上只能有一个主站在主动发送数据。网络上的主站可以主动地向网络上的其他站点发出通信要求，当然也可以对网络上的其他主站的要求做出响应。

次站或从站可接收命令，发送响应，并可以启动数据链路层的差错恢复。某个主从式网络中可以存在多个从站。网络上的从站不能主动地向网络上的其他站点发出通信要求，它只能被动地对其他主站的通信要求做出响应。

组合站不分主次，可主动向网络中发送命令和响应、接收命令和响应，并且负责数据链路层的差错恢复。

知识点 14：CAN 总线的物理层信号

CAN 总线采用特殊的、与别种协议不同的双线（CAN_H 和 CAN_L）连接方式，利用差分信号（正极信号 CAN_H 与负极信号 CAN_L 电位反方向变化）的逻辑电平状态来表示数字 0 和 1 状态。在 CAN 总线协议中，当两线电位差的绝对值为 0.9 ~ 2V 时，称为"0"信号，叫作显性电平；当两线电位差的绝对值小于 0.5V 时，称为"1"信号，叫作隐性电平。逻辑 0、1 状态与 CAN_L、CAN_H 双线电位之间的关系如图 1-1-13 所示。

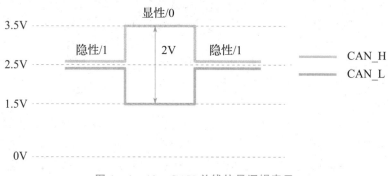

图 1-1-13　CAN 总线信号逻辑表示

知识点 15：CAN 总线的物理层接口连接器

CAN 总线协议对其物理层连接器的具体物理结构没有进行强制规范。只要满足信号电平、频率特性等规定，任何第三方厂家生产的连接器都可以适配到 CAN 总线系统中正常使用。

知识点 16：CAN 总线网络中的终端电阻

我们知道，电磁波的波长 λ、频率 f 和光速 c（$c = 3 \times 10^8$ 米每秒）之间的关系为 $c = \lambda \times f$，即 $\lambda = c/f$，其中，波长 λ 是指电磁波在一个振动周期内传播的距离。高频信号传输时，信号波长相对传输线较短，信号在传输线终端会形成反射波，干扰原信号，所以需要在传输线的两个末端加装终端电阻，使信号到达传输线末端后不反射。一般情况下，低频信号可以不用终端电阻，但在长线传输时，为了避免信号的反射和回波，需要接入终端电阻。

根据传输线理论，两个终端电阻并联后的等效阻值应当基本等于传输线在通信频率上的特性阻抗，终端匹配电阻值取决于电缆的特性阻抗，与电缆的长度无关。总线通信一般采用屏蔽或非屏蔽的双绞线连接，终端电阻一般介于 $100 \sim 140\Omega$，典型值为 120Ω。实际配置时，在电缆的两个终端节点上，即最近端和最远端，各接入一个终端电阻。处于中间部分的节点则不能接入终端电阻，否则将导致通信出错。

知识点 17：CAN 总线的物理层接口连接器示例

通过市场实际调研，很多知名的公司均采用 DB9 连接器作为 CAN 总线的连接器，图 1-1-14 所示为某公司对 DB9 各管脚功能的定义，均统一集成了终端电阻。需要强调的是，由于 CAN 总线协议对物理层没有进行强制规范，不同的公司对其 CAN 总线连接器的管脚功能定义可能会不一样。

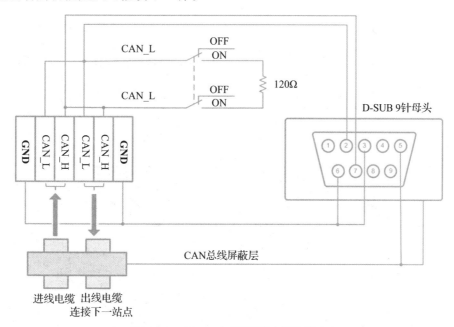

图 1-1-14　DB9 各管脚功能的定义

该终端连接器固定在总线设备的面板上，其 DB9 的 2 号端子被定义为 CAN_L 功能，7 号端子被定义为 CAN_H 功能。进线电缆的 CAN_L 和 CAN_H 与出线电缆的 CAN_L 和 CAN_H 分别短接在了一起，同时，CAN_L 与 CAN_H 之间还并联了一个 120Ω 的终端电阻，并串入了一个双联开关。当该总线设备没有处于总线的两个端部时，不需要接入 120Ω 终端电阻，用户必须将双联开关拨到 OFF 位置；当该总线设备处于总线的端部时，需要接入 120Ω 终端电阻，用户需要将双联开关拨到 ON 位置。当双联开关拨到 ON 时，出线电缆连接的总线设备没有接入总线网络，不能与其他总线设备进行通信。

通过上面对总线网络硬件连接的分析，总线型网络要想实现控制器间的相互通信，大体上需要处理以下问题：

（1）采取什么措施确保总线型网络中任意控制器间的通信信息准确送达？

（2）挂接在总线上的控制器虽然只有一个信道，借助分时复用技术，是能够实现发送信息且分时接收信息的。当有不同的多台控制器同时往总线上发送信息，出现发送冲突时，总线网络系统应采取什么样的机制进行有效管控，最终实现任意控制器间的信息通信交付呢？

知识点 18：CAN 总线软件协议简介

就上面提出的两个问题，CAN 总线软件协议给出了完善的解决方案，简述如下：

（1）与其他总线通信协议标准不同，CAN 总线废除了传统的、对每一个控制器指定唯一且不重复的站地址方式，代之以在图 1-1-15 所示通信报文的仲裁段给其指定本网络中独一无二的标识符 ID。标识符 ID 由 11 位或 29 位二进制数组成，它设定了控制器的优先级，还起着传统站地址的作用，在系统设计时一旦被确定就不能被修改。

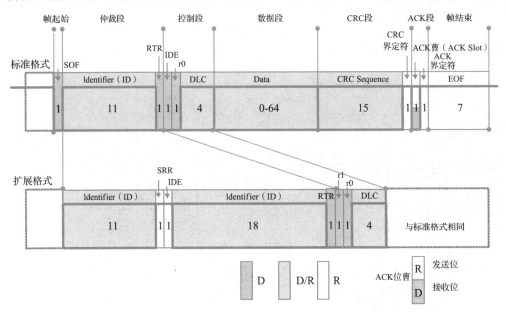

图 1-1-15　CAN 总线数据帧结构

（2）CAN 总线采用了多主站竞争式总线结构，具有多主站运行、各控制器自主分散仲裁、串行通信以及广播通信等特点。由于各控制器没有主站和从站之分，任意一个控制器任意时刻都可以向任何其他一个或多个控制器发起数据通信。当多台控制器都往 CAN 总线上发送信息时，即发生了冲突，由于总线上的电平执行逻辑上的"线与"功能，因此只有标识符 ID 数值最小的控制器发送的信息能在总线上顺利传递，即 ID 值最小的控制器的优先级最高，其他控制器发送的信息都被"屏蔽"掉了。实际上，控制器往总线上发送信息期间，都是一边发送，一边侦听总线上传输的信息，并且实时比较侦听到的信息与自己发送的信息是不是一致，这一点非常重要。控制器如果发现总线上传输的信息与自己所发信息不一样，在报文发送初期的仲裁段就知道总线发生了冲突，因为当前总线的控制权在更高优先级的控制器手里，所以自己会立即停止往总线上发送信息，转而跟踪、接收总线信息。这就是著名的、用于解决总线信息冲突的"带有冲突避免的载波侦听多路访问（Carrier Sense Multiple Access with Collision Avoid，CSMA/CA）算法"。相对于传统的"载波侦听多路访问 / 冲突检测（Carrier Sense Multiple Access with Collision Detection，CSMA/CD）算法"，这种非破坏性位仲裁方法的优点在于，在总线网络最终确定哪一个站的报文被传送以前，报文的起始部分已经在网络上传送了。所有未获得总线发送权的控制器都接收到了最高优先权控制器发送的报文，不会因为发生总线冲突而需要重新发送，最终影响总线通信的效率。

知识点 19：网络通信设备地址简介

如本任务知识点 18 所述，在设计 CAN 总线系统时，系统总线协议会自动给每个

CAN 总线设备指定一个唯一的标识符 ID，这形同于它的"设备地址"。

与 CAN 总线系统中的设备的 ID 标识方法不同，在以太网中，对于通过交换机进行互联的每一台网络设备，用 MAC 地址进行唯一标定；在不同网段子网互联中，对于通过路由器互联的每一台网络设备，则用 IP 地址对网络设备进行唯一地址标定。

（1）MAC 地址简介。

MAC 地址（Media Access Control Address）直译为媒体存取控制位址，也称为局域网地址（LAN Address）、以太网地址（Ethernet Address）或物理地址（Physical Address）等，是一个用来确认网络设备位置的位址。它是网络设备制造商生产网络设备时烧录在网卡（Network Interface Card）中的 48 位二进制数，用于在网络中唯一标识一个网卡，一台设备若有一个或多个网卡，则每个网卡都会有一个唯一的 MAC 地址。MAC 地址一旦烧录在网卡的 EEPROM 中，就不能随意改变。

在 OSI 的七层通信模型中，根据不同的 MAC 位址，第二层数据链路层负责确保局域网中的 MAC 数据帧准确传送到目的设备中。局域网中，依据不同设备具有的不同 MAC 地址来唯一标识每一个网络设备。

（2）IP 地址简介。

IP 地址（Internet Protocol Address）是指互联网协议地址，又译为网际协议地址。IP 地址是 IP 协议提供的一种统一的地址格式，它为互联网上的每一个网络和每一台主机分配一个唯一的逻辑地址，以此来屏蔽物理地址的差异。与 MAC 地址不同，IP 地址只是一种逻辑地址，IPv4 协议版本的 IP 地址是 32 位二进制数，根据需要可以进行适当更换。

在 OSI 模型中，第三层网络层根据分组数据报中的目的 IP 地址选择合适的网间路由和交换节点，确保数据在不同子网之间及时、准确地传送。不同局域网间或者广域网中的信息传输依据 IP 地址来进行唯一标识。

日常使用的互联网（Internet）采用 TCP/IP 网络协议，将不同网段的以太网、移动电信网和广播电视网等不同协议的网络互联在一起，为人们提供多样化网络通信服务。基于 IP 地址，IP 分组数据报通过路由器在广域网间快速地进行路由和协议转换；基于 MAC 地址，MAC 协议帧通过交换机在局域网中按需进行准确传送，确保通信信息的准确交付。

知识点 20：网关简介

网关（Gateway）又称网间连接器、协议转换器。网关在网络层及以上实现网络互联，是复杂的网络互联设备，仅用于两个高层协议不同的网络互联。网关既可以用于广域网间的互联，也可以用于局域网间的互联，上面提到的路由器就包含网关的协议转换功能。网关是一种充当转换重任的计算机系统或设备，应用于不同的通信协议、数据格式或语言，甚至体系结构完全不同的两种系统之间，可以说网关就是一个翻译器。与网桥或交换机只是简单地传达信息不同，网关要对收到的信息重新打包，组合成新的信息帧，以适应目的系统的需求。

本项目用到的网关用于实现 CAN 总线通信协议与以太网通信协议之间的翻译和转换。

知识点 21：自动控制系统的自适应与自学习

自适应系统（Adaptive System）是这样一种控制系统，它能够修正自己的特性以适应对象和扰动的动特性的变化。这种自适应控制方法可以做到：在系统运行中，依靠不断采集的控制过程信息，确定被控对象的当前实际工作状态，优化性能准则，产生自适应控制规律，从而实时地调整控制器的结构或参数，使系统始终自动地工作在最优或次最优的运行状态。模型参考自适应控制（Model Reference Adaptive System，MRAS）和自校正控制系统（Self-tuning Control System）是比较成熟的两类自适应控制系统。这类自适应系统的一个主要特点是在线辨识对象数学模型的参数，进而修改控制器的参数。

MRAS 技术在船舶自动驾驶方面应用非常成功。它将船舶的非线性模型简化为二阶线性模型，当外界环境（如风力、波浪、水流等）发生变化，船的动力特性也会随着吃水差、负载和水深的变化而发生改变，可能导致船舶的性能不能很好地满足要求。而采用自适应控制的自动驾驶仪就可达到要求的性能，操作安全可靠。另外，MRAS 技术在其他领域和设备上也有应用，诸如电力拖动领域、内燃机、吹氧炼钢炉、液压伺服系统等。

自学习系统（Self-learning System）亦称学习系统，是模仿生物学习功能的系统。它是能在系统运行过程中通过评估已有行为的正确性或优良度，自动修改系统结构或参数以改进自身品质的系统。与自适应系统的不同之处在于：经学习而得到的改进可以保存并固定在系统结构之中，从而较易于实现，并可作为自动设计或调整的一种办法。

学习方法可以分为两大类：一类是有导师监督并对优良方案加以强化的学习，按预设的指标来评估品质并指导系统的改进；另一类是无导师监督的学习，这时需要用试探、搜索等办法来探索改进的途径。随着人工神经网络、演化计算等高速并行处理技术的发展，无导师监督学习方法也已得到成功应用。

本项目通过有导师监督的自学习功能，建立了表 1-1-1 所示的上位机中各控件图标编号与 CAN 总线各通道 ID 号的映射关系表，并存储在网关控制器中，供网关在实施两种不同协议数据转换时查询使用。

表 1-1-1　上位机中各控件图标编号与 CAN 总线各通道 ID 号的映射关系

设备名称	以太网					映射关系	CAN 总线系统		
	系统自动额外添加	楼层编号 add0	房间编号 add1	设备编号 add2	图标编号的等效表示		通道 ID	控制模块	通道编号
客厅顶灯	033	001	001	001	033-001.001.001	↔	ID1	开关控制器1	A
主卧顶灯	033	001	002	001	033-001.002.001	↔	ID2		B
次卧顶灯	033	001	003	001	033-001.003.001	↔	ID3		C
书房顶灯	033	001	004	001	033-001.004.001	↔	ID4		D
预留1	033	001	001	002	033-001.001.002	↔	ID5	开关控制器2	A
预留2	033	001	002	002	033-001.002.002	↔	ID6		B
书桌灯1	033	001	003	002	033-001.003.002	↔	ID7		C
书桌灯2	033	001	004	002	033-001.004.002	↔	ID8		D
插座1	033	001	001	003	033-001.001.003	↔	ID9	开关控制器3	A
插座2	033	001	002	003	033-001.002.003	↔	ID10		B
光感插座1	033	001	003	003	033-001.003.003	↔	ID11		C
光感插座2	033	001	004	003	033-001.004.003	↔	ID12		D

续表

以太网					映射关系	CAN 总线系统		
设备名称	系统自动额外添加	楼层编号 add0	房间编号 add1	设备编号 add2	图标编号的等效表示		通道 ID	控制模块	通道编号
预留 3	033	001	001	004	033 - 001.001.004	↔	ID13	开关控制器 4	A
预留 4	033	001	002	004	033 - 001.002.004	↔	ID14		B
预留 5	033	001	003	004	033 - 001.003.004	↔	ID15	开关控制器 5	A
预留 6	033	001	004	004	033 - 001.004.004	↔	ID16		B
客厅窗帘	033	001	001	005	033 - 001.001.005	↔	ID17	窗帘控制器	A 正转
	033	001	001	006	033 - 001.001.006	↔	ID18		A 反转
预留主卧窗帘	033	001	002	005	033 - 001.002.005	↔	ID19		B 正转
	033	001	002	006	033 - 001.002.006	↔	ID20		B 反转
壁灯 1	033	001	004	005	033 - 001.004.005	↔	ID21	调光控制器	A
壁灯 2	033	001	002	007	033 - 001.002.007	↔	ID22		B

任务实施

步骤 1：按照图 1-1-16 所示的配电盘布局参考图对安装位置打孔，然后进行线槽和模块导轨的固定和安装，最后将模块安装在导轨上。

［技能点 1-1-1］在遵守机电产品装配规范和安装工艺要求的前提下，进行配电盘的布局、模块安装和固定。

步骤 2：按照图 1-1-17 所示的布局图，在墙上固定、安装智能面板。

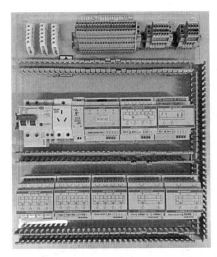

图 1-1-16　配电盘布局参考图

图 1-1-17　智能面板布局参考图

步骤 3：按照图 1-1-1 所示，对配电盘内的模块进行电气连接，效果如图 1-1-18 所示。

［技能点1-1-2］在遵守电气设备布线规范和工艺要求的前提下，对配电盘进行电气连接。

步骤4：按照图1-1-1所示，对图1-1-17所示的智能面板进行总线连接，最后连接到图1-1-19所示的配电盘右上方的端子排上。

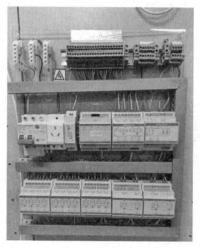

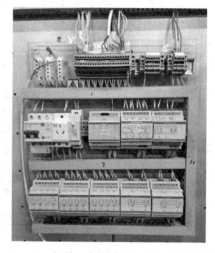

图1-1-18　系统CAN总线连接　　　图1-1-19　智能面板接入配电盘CAN总线系统

步骤5：按照图1-1-2所示，给系统引入单相市电，接入如图1-1-19所示的配电盘左上角的白色接线柱。

步骤6：按照图1-1-4、图1-1-5和图1-1-6所示，将各控制模块的负载连接到配电盘上方中部的端子排上，效果如图1-1-19所示。

步骤7：按照新建层、新建房间、添加设备的总体步骤，组态图1-1-20所示的上位机组态画面。

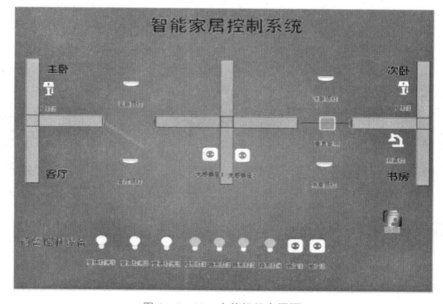

图1-1-20　上位机组态画面

步骤 8：如图 1-1-21 所示，新建楼层，操作过程中需要留意"楼层 ID 号"。

图 1-1-21 新建楼层

步骤 9：在空白处单击鼠标右键，如图 1-1-22 所示，顺序新建 4 个房间，操作过程中需要留意每个房间的"排序号"，后面会用到。

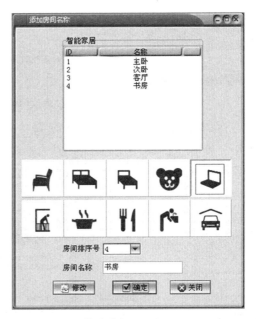

图 1-1-22 新建房间

步骤 10：在上位机软件左侧的设备栏中选择"设备"，单击户型图空白处即可弹出"设备信息添加"对话框；在设备分类中选择相应的类型，选择已经创建好的"房间名称"和"设备编号"，填写"设备名称"，根据图 1-1-20 所示选择"灯光范围"，效果如图 1-1-23 所示，完成所有设备的添加，操作过程中需要留意每个设备的"编号"，后面也会用到。

步骤 11：如图 1-1-24 所示，以 FAST 无线路由器 FW300R 为例，利用 2 根超 5 类网线将上位机和网关控制器连接到无线路由器的局域网 LAN（Local Area Network）口上。

图 1-1-23　给房间添加设备

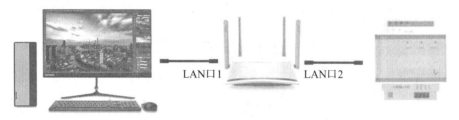

图 1-1-24　有线局域网的构建

步骤 12：在计算机桌面右击"网络"，选择"属性"快捷选项，在打开的对话框中选择有线网卡，在弹出的快捷菜单中选择"属性"，打开"以太网 属性"对话框，在"网络"选项卡中双击"Internet 协议版本 4（TCP/IPv4）"，选择"自动获得 IP 地址"，如图 1-1-25 所示。

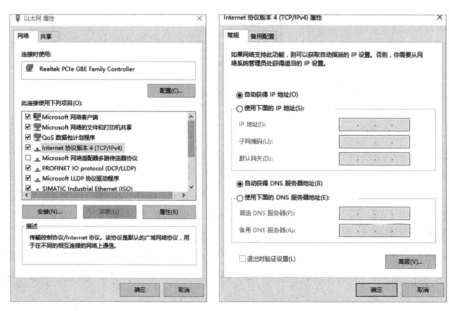

图 1-1-25　上位机的网络设置

步骤 13：打开任意一款浏览器，在地址栏输入 192.168.1.1，输入登录账号 admin 及登录密码后，顺利进入无线路由器的内置 Web 页，开启路由器的 DHCP 服务功能，并设置 WiFi 名称和 WiFi 密码，如图 1-1-26 所示。

图 1-1-26　路由器的设置

步骤 14：给配电盘系统上电。

步骤 15：顺序单击上位机软件的"设置"界面中的网关设置菜单项，出现如图 1-1-27 所示的"网关（CAN-TCPIP）设置"界面，单击右下角的"清空"按钮，清除已有的 SN（Serial Number）序列码和网络设置。然后单击网关控制器面板上的"复位"按钮，重新获取其 SN 序列码，以此来测试局域网的通信是否畅通，直至上位机软件能重新获取网关控制器的 SN 序列码和其他网络设置信息。在本界面中，用户可以在左上角的 IP 地址栏更改网关的 IP 地址，然后单击"设置 IP 端口及网络通行证"按钮。

［提示］操作网关控制器的"复位"按钮时，如果上位机不能顺利获取网关控制器的 SN 序列号和 IP 地址，可以参看项目三 – 知识点 18-［技能点 3-1-1］，尝试进行网络故障排查。

步骤 16：顺序单击上位机软件的"设置"界面中的通信设置菜单项，出现如图 1-1-28 所示的"通信方式"设置界面，选择"网络方式"，在服务地址栏中输入网关控制器的 IP 以及网络通行证等信息后，单击"确定"按钮，直至网络状态栏中显示"智能远程控制器已连接"，就可以关掉该界面了。

图 1-1-27　网关设置一　　　　　　　　　图 1-1-28　网关设置二

　　步骤 17：网关对设备通道地址的自学习。如图 1-1-29 所示，以开关控制器 4 的 A 通道为例，在上位机软件的空白处单击鼠标右键，选择"设备地址学习"快捷选项。在"编程地址"界面中选择通道，然后长按开关控制器 4 的 A 通道对应的按钮大约 5 秒，通道指示灯闪烁一下，即进入通道 ID 号的发送状态；在上位机软件中选中对应设备的图标，单击鼠标右键，选择"编程"快捷选项，上位机即进入通道 ID 号的接收状态。软件右侧的指令显示窗口显示类似"［033-001.001.004］"结构的一组编码，且该编码的后 3 个部分的数值与组态过程中该设备的"楼层 ID 号＋房间排序号＋设备编号"相同，30 秒超时完成后，连续单击 5 次开关控制器 4 的 A 通道面板按钮，随着按钮的交替单击，该通道所接负载能交替改变点亮／熄灭状态，这样就顺利完成了该通道的地址学习。自学习期间，单击其他任意按钮则退出自学习状态。按照这种方法对所有通道进行自学习操作，直至全部学习成功。

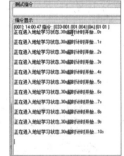

图 1-1-29　网关设置

　　步骤 18：智能面板对设备通道地址的自学习。以顶灯 1 智能面板按钮控制客厅顶灯为例，同时按住智能面板同一水平线上的两个按钮，听到长鸣一声后松手，单击开关控制器 1 面板上 A 通道对应的按钮或者双击上位机中客厅顶灯的图标（在网关已经完成学习的前提下），然后单击智能面板对应顶灯 1 的按钮，听到长鸣一声，最后连续单击该按钮 4 次即可。采用这种方法对所有按钮进行自学习操作，直至全部按钮学习成功。智能面板自学习成功后，会在智能面板内部产生一个按钮 ID 与通道 ID 的关联映射表，见表 1-1-2。

表 1-1-2　智能面板各按钮 ID 号与各控制器通道 ID 号的映射关系

智能面板	面板 1				面板 2				面板 3		面板 5		面板 6		面板 7	
	顶灯 1	顶灯 2	顶灯 3	顶灯 4	窗帘开	窗帘关	灯光预留 1	灯光预留 2	书桌灯 1	书桌灯 2	壁灯 1	壁灯 2	插座 1	插座 2	光感插座 1	光感插座 2
	ID23	ID24	ID25	ID26	ID27	ID28	ID29	ID30	ID31	ID32	ID33	ID34	ID35	ID36	ID37	ID38
映射	↕	↕	↕	↕	↕	↕	↕	↕	↕	↕	↕	↕	↕	↕	↕	↕
配电盘	ID1	ID2	ID3	ID4	ID17	ID18	ID5	ID6	ID7	ID8	ID21	ID22	ID9	ID10	ID11	ID12
	A	B	C	D	A 正转	A 反转	A	B	C	D	A	B	A	B	C	D
	开关控制器 1				窗帘控制器		开关控制器 2				调光控制器		开关控制器 3			

上位机软件组态完毕后，建议保存好本项目的组态文件，项目三还会用到该组态文件。

⭐ 功能验证

本系统的操控有以下 3 种方式：
方式 1： 单击控制器面板上对应通道的按钮，能够控制该通道所接负载。
方式 2： 单击各智能面板的按钮，能够对相关负载进行控制。
方式 3： 双击上位机组态画面中的各设备图标，也能够对相关负载进行控制。

✏️ 任务总结与反思

（1）各总线控制模块的工作原理。

1）如图 1-1-3 所示的网关控制器负责 CAN 总线协议数据帧与以太网协议帧的协议互换工作。

2）如图 1-1-4 所示的窗帘控制器可以对两路窗帘 A 或 B 进行单独控制。本系统中，窗帘的打开和关闭是通过单相交流电动机正反转控制得以实现的，电动机线缆中的棕色线得电，窗帘会打开；黑色线得电，窗帘则会关闭。

3）如图 1-1-5 所示的调光控制器可以对两路负载 A 或 B 进行单独的调光控制。该模块通过改变输出交流电压的大小，实现控制灯光亮度的目的。

4）如图 1-1-6 所示的开关控制器可以对四路负载 A、B、C 或 D 进行单独的开关控制。当某通道输出继电器的线圈得电，其常开触点闭合，串入该触点的照明灯具便点亮；如果该通道输出继电器的线圈失电，其常开触点断开，串入该触点的照明灯具就熄灭。

（2）系统的控制方式。

1）单击通道按钮来操控负载的方式不必利用总线网络即可实现通信，是一种本地控制。

2）如图 1-1-6 所示，单击智能面板上的顶灯 1 按钮，该智能面板查询自己内部的映射表，获得开关控制器 1 的 A 通道的标识符 ID1，组合生成一个包含标识符 ID1 在内的 CAN 总线信息帧，经过 CAN 总线传输进行广播。其他控制器收到该信息帧后主动丢弃，只有控制器 1 成功接收到之后驱动 A 通道进行相应的动作，实现对负载的开关控制。

3）网关转换协议示意图如图 1-1-30 所示。双击上位机组态画面中的某设备图标，上位机会产生一个带有该图标编号信息的 MAC 协议帧，经过以太网发送给网关。网关收到 MAC 帧以后，从中取出图标编号信息，查询自己内部的地址映射表，获得 CAN 总线网络中对应的通道 ID 号，重新转换、组合生成适合在 CAN 总线系统中传输的、如图 1-1-15 所示的 CAN 总线数据帧，通过 CAN 总线网络传输给对应控制器。该控制器收到 CAN 总线数据帧后，就会驱动对应通道的继电器线圈得电或断电，实现对其常开触点所在的二次回路所接负载的控制。

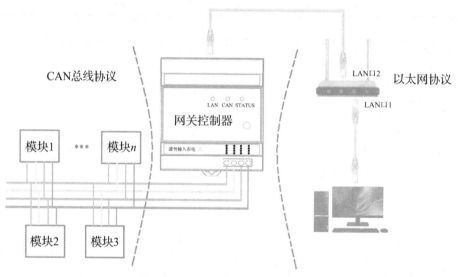

图 1-1-30 网关转换协议示意图

同理，CAN 总线系统中某通道设备的状态发生变化时，会自动产生包含该通道 ID 号的 CAN 总线数据帧，并通过总线发送给网关。网关取出其中的通道 ID 号信息，查询自己内部的地址映射表，获取对应上位机软件中的图标编号，然后重新组合生成适合在以太网系统中传输的 MAC 协议帧，传输给上位机。计算机获得该数据帧后，取出其中的图标编号，就可以实时更新或改变上位机软件中对应图标的显示状态。

>> 项目 二

总线型消防报警联动系统的工作原理、系统集成与调试

随着建筑技术的进步，建筑的规模越来越大，楼层越来越高，装修越来越豪华。从人身和财产安全的角度考量，火灾自动报警和自动灭火系统已成为高层建筑不可缺少的部分，《中华人民共和国消防法》对此也有相应的强制规定。

消防联动系统一般包括：（1）火灾报警控制；（2）自动灭火控制；（3）室内消火栓控制；（4）防烟、排烟及空调通风控制；（5）常开防火门、防火卷帘门控制；（6）电梯回降控制；（7）火灾应急广播控制；（8）火灾警报装置控制；（9）火灾应急照明与疏散指示标志的控制等。由于每个建筑的使用性质和功能不同，选择哪些控制系统应根据高层建筑的实际使用情况来决定。但无论选择哪些控制系统，其控制装置均应集中于消防控制室内，控制设备分散在其他房间，各房间的操作信号实时反馈到消防控制室中。

本教材结合北大青鸟教学载体平台，只介绍其中的火灾报警控制和自动灭火控制等部分功能。

技能目标

- 掌握本教学系统中高位储水水箱的水流循环回路。
- 掌握本教学系统中低位水源水箱的水流循环回路。
- 掌握电气模块布局、安装和固定的装配规范和工艺要求。
- 掌握模块之间电气连接的安全规范和工艺要求。
- 掌握通过万用表检测各模块间电气连接的方法。
- 掌握接线工艺。

素养目标

- 以 CAN 总线的工作原理为基础，合理推测未知协议总线控制系统的工作方法。
- 养成独立查阅技术手册的学习习惯。
- 养成通过网络搜索专业信息的学习习惯。
- 养成独立思考和分析问题的学习习惯。
- 注重团队协作意识的培养。
- 了解《中华人民共和国消防法》，并掌握火灾发生时正确的做法。

任务一　消防报警联动系统的供水系统认识

任务目标

- 掌握湿式报警阀组的工作原理。
- 掌握水力警铃的工作原理。
- 掌握压力开关的工作原理。
- 掌握延迟器的工作原理。
- 掌握水流指示器的工作原理。
- 掌握消防闭式喷头的工作原理。
- 掌握本教学系统中高位储水水箱的水流循环回路。
- 掌握本教学系统中低位水源水箱的水流循环回路。

主要设备器材清单

名称	型号	关键参数	数量
湿式报警阀	天亿 ZSFZ100	正常工作压力 1.6MPa	1
水力警铃	ZSJL 水力警铃	正常工作压力 0.035 ～ 1.6MPa	1
延迟器	冷轧铁	2L 容量、DN20	1
消防闭式喷头	T-ZSTZ	正常工作温度 15℃～ 68℃	1
消防泵	WZB35	220V、2.7A、0.37kW、3m³/h、吸程 8m、扬程 35m、转速 2850rad/s	1
循环泵	WZB35	220V、2.7A、0.37kW、3m³/h、吸程 8m、扬程 35m、转速 2850rad/s	1

📚 **任务内容**

（1）识读图2-1-1所示的消防报警联动系统供水管路原理图。

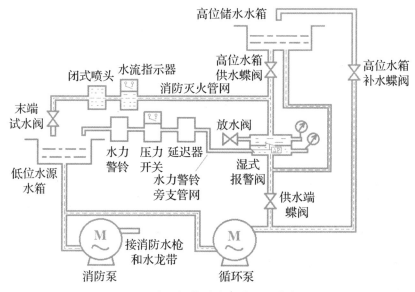

图2-1-1 消防报警联动系统供水管路原理图

（2）在试验、报警情况下，明确高位储水水箱的水流循环方向。
（3）在试验、报警情况下，明确低位水源水箱的水流循环方向。

🎓 **任务知识**

知识点1：《中华人民共和国消防法》条款节选

第一章第五条 任何单位和个人都有维护消防安全、保护消防设施、预防火灾、报告火警的义务。任何单位和成年人都有参加有组织的灭火工作的义务。

第一章第七条 国家鼓励、支持消防科学研究和技术创新，推广使用先进的消防和应急救援技术、设备；鼓励、支持社会力量开展消防公益活动。

第二章第二十八条 任何单位、个人不得损坏、挪用或者擅自拆除、停用消防设施、器材，不得埋压、圈占、遮挡消火栓或者占用防火间距，不得占用、堵塞、封闭疏散通道、安全出口、消防车通道。人员密集场所的门窗不得设置影响逃生和灭火救援的障碍物。

第二章第三十四条 消防设施维护保养检测、消防安全评估等消防技术服务机构应当符合从业条件，执业人员应当依法获得相应的资格；依照法律、行政法规、国家标准、行业标准和执业准则，接受委托提供消防技术服务，并对服务质量负责。

第四章第四十四条 任何人发现火灾都应当立即报警。任何单位、个人都应当无偿为报警提供便利，不得阻拦报警。严禁谎报火警。

任何单位发生火灾，必须立即组织力量扑救。邻近单位应当给予支援。

第四章第五十一条 消防救援机构有权根据需要封闭火灾现场，负责调查火灾原因，统计火灾损失。

火灾扑灭后，发生火灾的单位和相关人员应当按照消防救援机构的要求保护现场，接受事故调查，如实提供与火灾有关的情况。

知识点 2：发生火灾时的正确做法

（1）保持冷静，紧急报警。

火灾发生后，一定要冷静、镇定，不要自乱阵脚，火灾初期，火势不大，是扑灭火灾的最佳时机。

拨打 119 报警，不要慌张，说清起火地点和部位、火势现状、着火的物质等。

（2）迅速撤离火灾现场。

紧急情况逃生时要争分夺秒，听到警报拉响，说明火势已经难以控制，应设法找到逃生路径，迅速逃生。

（3）湿毛巾捂口鼻逃生。

毛巾是火灾逃生时的常用防烟工具，毛巾浸湿捂口鼻可最大程度降低粉尘的吸入量，如果没有毛巾，可以用衣服、布等代替。

（4）消防标志逃生。

在公共场合的转角、墙面、地面、安全出口、紧急出口、应急照明等处通常会设置逃生方向指示标志。

（5）疏散通道逃生。

根据消防指示，迅速找到疏散通道，如消防梯、消防通道、紧急通道等，快速逃离。

（6）紧急暂时避难。

因火势，不能迅速逃离时，应迅速找到可自救的最佳位置，暂时避难，比如火势上风处、不易着火处、便于与外界联系的地方等。

（7）向外界求救逃生。

可以在阳台、窗户、房顶等容易被发现的位置，挥动艳丽的衣物、大声呼叫、闪动手电、敲击器物等，引起救援人员的注意。

（8）发生火灾时，不能乘电梯，不可钻床底、衣橱、阁楼，不可盲目跳楼。

知识点 3：湿式报警阀组

如图 2-1-2 所示，湿式报警阀是一种只允许水从供水侧单向流入系统侧，并在规定流量下报警的一种单向阀。湿式报警阀组包括湿式报警阀、过滤器、节流孔板、延迟器、水力警铃、单向补偿器、系统侧压力表和供水侧压力表等。系统待机状态下，作用在阀瓣靠近系统侧的水压与作用在阀瓣靠近供水侧的水压是相等的，依靠阀瓣自身的重力，其紧贴着阀座，即阀瓣处于关闭状态。发生火灾时，闭式喷头会因其周围温度升高而爆裂，喷头处大量往外喷水，引起系统侧管道的水压下降，导致阀瓣靠近供水侧的水压大于阀瓣靠近系统侧的水压，阀瓣开启，向系统侧管网爆裂处供水。阀瓣打开时，供水侧大量的水沿着报警阀的环形槽涌入旁支管道，顺序流过延时器、压力开关及水力警铃等设施，警铃发出报警声，压力开关向消防中控系统发出报警信号，在用户编制的控制程序驱动下，中控系统可以选择启动消防泵或循环泵给供水侧管道提供源源不断的消防用水。

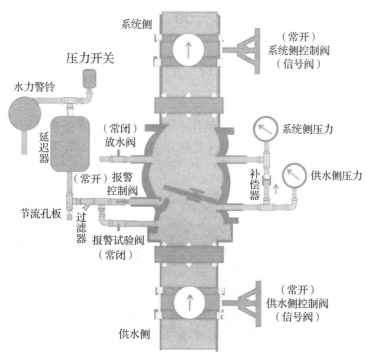

图 2-1-2　湿式报警阀组原理图

　　实际应用中，消防管网难免会漏水或渗水，湿式报警阀中的补偿器的作用就是平衡阀瓣两侧的水压，避免出现系统误报的情况。很多时候，某些湿式报警阀中的延迟器下方会设置一个节流孔板，它能使从阀瓣漏过来的少量渗水从旁支管道排出，以免进入延迟器形成累积，导致误报。报警试验阀和试水阀仅用于非火灾事故情况下试验系统报警功能的工作是否正常，工作情况下，它们是常闭的。供水侧控制阀和系统侧控制阀在工作情况下处于常开状态，并分别提供状态信号给系统控制器。

　　知识点 4：水力警铃

　　如图 2-1-3 所示，水力警铃（Water Powered Alarm）是由水流驱动而发出声响的报警装置，通常作为自动喷水灭火系统的湿式报警阀组的配套装置。水力警铃由警铃、击铃锤、转动轴、水轮机及输水管等组成。当自动喷水灭火系统的任一喷头动作或试验阀开启后，湿式报警阀自动打开，足够多的水流通过旁支管道，冲击水轮机使其转动，并使击铃锤不断敲击警铃，发出连续的报警声。

图 2-1-3　水力警铃

根据《自动喷水灭火系统设计规范》(GB 50084-2017)，水力警铃的工作压力不应小于 0.05MPa，并应符合下列规定：

（1）应设在有人值班的地点附近或公共通道的外墙上。

（2）与湿式（干式）报警阀连接的管道，其管径应为 20mm，总长不宜大于 20m。

知识点 5：压力开关

如图 2-1-4 所示，当管道内水流的压力高于动作压力且低于额定压力时，白色凸起伸出，推动压力开关，使内部行程开关的常开触点接通；低于动作压力时，白色凸起缩回，行程开关的常开触点复位断开，达到实时监测管道压力的目的。

图 2-1-4　压力开关

知识点 6：延迟器

如图 2-1-5 所示，延迟器是一个罐式容器，安装于湿式报警阀与水力警铃（或压力开关）之间，用于防止因为水压波动引起湿式报警阀开启而导致的误报。湿式报警阀开启后，水流经 30 秒左右充满延迟器后方可冲打水力警铃，起到报警的作用。

图 2-1-5　延迟器

知识点 7：水流指示器

如图 2-1-6 所示，自动喷水灭火系统中的水流指示器可以安装在主供水管或横杆水管上，给出某一分区域水流动的电信号，此电信号可送到系统控制器，但通常不用作启动消防水泵的控制信号。

图 2-1-6　水流指示器

当管道内水流冲击叶轮的压力高于动作压力且低于额定压力时，叶轮转动，并推动内部的行程开关接通常开触点；低于动作压力时，叶轮因自身重力归位，行程开关中的常开触点复位断开，达到实时指示管道水流区域地点的目的。

知识点 8：消防闭式喷头

闭式喷头是一种能够直接喷水灭火的组件，带有热敏感元件与密封组件，闭式喷头是一次性元件，损坏后必须更换。该热敏感元件可在预定温度范围下爆裂，使热敏感元件及其密封组件脱离喷头主体，按设定的形状和水量在规定的保护面积内喷水灭火，它的性能好坏直接关系着系统的启动和灭火、控火效果。此种喷头按热敏感元件划分，可分为玻璃球喷头和易熔元件喷头两种类型；按安装形式、布水形状又分为直立型、下垂型、边墙型、吊顶型和干式下垂型等。吊顶型闭式喷头如图 2-1-7 所示。

下喷　上喷

图 2-1-7　吊顶型闭式喷头

系统消防供水工艺过程如下：

如图 2-1-1 所示，当消防闭式喷头工作状态正常，且没有开启末端试水阀，没有打开湿式报警阀系统侧试水阀，所有传感器均没有检测到火灾情况时，在高位水箱水压的作用下，湿式报警阀系统侧与供水侧压力相等，在其自身重力的作用下，阀瓣紧贴着阀座，旁支管道处于关闭状态。

出于试验系统功能的目的，用户开启末端试水阀，或者打开湿式报警阀系统侧试水阀，又或者系统各类火灾探测器检测到火情时，高位水箱储存的水涌向故障点，湿式报警阀系统侧的水压瞬间降低，而湿式报警阀供水侧的压力还是基本维持在高压水箱的压力值。其阀瓣被打开，同时也打开了旁支管道，高位水箱中的水涌向旁支管道，经过延时器、压力开关，最终冲击水力警铃使其报警。当消防灭火管网中有足量消防水流动时，水流指示器将向控制系统送出一个无源的、闭合的开关触点信号。当水力警铃旁支管网有足量消防水流动时，压力开关也会向控制系统送出一个无源的、闭合的开关触点信号。

由于高位水箱储存的水量一定，不能长时间提供消防用水，因此需要消防系统将循环泵或消防泵启动，从低位水源水箱取水，以提供源源不断的消防用水。

任务二 消防报警联动控制系统的硬件集成

任务目标

- 掌握感烟探测器的工作原理。
- 掌握温感探测器的工作原理。
- 掌握火灾报警按钮的工作原理。
- 了解火灾显示盘的工作原理。
- 掌握输入模块的工作原理。
- 掌握输入 / 输出模块的工作原理。
- 了解总线短路隔离模块的工作原理。
- 依据 CAN 总线的工作原理，合理推测未知协议总线控制系统的工作方法。
- 熟练掌握电气模块布局、安装和固定的装配规范和工艺要求。
- 熟练掌握模块之间电气连接的安全规范和工艺要求。
- 养成独立查阅技术手册的学习习惯。
- 养成通过网络搜索专业信息的学习习惯。
- 养成独立思考和分析问题的学习习惯。

主要设备器材清单

名称	型号	关键参数	数量
消防报警主机	JB-QB-JBF5012	单回路 215 点，两总线无极性通信，地址编码，智能小点数，报警，带打印功能，液晶屏幕显示，全中文菜单，现场联动编程功能	1
感烟探测器	JTY-GD-JBF-4101	L1、L2 数据两总线制，无极性，使用专用电子编码器将其设定为 1～127 范围内的一个地址码	1
温感探测器	JTW-ZD-JBF-4111	L1、L2 数据两总线制，无极性，使用专用电子编码器将其设定为 1～127 范围内的一个地址码	1
火灾报警按钮	J-SAP-JBF-301	L1、L2 数据两总线制，无极性，使用专用电子编码器将其设定为 1～127 范围内的一个地址码	1
火灾显示盘	JBF-VDP3060B	L1、L2 数据两总线制，无极性，使用专用电子编码器将其设定为 201～215 范围内的一个地址码	1
输入模块	JBF4131	L1、L2 数据两总线制，无极性，可连接探测传感器的无源常开触点，使用专用电子编码器将其设定为 1～127 范围内的一个地址码	2
输入 / 输出模块	JBF4141	电源总线与数据总线的四总线制，可选择 24V 有源继电器输出或者无源输出，可设定为 128～200 范围内的一个地址码	2
隔离模块	JBF4171	L1、L2 数据两总线制，无极性，每个隔离模块保护的设备总数不应超过 32 点	1

📖 **任务内容**

（1）深入理解各模块的工作原理。

（2）按照图2-2-1所示连接消防硬件控制系统。

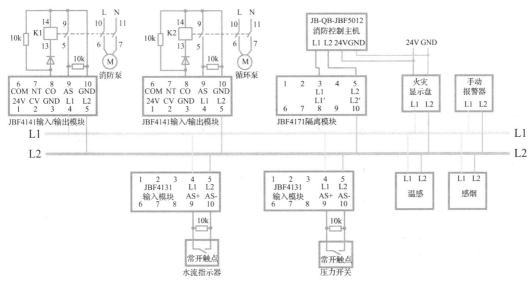

图2-2-1　消防报警联动控制系统原理图

（3）检查硬件控制系统的电气连接关系是否正确，连通是否正常。

🎓 **任务知识**

知识点1：消防控制主机

JBF5012消防控制主机如图2-2-2所示，主要包括显示板、回路板、24V开关电源和24V蓄电池4部分。作为人机界面重要窗口的显示板，可供用户观察现场设备运行状态和录入联动控制程序。回路板中的两总线L1和L2挂接到无极性数据总线上，与现场各总线模块通信，也与显示板连接通信。24V开关电源负责将市电转换为24V

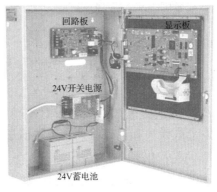

图2-2-2　JBF5012消防控制主机

直流电源给系统提供主电。若外部市电出现故障导致停电，24V 蓄电池能为消防控制系统持续提供 8 个小时的备用电能，但喷淋泵和消防泵不能正常运行。主电恢复正常后，系统自动切换到主电工作状态。

JBF5012 消防控制主机不具备多台消防控制主机的联网控制功能，该型控制主机只能连接 1 个回路，允许地址码为 1 ～ 215 范围内的最多 215 个总线设备接入总线控制系统中。

知识点 2：电子编码器

北大青鸟 JBF5012 消防报警联动控制系统中可以采用如图 2-2-3 所示的电子编码器，将各总线设备的地址码写入其中。JBF5012 消防报警联动系统最多支持 127 个报警点，可以是各类探测器、手动消防报警按钮以及输入模块所接的设备等，通常使用 1 ～ 127 号地址。JBF5012 消防报警联动系统中的防火阀门、声光报警器、消防泵和循环泵等联动设备均由总线输出模块驱动，各输出模块通常使用 128 ～ 200 号地址，最多支持 63 个联动点。JBF5012 消防报警联动系统还支持 15 个火灾显示盘，通常使用 201 ～ 215 号地址。

图 2-2-3　JBF6481 电子编码器

知识点 3：感烟探测器

JTY-GD-JBF-4101 感烟探测器如图 2-2-4 所示，其一共有 4 个接线端：L1 和 L2 连接到总线，无极性；另外两个接线端未使用。JBF5012 系统中，每个感烟探测器占用 1 ～ 127 范围内的 1 个唯一的地址码，通过电子编码器设置。

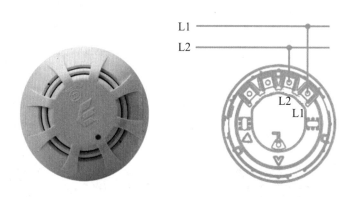

图 2-2-4　JTY-GD-JBF-4101 感烟探测器

探测到不同材质燃烧后产生的白烟或黑烟时，感烟探测器会自动将探测到的报警信息封装成适合该总线传输的总线协议数据帧，广播发送到 L1、L2 总线上，包括总线控制器在内的总线模块都能接收到该报警信息。

知识点 4：温感探测器

JTW-ZD-JBF-4111 温感探测器如图 2-2-5 所示，其一共有 4 个接线端：L1 和 L2 连接到总线，无极性；另外两个接线端未使用。JBF5012 系统中，每个温感探测器占用 1 ～ 127 范围内的 1 个唯一的地址码，通过电子编码器设置。

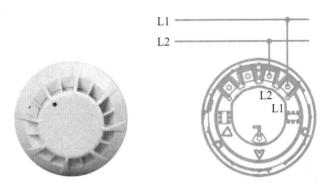

图 2-2-5　JTW-ZD-JBF-4111 温感探测器

温感探测器通过内置的热敏电阻探测火灾发生情况。发生火灾时，温感探测器会自动将报警信息封装成适合该总线传输的总线协议数据帧，广播发送到 L1、L2 总线上，包括总线控制器在内的总线模块都能接收到该报警信息。

知识点 5：火灾报警按钮

JBF-301 火灾报警按钮如图 2-2-6 所示，其一共有 8 个接线端：1、2 端连接总线 L1 和 L2，无极性；7、8 端连接火灾报警按钮中的一对常开触点；其余接线端未使用。JBF5012 系统中，每个 JBF-301 火灾报警按钮占用 1 ～ 127 范围内的 1 个唯一的地址码，通过电子编码器设置。

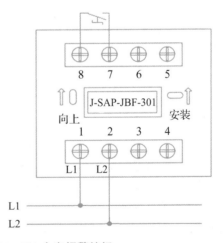

图 2-2-6　JBF-301 火灾报警按钮

手动按下按钮后，按钮中常开触点接通且自锁，火灾报警按钮会自动将该信息封装成适合该总线传输的总线协议数据帧，广播发送到 L1、L2 总线上，包括总线控制器在内的总线模块都能接收到该报警信息。将火灾报警按钮配套的专用工具插入复位孔，可以对火灾报警按钮进行复位操作。

知识点 6：火灾显示盘

JBF－VDP3060B 火灾显示盘如图 2－2－7 所示，其一共有 4 个接线端：L1 和 L2 端连接总线，无极性；24V 和 GND 端连接直流电源。JBF5012 系统中，每个 JBF－VDP3060B 火灾显示盘占用 201 ～ 215 范围内的 1 个唯一的地址码，通过电子编码器设置。

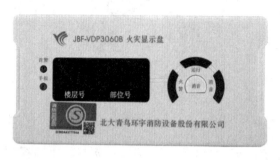
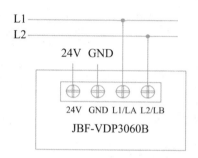

图 2－2－7　JBF－VDP3060B 火灾显示盘

当系统接到火灾报警信号并发送到 L1、L2 总线上时，包括总线控制器和火灾显示盘在内的总线模块都能接收到该报警信息。火灾显示盘能实时显示火灾的楼层号和部位号等信息，通过消音键可以对火灾显示盘的报警声进行消音操作。

知识点 7：输入模块

JBF4131 输入模块如图 2－2－8 所示，其一共有 10 个接线端：4、5 端连接总线 L1 和 L2，无极性；9、10 端连接各种火灾探测器输出的无源常开触点，同时要求给该触点并联一个 10kΩ 的电阻；其他接线端未定义。JBF5012 系统中，每个 JBF4131 输入模块占用 1 ～ 127 范围内的 1 个唯一的地址码，通过电子编码器设置。JBF4131 输入模块管脚功能见表 2－2－1。

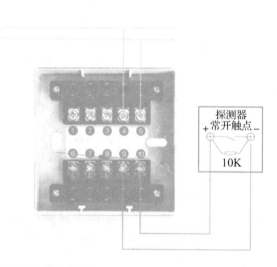

图 2－2－8　JBF4131 输入模块

表 2-2-1　JBF4131 输入模块管脚功能

管脚号	符号	功能	有效信号	管脚号	符号	功能	有效信号
1	-	未使用	—	6	—	未使用	—
2	-	未使用	—	7		未使用	—
3		未使用	—	8		未使用	—
4	L1	总线信号 1	总线信号	9	AS+	火灾探测器触点 1	接通
5	L2	总线信号 2		10	AS-	火灾探测器触点 2	

JBF4131 输入模块能自动将从探测器输入的无源触点信号封装成适合该总线传输的总线协议数据帧，广播发送到 L1、L2 总线上，包括总线控制器在内的总线模块都能接收到该信息。

知识点 8：输入 / 输出模块

JBF4141 输入 / 输出模块的输出端用于驱动消防泵等联动被控设备进行联动，该被控设备的实时运行状态则通过该模块的输入端反馈到总线上并发送给控制主机。JBF4141 输入 / 输出模块如图 2-2-9 所示。JBF4141 输入 / 输出模块管脚功能见表 2-2-2。

图 2-2-9　JBF4141 输入 / 输出模块

表 2-2-2　JBF4141 输入 / 输出模块管脚功能

管脚号	符号	功能	有效信号	管脚号	符号	功能	有效信号
1	24V	直流电源正极	+24V	6	COM	无源输出触点 1	与 8 脚接通
2	CV	选择有源输出	+24V	7	NT	关闭输出故障检测	+24V
3	GND	直流电源负极	0V	8	CO	无源输出触点 2（有源输出正极）	与 6 脚接通
4	L1	总线信号 1	总线信号	9	AS	火灾探测器触点 1	接通
5	L2	总线信号 2		10	GND	火灾探测器触点 2（有源输出负极）	

（1）有源输出连接。

如图 2-2-10 所示，JBF4141 输入 / 输出模块一共有 10 个接线端：1、3 端是模块 24V 电源接入端；当该模块输出端作有源输出驱动负载时，2 端 CV 应该短接到 1 端 24V 上，8 号输出端 CO 就可以获得 24V 电源了；4、5 端连接无极性总线 L1 和 L2；如图 2-2-1 所示的消防泵和循环泵控制电路，9、10 端连接的是一对无源触点信号，该触点信号反馈给控制主机的是联动被控设备的运行状态，其外部还需并联一个 10kΩ 的电阻；7 端 NT 空置时，模块开启输出了故障检测功能；因此，8、10 端连接负载时，应给负载串联一个二极管、并联一个 10kΩ 的电阻，否则，如果模块检测到故障，将导致该模块不能正常工作。

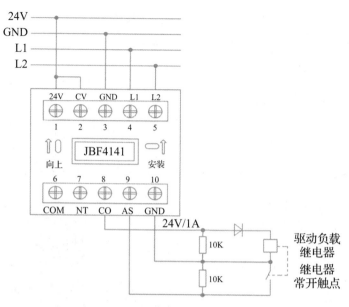

图 2-2-10 JBF4141 输入/输出模块有源输出且开启输出故障检测功能的接线原理图

如图 2-2-11 所示，由于 7 端 NT 接到了 24V，即关闭了模块的输出故障检测功能，8、10 端之间可以直接连接被控负载，还能够省去 CO 和 GND 之间并联的 10kΩ 电阻和串联的二极管；9、10 端连接的是反馈给控制主机的、联动被控设备的运行状态的无源触点信号，其外部还需并联一个 10kΩ 的电阻。

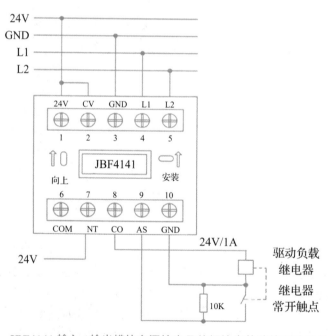

图 2-2-11 JBF4141 输入/输出模块有源输出且关闭输出故障检测功能的接线原理图

（2）无源输出连接。

如图 2-2-12 所示，与有源输出方式不同的是，无源输出连接时，2 端 CV 应该悬空，6、8号输出端输出一对无源触点信号给外部设备。如果想用这种方式驱动负载，用户需要自行给负载准备一路工作电源VCC。由于7端NT空置，模块开启输出了故障检测功能，8端与10端之间需要连接（并联）一个10kΩ的电阻，否则，如果模块检测到故障，将导致该模块不能正常工作。

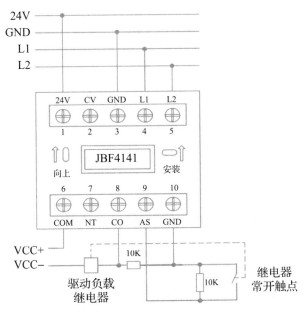

图 2-2-12　JBF4141 输入/输出模块无源输出且开启输出故障检测功能的接线原理图

如图2-2-13所示，与图2-2-12不同的是，7端NT连接到24V，即关闭了模块的输出故障检测功能，可以省去8端CO与10端GND之间的10kΩ并联电阻。

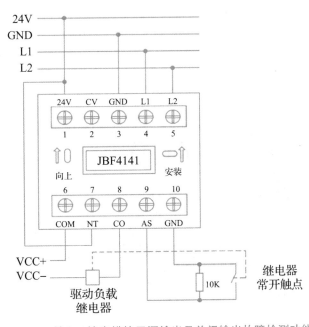

图 2-2-13　JBF4141 输入/输出模块无源输出且关闭输出故障检测功能的接线原理图

JBF5012 系统中，每个 JBF4141 输入 / 输出模块占用 128 ~ 200 范围内的 1 个唯一的地址码，通过电子编码器设置。

总线控制主机将控制驱动信息广播发送到 L1、L2 总线上，不论是有源输出方式还是无源输出方式，JBF4141 输入 / 输出模块接收到该控制信息以后，通过 8、10 输出端或 6、8 输出端驱动继电器的线圈一次回路得电，再通过该继电器所接二次回路间接驱动联动控制设备完成相应的控制动作。同时，能够反映联动控制设备响应控制命令的状态信号（该继电器的另外一对无源常开触点），通过该模块的输入端广播到 L1、L2 总线上，把自己的状态实时反馈给控制主机。

知识点 9：总线短路隔离模块

根据《火灾自动报警系统设计规范》(GB 50116-2013)，系统总线上应设置总线短路隔离器，每只总线短路隔离器保护的火灾探测器、手动报警按钮等设备总数不应超过 32 点。JBF4171 隔离模块可采用树形分支或环形总线短路保护形式，建议首选环型总线保护形式，当总线中某一位置发生短路，其两侧的总线短路隔离器则会动作，将该段路隔离，但不影响本回路中其他总线设备正常工作。短路隔离器所带设备线路恢复正常后，隔离器可以自动恢复工作。JBF4171 总线短路隔离模块如图 2-2-14 所示，JBF4171 总线短路隔离模块管脚功能见表 2-2-3，树形总线拓扑如图 2-2-15 所示，环形总线拓扑如图 2-2-16 所示。隔离模块不需要编码，它不占据地址号。

图 2-2-14　JBF4171 总线短路隔离模块

表 2-2-3　JBF4171 总线短路隔离模块管脚功能

管脚号	符号	功能	有效信号	管脚号	符号	功能	有效信号
1	—	未使用	—	6	—	未使用	—
2	—	未使用	—	7	—	未使用	—
3	L1	输入总线信号 1	总线信号 1	8	L1′	输出总线信号 1	总线信号 1
4	—	未使用	—	9	—	未使用	—
5	L2	输入总线信号 2	总线信号 1	10	L2′	输出总线信号 2	总线信号 1

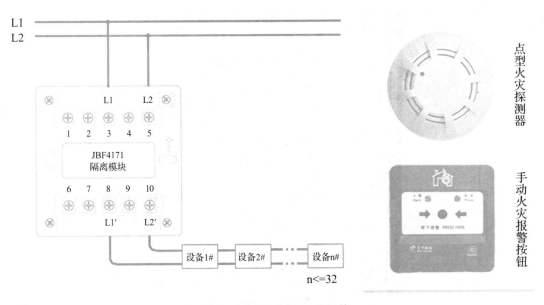

图 2 - 2 - 15　树形总线拓扑

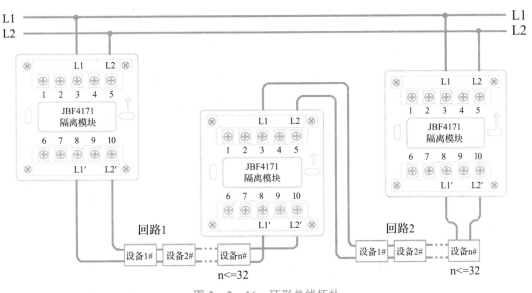

图 2 - 2 - 16　环形总线拓扑

任务实施

步骤 1：按照图 2 - 2 - 17 所示的布局建议，首先对各种探测器、总线输入 / 输出模块、隔离模块等进行安装和固定。

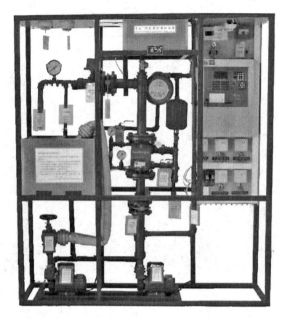

图 2 - 2 - 17　电气控制模块安装布局图

　　[技能点 2 - 2 - 1] 在遵守机电产品装配规范和工艺要求的前提下，进行电气模块的布局、安装和固定。

　　步骤 2：按照图 2 - 2 - 1 所示的安装位置，对各模块进行规范的电气布线和连接。

　　[技能点 2 - 2 - 2] 在遵守电气设备布线安全规范和工艺要求的前提下，对系统进行线缆槽的布局、安装和固定，模块之间通过电气连接。

　　步骤 3：如图 2 - 2 - 1 所示，利用万用表检测各模块之间的电气连接关系是否正确，连通是否正常。

　　系统软件编程控制需求如下：

　　（1）如图 2 - 1 - 1 和图 2 - 2 - 1 所示，用户按下火灾报警按钮，或者开启末端试水阀，或者打开湿式报警阀系统侧试水阀，消防报警主机便报警，通过在线编制用户联动控制程序，可以实现消防泵或循环泵的联动启动。

　　（2）感烟探测器或者温感探测器检测到火灾发生后，消防报警主机便报警，通过在线编制用户联动控制程序，可以实现消防泵或循环泵的联动启动。

任务三　消防报警联动控制系统的在线软件编程

任务目标

- 掌握基础的联动编程语句。
- 能通过简单的联动语句编写符合控制要求的程序。
- 撰写项目总结报告。

- 完善教学载体系统，使其能够应用在实际生活中。
- 注重团队协作意识的培养。

主要设备地址码

名称	型号	地址码	名称	型号	地址码
消防报警主机	JB-QB-JBF5012	0	输入模块 - 水流指示器	JBF4131 ZSJZ50	100
温感探测器	JTW-ZD-JBF-4111	1	输入模块 - 压力开关	JBF4131 ZSJY1.6BP	101
感烟探测器	JTY-GD-JBF-4101	2	输入 / 输出 模块 - 消防泵	JBF4141	129
火灾报警按钮	J-SAP-JBF-301	3	输入 / 输出 模块 - 循环泵	JBF4141	130
火灾显示盘	JBF-VDP3060B	206	隔离模块	JBF4171	—

任务内容

通过系统控制主机的在线联动编程实现以下功能：

（1）温感探测器、感烟探测器检测到报警信号，或者火灾报警按钮被按下时，或者打开末端试水阀或放水阀时，系统报警声响起，循环泵立即启动，且不停止。

（2）循环泵启动后，延时 5 秒，消防泵启动，且不停止。

（3）由于供水系统存在一定程度的渗漏，固定每天上午 10:00 给高位水箱补充水源 5 分钟。值班人员每天上午 9:00 会手动打开高位水箱供水蝶阀，上午 11:00 再手动关闭该蝶阀。

（4）扑灭火患后，通过控制主机手动停止循环泵和消防泵的运行。

任务知识

消防报警联动系统的联动编程语句格式为：$Y(X, T0, T1) = $（具体表达式）。

知识点 1：联动编程语句中的总线联动设备表达式

联动编程语句中的"X"代表总线联动设备，表达格式为：主机号 - 回路号 - 地址号。

"主机号"从"0"开始编号。控制主机不联网时，其主机号固定为 0，如果采用本地控制主机而非联网的、其他控制主机控制被控设备的话，可以省略"主机号"部分。当控制主机需要联网组成网络控制系统时，其主机号应设置为范围 1 ~ 31 的一个数值。

"回路号"从"1"开始编号，不同类型的控制主机支持的回路数量不同，JB-QB-JBF5012 控制主机只支持 1 个回路。

"地址号"从"1"开始编号，不同类型的控制主机每个回路支持的总线设备数量不同。JB-QB-JBF5012控制主机支持范围1～215的一个数值作为地址号，最多200个总线设备和15个火灾显示盘。因此，JB-QB-JBF5012主机系统中，某个地址号为128号的总线联动设备的表达格式为1-128。

举例：第2回路的15号总线设备的联动控制程序应该表示为：Y（2-15，T0，T1）=（具体表达式）。

"T0"为被控设备延时启动的滞后时间，单位为秒，可输入0～9999中的任意一个数，最长延时9999秒。为0时，表示立即启动。

"T1"为被控设备启动运行后持续的时间，单位为秒，可输入0～9999的任意一个数，最长可设定9999秒，过了设定的时间，设备动作自动停止。

"T0，T1"如果省略，系统默认为"0，∞"，即立即启动，一直运行不停止。此时，联动语句表达式为：Y（X）=（具体表达式）。

Y（X，0，T1）表示立即启动，运动T1时间自动停止。Y（X，T0，）表示延时T0时间启动，永不停止。

知识点2：联动编程语句中等号右边的表达式

联动编程语句中的"="右边的"具体表达式"分为6种类型：

（1）常规型：即常规的与（用"*"表示）、或（用"+"表示）逻辑关系。

等号右边的表达式为：（X1），（（X1）*（X2））+（（X3）*（X4）*（X5）），（（X1）+（X2））*（（X3）+（X4））等。其中："Xi"均为探测部件地址，格式为：主机号－回路－地址（单回路控制主机不用输入主机号）。

例1：Y（1-135，30，2）=（1-1）*（1-2）

表示1回路1号地址设备与2号地址设备同时报警时，联动总线上1回路135号地址设备延迟30秒启动，运行2秒后停止。

例2：Y（3-1-42，30，2）=（5-3-1）*（7-3-2）

表示5号主机3回路1号地址设备与7号主机3回路2号地址设备同时报警时，将联动总线上3号主机1回路42号地址设备延迟30秒启动，运行2秒后停止。

（2）累计型：即一组输入地址中有若干个报警发生时，联动一个输出地址动作。

等号右边的表达式为：Am（（X1），（X2）～（X3），（X4）...）。其中："A"为类型符号；"m"为个数；"Xi"均为探测部件地址；"～"前后的地址应位于同一主机号的同一回路，且前边的地址号应小于后边的地址号。

例如：Y（1-100）=A5（（1-1）～（1-10），（1-20），（2-30））

表示当1回路1～10号地址设备、1回路20号地址设备和2回路30号地址设备中有5个以上设备报警时，联动1回路100号地址设备立即启动运行，且不停止。

（3）续动型：用某一输入/输出模块的动作信号触发另一模块联动运行。

等号右边的表达式为：B（X）。其中："B"为类型符号；"X"为输入/输出模块地址。

例如：Y（1-156）=B（1-150）+B（1-151）+B（1-152）

表示1回路150、151、152号地址设备3个联动模块中的任意一个联动设备的动作信号都会触发1回路156号地址设备接续动作。

注意：用某一联动模块的动作信号触发另一联动模块启动时，等号后的语法必须如 B（1-150）或 B（1-151）+B（1-152）+…+B（1-155）所示逐个列写。如写为 B（（1-150）～（1-155）），则为错误语法，系统不接受。

（4）定时型：即定时控制一个地址设备动作。

等号右边的表达式为：C（时，分）。其中："C"为类型符号；"分"必须为 5 的整数倍。

例如：Y（1-130，00，60）= C（10，00）

表示每天 10:00 整定时启动 1 回路 130 号地址设备，运行 60 秒后停止。

（5）删除：当某条逻辑编程输入错误，但已经存入控制器中，可在"="后边输入"D"，然后按确定键，即可删除此条编程。

例如：Y（1-147）= D

表示删除 1 回路 147 号地址设备的编程语句。

（6）混合型：类型（1）～（4）可以通过"与"和"或"组成新的表达式。

例如：Y（1-142）=（（1-1）*（1-2））+ C（10，00）

表示 1 回路 1 号与 2 号地址设备同时报警，或者定时每天 10:00 整，两个条件中至少一个满足都会启动 1 回路 142 号地址设备，立即动作，永不停止。

知识点 3：JBF5012 消防控制主机的在线联动编程功能

JBF5012 控制主机的显示板是设备的人机界面，不仅能实时地显示消防系统的状态，还能对系统进行在线联动编程。

需要注意的是，JBF5012 控制主机的功能有限，每一个联动设备只允许编写一条控制语句。用户完成某联动设备的控制语句，单击"确认"按钮后，系统编辑器会立即检查该联动控制语句的语法，无误后在控制主机屏幕左下角显示"操作已完成！"等提示，联动语句程序自动隐藏，存储到控制主机的内存中，并自动替换先前该联动设备的编程语句。如果检查编写语句有误，则会在控制主机屏幕左下角显示"语法错误！"等提示，该段控制程序不会被保存，也不会退出当前程序语句，用户需要在线修改。

用户可以通过"查询联动编程"功能查看先前已有的、正确的联动控制程序。

任务实施

进入联动编程界面，输入以下 2 段控制程序：

Y（1-130）=（1-1）+（1-2）+（1-3）+（1-101）

Y（1-129，5，）= B（1-130）

由于 JBF5012 控制主机只允许对其每个联动设备编写一条联动语句，任务中要求的功能"每天定时 10:00 整启动 1-130 循环泵，且运行 5 分钟后自动停止"，该功能与第 1 条语句功能矛盾，不能实现，只能由人工手动操作来实现。

任务总结与反思

该消防报警联动系统有以下两种灭火方法：

（1）当火灾导致环境温度升高后，消防闭式喷头中的热敏感元件爆裂，消防水通过破裂的闭式喷头向火源定向喷水达到灭火目的。该种灭火方式直接关系着后续消防控制系统的启动和灭火、控火的效果，是非常基础和关键的现场级灭火方式，是第一级灭火保障措施。但是这种消防灭火方式是由高压水箱供水，不能持续太长时间。

（2）通过总线方式传递火灾报警信号给消防控制主机，结合系统的联动控制程序给出控制指令，控制主机通过总线发送给输入／输出模块，驱动联动设备动作。这种灭火方式是消防灭火最为重要的方式，灭火效果更强、更持久，是第二级灭火保障措施。

如果想将该系统应用于实际生活中，需要进行以下改进：

高位水箱供水蝶阀和高位水箱补水蝶阀都应该改为通过控制主机电动控制。没有火警时，高位水箱供水蝶阀应该自动打开，且高位水箱补水蝶阀应该关闭，由高位水箱提供消防用水。出现火警时，控制主机启动循环泵进行供水之前，高位水箱供水蝶阀应该自动关闭，改为由低位水源水箱提供消防用水。同时，高位水箱补水蝶阀应该自动打开一段时间，自动给高位水箱补充储备用水。

第二篇

局域网控制系统

手机/平板控制的 CAN 总线智能照明系统

技能目标

- 掌握无线路由器作无线桥接器使用时的设置方法。
- 掌握笔记本电脑为手机分享互联网连接的设置方法。
- 掌握手机/平板接入 WiFi 网的设置方法。
- 熟悉手机/平板 App 中的服务 IP 的设置方法。
- 掌握将上位机组态软件的组态信息下载到手机/平板 App 中的方法。
- 掌握网络拓扑图的绘制方法。
- 掌握网关 IP 的设置方法。

素养目标

- 养成独立查阅技术手册的学习习惯。
- 养成通过网络搜索专业信息的学习习惯。
- 养成独立思考和分析问题的学习习惯。
- 培养独立解决问题的能力。
- 养成不依赖他人的学习习惯，遇到简单故障能够自行修正。
- 养成回顾与总结的学习习惯。
- 注重团队协作意识的培养。

任务　手机／平板控制的 CAN 总线智能照明系统的工作原理、系统集成与调试

任务目标

- 了解局域网的概念和种类。
- 了解以太网的概念。
- 了解总线型以太网的介质访问层协议。
- 了解网络通信的数据交换技术。
- 了解交换式以太网的介质访问层协议。
- 了解总线型以太网与交换式以太网的不同。
- 了解交换式以太网物理层电信号。
- 掌握以太网物理层连接器 RJ45 的结构。
- 掌握 T568 标准。
- 了解 MAC 地址的概念。
- 掌握 ipconfig 命令的作用以及使用方法。
- 了解以太网 MAC 数据帧的数据结构。
- 了解 IP 地址和子网掩码。
- 掌握公有 IP、私有 IP 以及特殊用途 IP。
- 掌握同一网段的概念与设置方法。
- 掌握网络诊断工具 ping 的作用及使用方法。
- 掌握集线器的工作原理及使用方法。
- 掌握交换机的工作原理及使用方法。
- 熟悉交换机的转发表。
- 了解数据型无线网桥的工作原理及使用方法。
- 掌握无线 WiFi 的工作原理。
- 掌握通用无线路由器的工作原理及使用方法。
- 熟悉 Ad hoc 网络的工作原理和特点。
- 了解互联网中的客户机和服务器。
- 掌握网络拓扑图的概念。
- 掌握网关 IP 的设置原理。

主要设备器材及软件清单

名称	型号	数量	名称	型号	数量
TP-LINK 无线路由器	TL-WTR9200	1	2 路开关控制器	KZD-2W2K10A	2
网关控制器	CAN-TCP/ICP	1	4 路开关控制器	KZD-4W4K10A	3

续表

名称	型号	数量	名称	型号	数量
2 路窗帘控制器	KZD-4W2C	1	2 键智能开关面板	MDB-2J	5
2 路调光控制器	KZD-4W2T3A	1	4 键智能开关面板	MBD-4J	2
华为平板	AGS3-W00D	1	12V 直流电源模块	DR-15-12	1
智之屋上位机软件	免安装版 AptitudePicture	1	智之屋手机 / 平板 App	ieroom V3.8	1

📖 任务内容

（1）将手机 / 平板通过 WiFi 加入上位机和网关控制器所在的局域网中。

（2）将上位机的组态信息下载到手机 / 平板 App 中。

（3）通过手机 / 平板 App 操控各被控负载。

🎓 任务知识

知识点 1：局域网

局域网（Local Area Network，LAN）是指局部地区形成的区域网络，覆盖范围方圆几千米，其特点就是分布地区范围有限，可大可小，大到建筑楼之间的网络连接，小到 1 间办公室多台网络终端之间的连接。局域网自身相对其他网络传输速率更快，性能更稳定，框架简单，并且是封闭性的，对外网保密，这也是很多机构选择它的原因。局域网可以实现文件管理、应用软件共享、打印机共享等功能，在使用过程中，通过维护局域网网络安全，能够有效地保护资料安全，保证局域网网络稳定运行。局域网主要由计算机设备、网络连接设备、网络传输介质 3 大部分构成。其中，计算机设备又包括服务器与工作站；网络连接设备则包含了网卡、集线器、交换机；有线网络传输介质简单地说就是网线，可以是同轴电缆、双绞线或光缆等。

局域网的类型很多，若按网络使用的传输介质分类，可分为有线网和无线网；若按网络拓扑结构分类，可分为总线型、星形、环形、树形、混合型等；若按传输介质所使用的访问控制方法分类，又可分为以太网、令牌环网、FDDI 网和无线局域网等。其中，以太网是当前应用最普遍的有线局域网技术。

有线局域网使用了多种不同的传输技术，它们大多采用铜线作为传输介质，但也有一些采用光纤。局域网的大小受到限制，这意味着最坏情况下的传输时间是有界的，并且可以预知。通常情况下，有线局域网的运行速度在 100Mbps 到 1Gbps 之间，延迟在微秒或者纳秒级，而且很少发生错误，较新的局域网的运行速度可以高达 10Gbps。有线局域网在性能等多个方面都超过了无线网络。

基于 IEEE 802.3 标准的以太网是目前最常见的有线局域网之一。在交换式以太网中，每台计算机以星形拓扑结构连接到交换机，按照以太网协议规定的控制方式运行，这就是交换式以太网名字的由来。

无线局域网的实现协议众多：工作频段位于 2.4GHz 的有以 IEEE 802.11 标准为基

础的红外技术、蓝牙技术和基于 IEEE 802.15.4 标准的 ZigBee 技术等；工作频段位于 5GHz 的有无线家庭数字接口（Wireless Home Digital Interface，WHDI）等；既可以工作于 2.4GHz 频段，也可以工作于 5GHz 频段的有 WiFi 和无线高清传输技术（Intel Wireless Display，WiDi）等；工作于其他频段的有：通用分组无线服务技术（General Packet Radio Service，GPRS）和射频识别技术（Radio Frequency Identification，RFID）等。

当前广泛使用的当属 WiFi，只需要一个通用无线路由器就可以让所有具有无线功能的设备组成一个无线局域网，操作方便、灵活。家庭一般只需要一个无线路由器就可以组建小型的无线局域网络，中等规模的企业通过多个路由器以及交换机就能组建覆盖整个企业的中型无线局域网络，而大型企业则需要通过一些中心化的无线控制器来组建强大的、覆盖面广的大型无线局域网络。

知识点 2：以太网

以太网（Ethernet）是一种计算机局域网组网技术。IEEE 组织的 IEEE 802.3 标准制定了以太网的技术标准，它规范了包括物理层接口、电信号和介质访问层协议等方面的内容。以太网是当前应用最为普遍的计算机局域网技术之一，取代了其他局域网，如令牌环、光纤分布式数据接口（Fiber Distributed Data Interface，FDDI）和典型令牌总线网络 ARCNET。

如图 3-1-1 所示，早期 10BASE2 和 10BASE5 以太网的标准拓扑结构为总线型拓扑，它采用单根同轴电缆连接所有网络设备，系统通过串行、半双工、广播的方式实现网络设备之间的通信。为了减少冲突，提高网络速度，确保使用效率最大化，后期发展出的快速以太网 100BASE-TX 和千兆以太网 1000BASE-T 标准使用交换机来进行网络连接和组织，网络终端与交换机之间则采用全双工双绞线连接，以太网的拓扑结构在物理上就变成了星形，称为交换式以太网。但从交换机内部来看，各个 LAN 口之间还是采用背板总线进行互联的，仍然是总线型拓扑；借助背板总线，交换式以太网仍然使用 CSMA/CD（Carrier Sense Multiple Access with Collision Detection）算法的

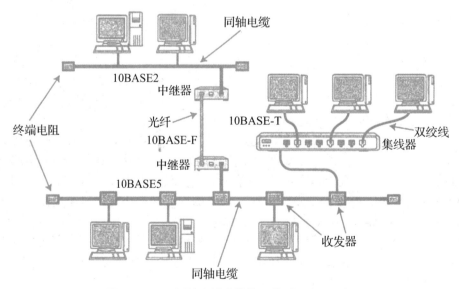

图 3-1-1　同轴电缆连接的总线型以太网示例

总线传输技术，在内部控制处理器和调度器的控制下实现点对点的单播方式信息传输。

　　IEEE 802.3 标准规定：100BASE-TX 快速以太网需要使用 2 对 5 类双绞线传输，传输速率达到 100Mbit/s，在没有中继的情况下，双绞线最远传输距离 100 米；1000BASE-T 千兆以太网优选光纤传输，也可以使用 4 对超 5 类或 6 类双绞线传输，传输速率达到 1Gbit/s，在没有中继的情况下，超 5 类或 6 类双绞线传输距离最远 100 米，光纤最大连接距离至少可达 5 千米。

　　知识点 3：总线型以太网的介质访问层协议简介

CSMA/CD 算法如图 3-1-2 所示。

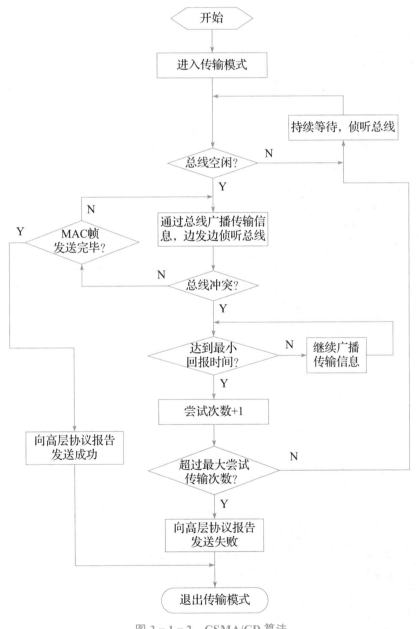

图 3-1-2　CSMA/CD 算法

带冲突检测的载波侦听多路访问 CSMA/CD 技术规定，当某台连接到总线上的计算机要发送信息时，会按照以下方式进行：

（1）开始：如果线路空闲，则启动传输，否则跳转到第（4）步。

（2）发送过程：数据传输过程中，如果检测到冲突，则继续发送数据直到达到最小回报时间（Min Echo Receive Interval），以确保所有其他转发器和终端检测到冲突，然后跳转到第（4）步。

（3）完成 MAC 帧的传输：向更高层的网络协议报告发送成功，退出传输模式。

（4）线路繁忙：持续侦听总线直到线路空闲。

（5）线路空闲：在尚未达到最大尝试次数之前，每隔一段随机时间便转到第（1）步重新尝试。

（6）超过最大尝试传输次数：向更高层的网络协议报告发送失败，退出传输模式。

知识点 4：网络通信的数据交换技术

网络通信的目的是实现信息在网络中的传递，在全双工、共享信道的数据通信网络中，实现通信必须要具备 3 个基本要素，即终端、传输和交换。在数据通信网络中，通过网络节点的某种转接方式来实现从任一端系统到另一端系统接通数据通路的技术称为数据交换技术，分为电路交换和存储转发交换两种方式。

（1）电路交换。

电路交换（Circuit Switching）方式与电话交换方式的工作过程很类似。两台计算机通过通信子网交换数据之前，首先要在通信子网中通过交换设备间的物理线路连接，建立一条实际的专用物理通路。用此方式的交换网能为任意一个入网数据提供一条临时的专用物理通路，由通路上的各节点在空间上或时间上完成信道转接而构成，在源主机（输出端）和宿主机（接收端）之间建立起一条直通的、独占的物理线路。因此，在通路连接期间，不论这条线路有多长，交换网为一对主机提供的都是点到点链路上的数据通信，即建立连接的两端设备独占这条线路进行数据传输，直至该连接被释放。公用电话网的交换方式采用的就是电路交换，通话双方一旦建立通话，则可以一直独占这条线路，直至通话结束，释放连接，这时其他用户才能使用这条线路。

（2）存储转发交换。

存储转发交换（Store and Forward Switching）是指网络交换节点设备先将途经的数据接收并存储下来，然后根据实时网络通信情况，自主选择一条适当的链路转发出去。根据转发的数据单元的不同，存储转发交换又分为报文交换和分组交换。

1）报文交换（Message Switching）是指网络的每一个节点（交换设备）先将整个报文（Message）完整地接收并存储下来，然后选择合适的链路转发到下一个节点。每个节点都对报文进行存储和转发，最终到达目的地。

2）分组交换又称包交换（Packet Switching），与报文交换同属于存储转发式交换。两者之间的差别在于参与交换的数据单元长度不同。在分组交换网络中，计算机之间要交换的数据不是作为一个整体进行传输，而是划分为大小相同的许多数据分组来进行传输，这些数据分组称为"包"（Packet）。每个分组除含有一定长度需要传输的数据外，还包括一些控制信息，其中包括分组将被发送的目的地址。在分组交换中，根据网络中传输控制协议和传输路径的不同，可分为两种方式：数据报（Datagram）分组交换和虚电路（Virtual Circuit）分组交换。

知识点 5：交换式以太网的介质访问层协议简介

如图 3-1-3 所示，交换式以太网中，各主机以全双工方式连接到交换机的各 LAN 口，再连接到各自缓存，而各缓存之间还是通过内部背板总线实现互联互通的。也就是说，交换式以太网在交换机内部实质上也是总线型的。不同的是：交换式以太网中各 LAN 口发送的 MAC 帧可以随时发送到各自对应的缓存中暂存起来；在内部控制器和调度器的管控下，按照一定的顺序，错时、高速地使用背板总线，确保不同 LAN 口先后完成发送；在控制器和调度器的管控下，通过背板总线发送的数据只能被目标接收 LAN 口定向接收，而不是被广播到所有端口上，除非是特殊的广播帧；这种任务的转发切换是高速且高效的。

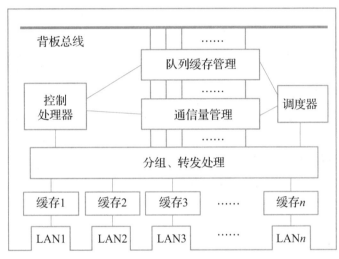

图 3-1-3　交换机的存储转发

在交换式以太网和因特网中，大量采用包括分组交换的存储转发技术。

分组交换技术也称包交换技术（Packet Switching Technology）：将用户传送的数据分割成一定的长度，每个部分叫作一个分组。因为每个分组都有完整的地址信息，它们在网络中的传播路径可能不会完全一样，这是由网络当时的拥塞状况决定的，所以可能会导致每个分组独立的发送顺序和到达的顺序不一致。到达接收端后，每个分组的前面有一个分组头，包含了每个分组的编号信息，需要接收机重新排序组装为一个完整的数据报文。这一过程称为分组交换。

存储转发技术（Store and Forward）：以太网交换机的控制器首先将输入端口送来的分组数据包缓存起来，然后检查数据包是否正确，在过滤冲突包错误并确定数据包正确后，取出分组里的"目的 MAC 地址"信息，通过查找交换机中的转发表（通过自学习获得），找到输出 LAN 口，将该包发送出去。

知识点 6：总线型以太网与交换式以太网的不同

总线型以太网与交换式以太网的不同表现在以下几个方面：

（1）网络冲突的管控方式不同：总线型以太网采用各个网络终端自行、分散处理网络冲突的管理方式，没有专门的交换站点来负责；交换式以太网则将网络通信的管理权收回，放在通信设备交换机中进行统一、集中管理，各网络终端只负责接收或发送通信信息。

（2）冲突域不同：总线型以太网的冲突域包括两个终端电阻界定的、该总线连接的所有终端；由于交换机内部各 LAN 口之间是相互隔离的，因此交换式以太网的冲突域仅限于单个交换机端口与通信主机之间。

（3）信息交付方式不同：总线型以太网采用即发即收的实时交付方式；交换式以太网则采用存储转发机制进行信息的交付，分组数据报可以在交换机内部缓存区有短暂的缓冲延时。

（4）通信能力不同：总线型以太网虽然采用即发即收的实时交付方式，但从网络总体来看，其通信效率不高，能够容纳的网络终端不能太多；而采用了存储转发机制的交换式以太网则能更好地利用交换机的集中、高速的处理优势，实现海量网络终端高速、高效率的互通。

（5）通信管控能力不同：总线型以太网中终端的信息发送完全是自发的、随机的，网络通信的管控由各主机自由竞争，且要求各设备的通信速率严格保持一致；交换式以太网中的交换机不仅能对单播通信或广播通信进行有效管理，还能管控各个 LAN 口的通信速度，不同通信速率的终端连接到交换机时，它也能很好地自适应，确保不同网速子网间的通信顺畅。

知识点 7：交换式以太网物理层电信号

如图 3-1-4 所示，在 100BASE-TX 标准中使用了一种叫作 MLT-3（Multi-Level Transition）的编码方式。

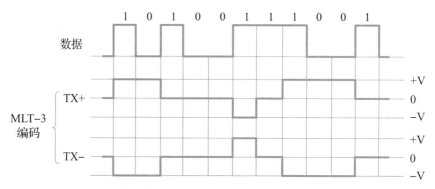

图 3-1-4　MLT-3 编码示例

编码规律如下：

（1）该编码是使用 -V、0、+V 共 3 个电压等级、按照下文第（2）、（3）条的规律变化来表示数据 0 和 1 的三阶基带编码。

（2）用不变化电平状态，即保持前一位的电平状态来表示通信数据"0"。

（3）以差分信号同相端 TX+ 为例，参照标准正弦波 0→+→0→-→0 周期变化的规律，在前一位数据对应电平状态的基础上，按照 0→+V→0→-V→0 周期循环的变化规律改变双绞线中的电平状态，来表示后一位通信数据"1"。

这样表示的数据，能使双绞线中信号电压的变化比较平稳，有效抑制信号传递中的高频谐波分量。

在使用 MLT-3 编码时，如果通信数据中出现连续多个 0，信号电平将不会发生任何变化，导致接收方无法检测出每一个时钟节拍，影响通信系统的同步。为了避免这种情况，该标准采取了将 4bit 数据转换为 5bit 的方法，这样，接收方就能更好地实现与发送方的时钟同步。

以太网采用小端（little endian）顺序方式串行传输比特流，也就是说，对于 1 字节（8bit）的数据，会从最低位 LSB（Least Significant Bit）开始传送。例如，要传送"192.168.1.254"，其二进制数据串表示为"11000000 10101000 00000001 11111110"，采用小端传输的以太网会将"00000011 00010101 10000000 01111111"比特流按照从左往右的顺序串行传输。

与以太网协议规范不同，TCP/IP 协议、FDDI 以及令牌环网均采用大端（big endian）顺序方式串行传输比特流，即从最高位 MSB（Most Significant Bit）开始传送。例如，同样要传送"192.168.1.254"，其二进制数据串表示为"11000000 10101000 00000001 11111110"，以上协议网络会将"11000000 10101000 00000001 11111110"比特流按照从左往右的顺序串行传输。

知识点 8：以太网物理层连接器 RJ45

RJ45 是网络信息布线系统中插座连接器的一种，由水晶头插头和水晶头插座模块组成，均有 8 个触点。RJ（Registered Jack）的意思是"注册的插座"，在美国联邦通信委员会（Federal Communications Commission，FCC）标准中，RJ 用于描述公用电信网络的接口，计算机网络的 RJ45 是标准 8 位模块化接口的俗称。

如图 3-1-5 所示，将 RJ45 水晶头的铜片一侧面向自己，且处于上方位置，从左往右，管脚序号依次为 1、2、3～8 号。如图 3-1-6 所示，将 RJ45 插座的插孔面向自己，且里面的铜片位于上方位置，从左往右，管脚序号依次为 1、2、3～8 号，与水晶头匹配。网络终端设备（如计算机、路由器等）的 RJ45 网口管脚序号与 RJ45 插座的管脚序号定义相同。

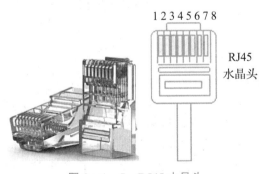

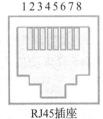

图 3-1-5　RJ45 水晶头　　　　　　　图 3-1-6　RJ45 插座

网络设备分为数据终端设备（Data Terminal Equipment，DTE）和数据通信设备（Data Communicate Equipment，DCE）两大类，这 8 个管脚在两类设备中的功能定义不完全相同。DTE 设备指数据源传输端或数据接收端的设备，主要包括 PC 机、路由器或其他终端设备，负责获取数据并进行相应的处理。常见的 DCE 设备有数据通信设备或电路连接设备，如调制解调器 MODEM、交换机等连接 DTE 设备的通信设备，它们只负责转发数据，不对数据进行任何处理。DTE 设备和 DCE 设备的区别：DCE 设备为 DTE 设备提供通信用时钟，DTE 设备会根据该时钟频率周期工作，例如 PC 机和 MODEM 之间。DTE 设备对 RJ45 的管脚的定义见表 3-1-1。

表 3-1-1　DTE 设备对 RJ45 的管脚的定义

快速以太网 100Base-TX 接口			千兆以太网 1000Base-T 接口		
管脚号	管脚名称	管脚功能	管脚号	管脚名称	管脚功能
1	TX+	发送数据 +（Tranceive Data+）	1	TX_D1	发送数据 1（Tranceive Data1）
2	TX-	发送数据 -（Tranceive Data-）	2	RX_D1	接收数据 1（Receive Data1）
3	RX+	接收数据 +（Receive Data+）	3	TX_D2	发送数据 2（Tranceive Data2）
4	NC	Not connected（未使用）	4	TX_D3	发送数据 3（Tranceive Data3）
5	NC	Not connected（未使用）	5	RX_D3	接收数据 3（Receive Data3）
6	RX-	接收数据 -（Receive Data-）	6	RX_D2	接收数据 2（Receive Data2）
7	NC	Not connected（未使用）	7	TX_D4	发送数据 4（Tranceive Data4）
8	NC	Not connected（未使用）	8	RX_D4	接收数据 4（Receive Data4）

注：千兆以太网 1000BASE-T 接口中，电信号不再采用差分信号传输。

DCE 设备对 RJ45 的管脚的定义见表 3-1-2。

表 3-1-2　DCE 设备对 RJ45 的管脚的定义

快速以太网 100Base-TX 接口					
管脚号	管脚名称	管脚功能	管脚号	管脚名称	管脚功能
1	RX+	接收数据 +（Receive Data+）	5	NC	Not connected（未使用）
2	RX-	接收数据 -（Receive Data-）	6	TX-	发送数据 -（Tranceive Data-）
3	TX+	发送数据 +（Tranceive Data+）	7	NC	Not connected（未使用）
4	NC	Not connected（未使用）	8	NC	Not connected（未使用）

以目前大量使用的快速以太网 100BASE-TX 接口的引脚定义为例，单纯从网口 RJ45 管脚功能看，如果两个网络设备的 RJ45 网口插座的管脚定义完全一样，结合表 3-1-1，在网线制作时，网线一端水晶头的 1 号管脚应该与网线另一端水晶头的 3 号管脚连接，网线一端水晶头的 2 号管脚应该与网线另一端水晶头的 6 号管脚连接。即网络设备 1 的数据发送端应该连接网络设备 2 的数据接收端，同理，设备 2 的发送端应该连接设备 1 的接收端，两台设备需要交叉连接，这就是早期制作交叉线的原因。

随着先进半导体设计制造工艺的不断发展，网络设备的功能越来越强大，与以前生产的终端设备和交换设备不同，大多数网络设备都具备了自动协商功能，通信时能实现发送端和接收端的自动翻转匹配，保证网络通信的顺利进行。通常情况下，很少有人再去制作交叉线了，大家均采用直通线进行网络连接。当然，采用交叉线连接的话，具有自动翻转功能的网络设备之间也能够实现正常通信。

知识点 9：T568 标准

美国通信工业协会（Telecommunications Industries Association，TIA）和美国电子工业协会（Electronic Industries Association，EIA）制定的计算机网络通信连接器标准 TIA/EIA-568（简称 T568 标准）分为 T568A 和 T568B 两种。利用 RJ45 水晶头制作的适用于 100BASE-TX 以太网的直通网线和交叉网线如图 3-1-7 所示，在遵守发送方的发送端连接接收方接收端的接线原则，遵循快速以太网 100BASE-TX 接口管脚定义的前提下，T568A 标准规定 RJ45 水晶头 8 个管脚从 1 脚至 8 脚依次采用白绿、绿、白橙、蓝、白蓝、橙、白棕、棕的颜色顺序进行连接；T568B 标准规定 RJ45 水晶头 8 个管脚从 1 脚至 8 脚依次采用白橙、橙、白绿、蓝、白蓝、绿、白棕、棕的颜色顺序进行连接。

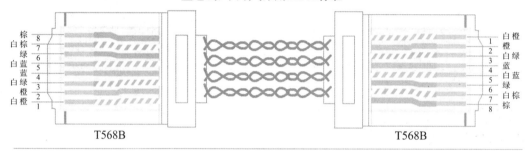

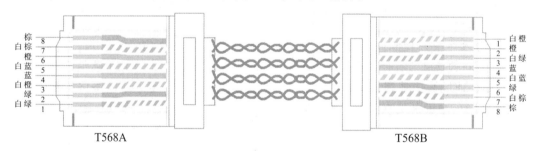

图 3-1-7　RJ45 插头与网线的连接方法

通常情况下，技术员在制作直通线时都会采用 T568B 标准线序。如表 3-1-1 所示，由于百兆以太网数据传输中只用到了管脚 1、2、3 和 6，某些技术员在制作百兆数据网线时，只连接管脚 1、2、3 和 6 这四根线，一般情况下也是能够保证网络通信的。

［方法 3-1-1］使用网线测试仪检测网线的通断。

如图 3-1-8 所示，将制作好的直通网线连接到网线测试仪的左侧主机和右侧副机的两个 RJ45 口上，开启测试功能，主机和副机的 1～G 共 9 个指示灯依次对应点亮，则表示网线制作成功。如果左侧主机点亮的指示灯与右侧副机的指示灯没有对应点亮或者存在交叉，则表示网

图 3-1-8　网线测试仪与网线连接

线制作有误。网线测试仪的指示灯显示效果一般有慢速和快速 2 挡，用户可以根据需要适当切换。

通过知识点 8 和知识点 9 中对水晶头的工作原理和网线制作的介绍，网线插座的工作原理和网线连接也就不难理解了。某品牌的 RJ45 插座与网线连接如图 3-1-9 所示。

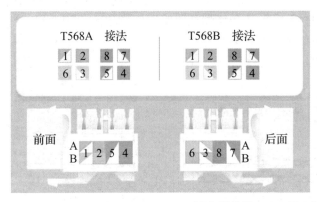
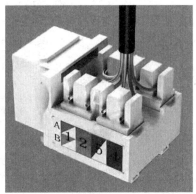

图 3-1-9 国内某品牌 RJ45 插座与网线连接方法

知识点 10：MAC 地址

根据 IEEE 802.3 标准的规定，以太网或 FDDI 网络中使用 MAC 地址唯一标识每一个互联设备，其他诸如符合 IEEE 802.11a/b/g/n 标准的无线 LAN 以及蓝牙等设备也使用相同的 MAC 地址来标识互联设备。

在项目一中，我们已经知道 MAC 地址有 48 位，如图 3-1-10 所示，这 48 位分别具有不同的含义。在使用网卡（Network Interface Controller，NIC）通信的网络设备中，MAC 地址被烧录到 ROM 中，用户不能随意改变；在一定区域范围内，任何一个网卡的 MAC 地址都是唯一的，不会有重复。

第1位：单播地址（0）/多播地址（1）
第2位：全局地址（0）/本地地址（1）
第3-24位：由IEEE管理并保证各厂家之间不重复
第25-48位：由厂商管理并保证不同产品之间不重复

图 3-1-10 MAC 地址的含义

知识点 11：ipconfig 命令

IPConfig 实用程序和它的等价图形用户界面——Windows 系统中的 WinIPCfg 可用于显示当前 TCP/IP 配置的情况。这些信息一般用来检验人工配置的 TCP/IP 是否正确。如果你的计算机和所在局域网使用了动态主机配置协议（Dynamic Host

Configuration Protocol，DHCP），这个程序所显示的信息也许更加实用。这时，IPConfig 可以帮助你了解计算机是否成功租用到一个 IP 地址，如果租用到，还可以了解它分配到的是什么地址。此命令也可以用于清空 DNS 缓存（DNS cache）。实际上，了解计算机当前的 IP 地址、子网掩码和缺省网关是进行测试和故障分析的必要项目。

"ipconfig"：使用 IPConfig 时若不带任何参数选项，则会为每个已经配置好的接口显示 IP 地址、子网掩码和缺省网关值。

"ipconfig/all"：当选择 all 选项时，IPConfig 能为 DNS 和 WINS 服务器显示其已配置且要使用的附加信息（如 IP 地址等），还可显示内置于本地网卡中的 MAC 物理地址。如果 IP 地址是从 DHCP 服务器租用的，IPConfig 将显示 DHCP 服务器的 IP 地址和租用地址预计失效的日期

［方法 3 - 1 - 2］查看自己计算机的 MAC 地址。

如图 3 - 1 - 11（a）所示，在 Win7 操作系统的"开始"菜单的"搜索程序和文件"栏中输入"cmd"命令，计算机即进入命令提示符状态。如图 3 - 1 - 11（b）所示，在 Win10 操作系统的"开始"菜单中选择"运行"选项，然后在"打开"栏中输入"cmd"命令，可以使计算机进入命令提示符状态。

（a）Win7 操作系统　　　　　　　　　（b）Win10 操作系统

图 3 - 1 - 11　使计算机进入命令提示符状态

查看个人计算机 MAC 地址的方法：在系统命令提示符状态下输入"ipconfig/all"命令，计算机回显如图 3 - 1 - 12 所示。

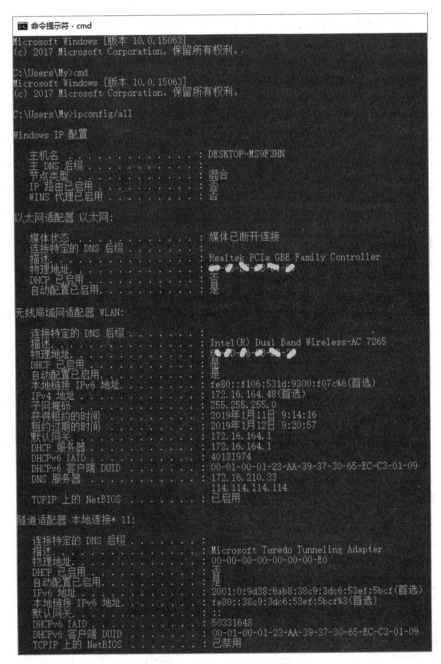

图 3 - 1 - 12　MAC 地址

知识点 12：以太网 MAC 数据帧

如图 3-1-13 所示，TCP/IP 协议的网际层的 IP 分组数据报下传到网际接口层时，将在 IP 分组数据报的基础上添加目的 MAC 地址、源 MAC 地址、类型码以及 FCS 等协议层报头，形成 MAC 层的 MAC 数据帧，继续往物理层交付，物理层收到后，会在 MAC 数据帧的基础上插入 7 字节的前同步码和 1 字节的帧开始定界符，然后通过 RJ45 网口以电信号向下一个节点传递信息。

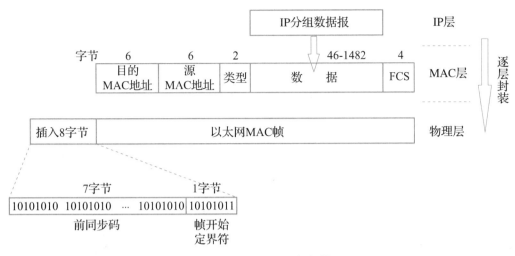

图 3 - 1 - 13　MAC 数据帧

知识点 13：IP 地址和子网掩码

在 OSI 的 7 层协议中，IP 地址只对第 3 层网络层有效，其具有 IPv4 和 IPv6 两个协议版本，两者没有互换性，地址的表示方式也大相径庭，目前大量使用的是 IPv4 协议版本。由于 IPv4 协议版本下的 IP 地址面临枯竭，各国正在大力推进 IPv6 协议版本在互联网系统中的使用。

IPv4 协议下的 IP 地址通过 32 个二进制位表示，为了方便书写以及技术交流，写成类似 192.168.0.12 的形式，用"."将地址分成 4 段（部分），其中的"."没有任何意义，每部分都有 8 个二进制位，每个二进制位可为 0 或 1，将 8 个二进制位使用 0 ～ 255 之间的十进制数字表示，称为点分十进制表示法。

IPv6 协议下的 IP 地址则由 128 个二进制位表示，用冒号":"分隔成 8 段，每段 16 位，使用 0000 ～ FFFF 的十六进制数字表示。在某些情况下，一个 IPv6 地址中间可能包含很长的一段 0，出于简写的目的，可以把一段连续的 0 压缩为"::"。但为保证地址解析的唯一性，"::"只能出现一次，例如：FF01:0:0:0:0:0:0:1101 可以简写为 FF01::1101，0:0:0:0:0:0:0:1 可以简写为 ::1。

IPv4 协议按照二进制计数的方式进行 IP 编址，IP 地址的变化范围为 0.0.0.0 ～ 255.255.255.255，因此 IPv4 协议版本下，最多支持不到 43 亿台节点设备加入因特网。每一台主机上的每一块网卡都需要设置一个 IP 地址，通常，一块网卡只设置一个 IP 地址，在保证不冲突的前提下也可以配置多个 IP 地址。很多笔记本中既有有线网卡，也有无线网卡，在这两个网卡都正常联网使用的情况下，需要配置 2 个不同的 IP 地址。通用无线路由器也需要设置 WAN 口和 LAN 口这 2 个不同的 IP 地址。

［方法 3 - 1 - 3］给一块网卡分配 2 个或多个 IP。

右击桌面的"网络"图标，选择"属性"快捷选项，在"网络与共享中心"对话框的"查看活动网络"栏中单击可用的"本地连接"或"以太网"，在弹出的"本地连接／以太网连接状态"对话框中单击"属性"按钮，在弹出的"本地连接／以太网连接属性"对话框的"网络"选项卡中的"此连接使用下列项目"栏中双击选择" Internet

协议版本 4（TCP/IPv4）"，然后按照图 3-1-14 所示进行设置。

图 3-1-14　一块网卡配置多个 IP 的方法

如图 3-1-15 所示，IP 地址由"网络地址"和"主机地址"两部分组成。其中"网络地址"部分用于区分不同的局域网，需要给不同的局域网规划不同的编号。同一个局域网中的节点设备，IP 地址中的"网络地址"部分必须相同。"主机地址"部分是节点设备的编号，同一个局域网中的不同节点设备的"主机地址"部分互不相同。

图 3-1-15　IP 地址的组成

A 类 IP 地址的网络地址部分的可变范围为：0.0.0.0 ～ 127.0.0.0，其中第 1 段在 0 ～ 127 范围中可变。

B 类 IP 地址的网络地址部分的可变范围为：128.0.0.0 ～ 191.255.0.0，其中第 1 段在 128 ～ 191 范围中可变，第 2 段在 0 ～ 255 范围中可变。

C 类 IP 地址的网络地址部分的可变范围为：192.0.0.0 ～ 223.255.255.0，其中第 1 段在 192 ～ 223 范围中可变，第 2 段在 0 ～ 255 范围中可变，第 3 段在 0 ～ 255 范围中可变。

通过交换机互联的同一局域网中的多台计算机，借助内置的以太网协议就能"直接"进行单播通信，不同局域网中的计算机之间则需要通过网关路由器才能实现互通。

　　子网掩码（Subnet Mask）又叫网络掩码、地址掩码、子网络遮罩，用来指明一个 IP 地址中的哪些连续位表示主机所在子网的编号。子网掩码不能单独存在，它必须结合 IP 地址一起使用。子网掩码只有一个作用：对于某个已知的 IP 地址，通过两者对应位的逻辑与运算，获得该 IP 地址的网络地址编号，方便后续网络通信使用。子网掩码的设置方法如下：

　　A 类地址的子网掩码为：11111111.00000000.00000000.00000000，即为 255.0.0.0。

　　B 类地址的子网掩码为：11111111.11111111.00000000.00000000，即为 255.255.0.0。

　　C 类地址的子网掩码为：11111111.11111111.11111111.00000000，即为 255.255.255.0。

　　通过子网掩码和任意 IP 获得该 IP 所在的网络地址号的示例见表 3-1-3。

表 3-1-3　通过子网掩码和任意 IP 获取网络地址示例

点分十进制表示	任意 IP 地址			
	172	20	1	1
二进制表示	1 0 1 0 1 1 0 0	0 0 0 1 0 1 0 0	0 0 0 0 0 0 0 1	0 0 0 0 0 0 0 1
子网掩码	1 1 1 1 1 1 1 1	1 1 1 1 1 1 1 1	0 0 0 0 0 0 0 0	0 0 0 0 0 0 0 0
逻辑与运算	1 0 1 0 1 1 0 0	0 0 0 1 0 1 0 0	0 0 0 0 0 0 0 0	0 0 0 0 0 0 0 0
点分十进制表示网络地址	172	20	0	0

　　注：以上是将某整段的 8 个位全部作为网络地址，为了减少子网划分时大量 IP 地址空闲的浪费现象，在 A/B/C 类地址规定的子网掩码的基础上，还可以借用主机中的某几个连续高位进一步细分某网络地址，将 A/B/C 类网络细分为更小一点的子网，这样，其子网掩码的某些段就不再是"255"了。

　　由于子网掩码与 IP 地址搭配使用才有意义，因此，表 3-1-3 所示的 IP 地址通常也表示为 172.20.1.1/16，其中"/16"表示 IP 地址从左往右的前 16 位，即前两段为网络地址部分，即该 IP 地址的网络地址为 172.20.0.0。

知识点 14：公有 IP、私有 IP 以及特殊用途 IP

　　公有地址（Public Address）由因特网信息中心（Internet Network Information Center，Inter NIC）负责，将这些 IP 地址分配给向 Inter NIC 提出申请并被批准注册的组织机构。通过公有 IP 可以直接访问因特网。

　　A 类 IP 中的公有地址范围：0.0.0.1 ～ 9.255.255.255 和 11.0.0.0 ～ 126.255.255.255。

　　B 类 IP 中的公有地址范围：128.0.0.0 ～ 172.15.255.255 和 172.32.0.0 ～ 191.255.255.255。

　　C 类 IP 中的公有地址范围：192.0.0.0 ～ 192.167.255.255 和 192.169.0.0 ～ 223.169.255.255。

　　私有地址（Private Address）也称为内网地址，在局域网内部使用，属于非注册地址，专门为组织机构内部使用。任何组织机构，在保证本组织范围内私有 IP 地址唯一性的前提下，都可以随意使用，不用向主管部门申请。借助私有地址，通过交换机只能组建局域网，在局域网内互通信息；如果想访问因特网，必须通过网络地址转换（Network Address Translation，NAT）技术将私有地址转换成合法的公有地址。组织机构在组建内部局域网的同时，一般会配置 NAT 服务器，内部多台计算机共用同一个公有 IP 地址，实现共享因特网的目的。

　　A 类 IP 中预留出的私有地址范围：10.0.0.0 ～ 10.255.255.255。

B 类 IP 中预留出的私有地址范围：172.16.0.0 ～ 172.31.255.255。

C 类 IP 中预留出的私有地址范围：192.168.0.0 ～ 192.168.255.255。

在 Internet 中，有几种特殊用途的 IP 地址，列举如下：

（1）全"0"的 IP 地址。

全 0 的 IP 地址表示为 0.0.0.0，它不是一个具有真正意义的 IP 地址，但在特定的环境中有特定的用途，表示所有不清楚目的子网络号和目的主机号的主机。

（2）主机号为全"0"的 IP 地址。

网络地址包含一个有效的网络号和一个全"0"的主机号，用来表示一个具体的网络。例如，一个 IP 地址为 202.93.120.44 的主机所处的网络为 202.93.120.0。

（3）全"1"的 IP 地址。

32 位全 1 的非标 IP 地址 255.255.255.255 叫作有限广播地址，它没有网络号和主机号，不能被路由器发送，但会被交换机送至相同物理网络段上的所有主机。

（4）主机号为全"1"的 IP 地址。

直接广播地址包含一个有效的网络号和一个全"1"的主机号，如 202.163.30.255/24，它采用标准的 IP 编址，能被路由器发送，且会被路由器发送到一个指定的 202.163.30.0 网络，进而被广播到该网络中的所有终端。

（5）回送地址（Loopback Address）：A 类网络地址 127.0.0.0 是一个保留地址，127.0.0.1 ～ 127.255.255.254 范围内的 IP 就是可用的回送地址。主要用于测试本机网络接口工作是否正常。该范围内的 IP 有一个别名，即"Localhost"。

知识点 15：同一网段

同一网段指的是多台网络终端的 IP 地址与其子网掩码按位相"与"后得到的网络地址相同。同一网段的多台网络终端可以借助交换机或无线 WiFi 实现互联互通。要把多台网络终端设置在同一网段，所有网络终端 IP 的网络地址部分必须相同，主机地址部分不同。终端 172.16.160.2/24 与终端 172.16.160.3/24 组建局域网时，在同一网段，它们能够相互通信。

知识点 16：网络诊断工具 ping

网络诊断工具 ping（Packet Internet Groper）是一种因特网包探索器，是用于测试网络连接量的程序。Ping 是工作在 TCP/IP 网络体系结构中应用层的一个服务命令，主要是向特定的目的主机发送因特网报文控制协议（Internet Control Message Protocol，ICMP）Echo 请求报文，测试目的站是否可达并了解其相关状态。

［方法 3-1-4］排查计算机本地网卡的网络功能状态。

按照图 3-1-11 介绍的方法，使系统进入命令提示符状态，在其中输入"ping 127.x.y.z"（x、y 可以为 0 ～ 255 中的任意数，z 可以是 0 ～ 254 中的任意数）命令来测试本地网卡的工作情况是否正常，如图 3-1-16 所示内容表明本地网卡工作正常。

图 3-1-16　测试本机网络接口工作状态

如果防病毒软件出现类似以下的提示"拦截从 127.0.0.1:2150 接收的 TCP 数据包，对应本机地址为 127.0.0.1:6969"，则表明本机有木马。

［方法 3-1-5］排查本机与远程终端之间的连通状态。

按照图 3-1-11 介绍的方法，使系统进入命令提示符状态，在 ping 命令后面输入远程终端的 IP 地址就可以测试本机与远程终端之间的物理链路的连通状态。

如图 3-1-17 左图表示本机与远程终端是正常连通的，如图 3-1-17 右图表示本机与远程终端没有连通。

图 3-1-17　测试本机与远程终端之间的连通状态

（6）169.254.x.y。

在 Windows 操作系统中，获取 IP 地址的方式通常有两种，即设置固定 IP 方式和动态获取 IP 地址。如果主机获得 IP 地址的方式为动态获取方式，则需要从 DHCP 服务器中自动获取一个 IP 地址。当 DHCP 服务器发生故障或者因其他原因不能获取正确的 IP 地址时，操作系统会分配一个 169.254.x.y 的地址给主机，该地址不能用于连接任何网络进行数据传输和通信。

例如，施耐德公司生产的供配电物联网系统的 LINK150 网关，上位机采用以太网协议连接该网关，对其进行配置时，默认的 IP 就是 169.254.x.y，后两个字段是将该网关 MAC 地址的后两个字段转换成十进制对应的数值。

知识点 17：总线型以太网的交换设备——集线器

作为总线型以太网的广播式 DCE 交换设备，集线器在市面上已经很难见到了，取而代之的是应用于交换式以太网中的单播式 DCE 设备——交换机。集线器则更多地应用于 USB 口扩展器以及 VGA 或 HDMI 视频扩展器，其实质是将一个设备的硬件接口同时连接到多个硬件接口上，实现信息在多个接口上的广播。此外，在 Cisco Packet Tracer 软件和 eNSP 模拟器软件中还是有以太网集线器存在的。

知识点 18：交换式以太网的交换设备——交换机

交换机（Switch）可以为接入它的任意两个网络节点提供单播的信号通路，网线连接到交换机上即插即用，且低端的交换机没有其他网络设置，不用分配 IP 地址。最常见的交换机是以太网交换机，此外还有电话语音交换机、光纤交换机等。目前市面上常用的交换机有 5 口、8 口、16 口、24 口和 48 口等类型，在一个标准的配置 40 台计算机的教室里，通常会采用 48 口交换机组建一个有线局域网。

交换机工作在 OSI 模型的数据链路层，即 TCP/IP 模型的网络接口层，也称为 L2 交换机。交换机的每个端口都具有桥接功能，可以连接一个局域网、一台计算机、一台高性能服务器或工作站。实际上，交换机有时被称为多端口网桥。由于交换机中传输的是 MAC 数据帧，因此，交换机的各端口通常不需要设置 IP 地址。如图 3-1-18 所示为 TCP/IP 模型中交换机的数据链路层桥接原理图。

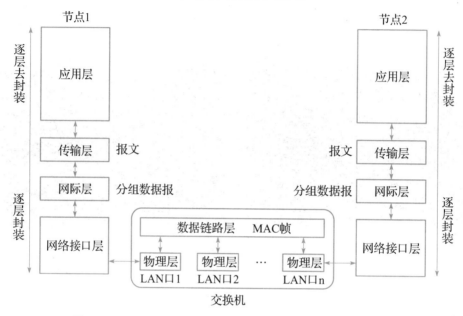

图 3-1-18　TCP/IP 模型中交换机的数据链路层桥接原理图

低端的交换机只提供桥接功能，中高端的交换机被称为"网管型交换机"，除了桥接各端口外，还具备端口限速、端口安全，以及支持 VLAN 划分等通信管理功能。通过 Web 管理的交换机会额外配置一个控制端口（Console Port），它需要分配一个 IP 地址，设备出厂时的默认 IP 需要查看产品说明书，通过任意一款浏览器均可以对其进行修改。

网管型交换机有以下 3 种管理方式：

（1）通过 RS232 串口管理。这种管理方式的交换机通常标配一根串口电缆。

（2）通过 Web 管理。对于通过浏览器管理的交换机，需要给其指定一个 IP 地址，这个 IP 地址除了供管理交换机使用之外，并没有其他用途。默认状态下，交换机没有 IP 地址，必须通过串口或其他方式为其指定一个 IP 地址之后，才能启用这种 Web 管理方式。

使用网络浏览器管理交换机时，交换机相当于一台 Web 服务器，只是网页并不储存在计算机中，而是在交换机的非易失性随机访问存储器（Non-Volatile Random Access Memory，NVRAM）里面，通过程序可以把 NVRAM 里面的 Web 程序升级。当管理员在浏览器中输入交换机的 IP 地址时，交换机就像服务器一样把网页传递给计算机，此时给用户的感觉就像在访问一个网站。

（3）通过网管软件管理。可网管交换机均遵循简单网络管理协议（Simple Network Management Protocol，SNMP）协议，SNMP 协议是一整套的符合国际标准的网络设备管理规范。凡是遵循 SNMP 协议的设备，均可以通过网管软件来管理。用户只需要在一台网管工作站上安装一套 SNMP 网络管理软件，通过局域网就可以很方便地管理网络上的交换机、路由器、服务器等。

［方法 3－1－6］使用非网管型交换机组建以太网协议的有线局域网。

第 1 步：如图 3－1－19 所示，n 台计算机通过一台普通交换机构建有线局域网时，还需要制作 n 条 T568B 直通线，将 n 台计算机与交换机的任一 LAN 口连接起来。

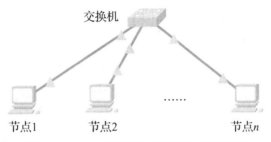

图 3－1－19　通过交换机组建有线局域网

第 2 步：按照项目三－知识点 12－［方法 3－1－3］介绍的方法进入节点 1 的"Internet 协议版本 4（TCP/IPv4）属性"菜单，对其进行如图 3－1－20 所示的设置。

图 3－1－20　节点 1 的 IP 和子网掩码设置

第 3 步：按照节点 1 的设置方法，对其他 $n-1$ 台计算机的 IP 和子网掩码进行设置，将节点 2、节点 3 直至节点 n 的主机地址依次设置为 3、4、…、$n+1$。

［技能点 3－1－1］计算机与网关控制器连接不上，不能对网络控制器进行有效设置。快速查找故障，并进行有效排除。

排除网络系统故障时，一般遵循优先使用方便快捷、需要工具器材最少的方法进行排查，然后使用复杂烦琐、需要工具器材较多的方法进行排查的原则。

第1步：如图3-1-21所示，将该网络分成5个不可再分的独立部分。网络故障排除方法和步骤如图3-1-22所示。

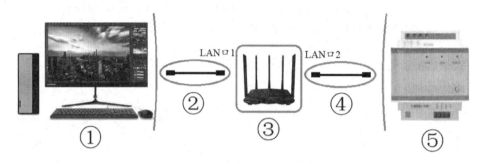

图3-1-21 网络系统划分

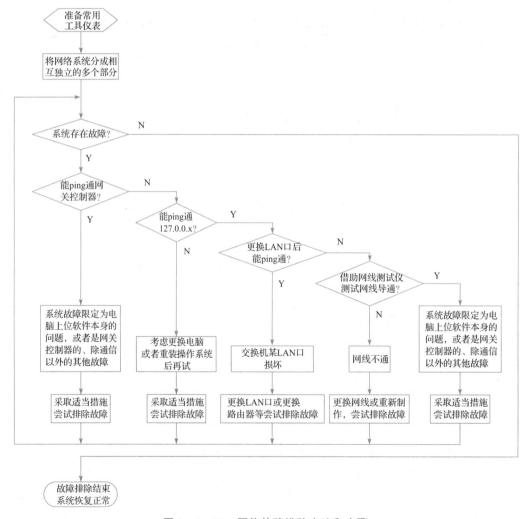

图3-1-22 网络故障排除方法和步骤

第 2 步：采用项目三－知识点 16－［方法 3-1-5］介绍的方法，排查本地计算机与远程网络终端的网络通断状态。如果是连通的，则说明本地计算机至网关控制器之间的网络传输没有问题，系统故障限定为上位机软件本身的问题，或者是网关控制器的、除通信以外的其他故障。采取合适的方法排除故障后，如果网络测试还不通，则进入第 3 步。因为本步的检查不需要用到任何工具和器材，相对简便，故首先进行。

第 3 步：采用项目三－知识点 16－［方法 3-1-4］介绍的方法，排查本地计算机网卡的网络功能状态是否正常。如果测试网络不通，表示本地计算机的网络功能缺失，可以考虑重装操作系统或者更换计算机再试。如果网络测试是连通的，则进入第 4 步。因为本步的检查也不需要用到任何工具和器材，故优先采用。

第 4 步：将网线插入另外一个 LAN 口或者更换另外一个路由器，回到第 2 步顺序检测。如果故障消失，则系统故障排除工作顺利完成。如果还是不能 ping 通网关控制器，则进入第 5 步。因为本步的检查只需要简单调换 LAN 口或者更换路由器，不需要用到任何工具和更多的器材，故优先采用。

第 5 步：借助网线测试仪检测网线的连通状态。如果网线测试不连通，则更换网线或者重新制作网线，再回到第 2 步顺序检测。如果故障消失，则系统故障排除工作顺利完成。如果网线测试表明是连通的，则系统的故障限定为上位机软件本身的问题，或者是网关控制器的、除通信以外的其他故障，采取合适的方法排除故障，直至系统恢复正常。由于本步可能会用到更多的工具和器材，适合在其他方法均不能有效排除故障的情况下使用。

注：以上步骤和方法只是给出了排查以太网网络故障的一种参考，在实际工程中，读者应该根据网络故障的实际情况灵活处理，逐步积累经验，加强总结，不断培养和训练自己排查网络故障的技能。

知识点 19：交换机的转发表

转发表，也叫转发数据库或转发目录。交换机依靠转发表来转发 MAC 帧，并且支持即插即用，意思是只要把交换机接入以太网，不用人工配置转发表，以太网就能工作。虽然从理论上讲，交换机中的转发表可以手工配置，但若以太网上的站点数很多，并且站点位置或网络拓扑经常变化，那么人工配置转发表既耗时又很容易出错。

当交换机刚刚连接到以太网时，其转发表是空的，交换机会按照以下自学习算法处理接收到的帧，这样就能逐步建立起转发表，并且按照转发表把帧转发出去。自学习算法如下：若从某个站点 A 发出的 MAC 帧从交换机接口 x 进入，那么从这个接口出发沿相反方向一定可以把一个 MAC 帧传送给 A。所以交换机只要每收到一个帧，就记下其源地址和进入网桥的接口 x，作为转发表中的一个转发项。转发表中并没有"源地址"这一栏，而只有"地址"这一栏。在建立转发表时是把 MAC 帧首部的源地址写在"地址"这一栏的下面。在转发 MAC 帧时，则是根据收到的帧首部中的目的地址来转发的。这时就把在"地址"栏下面已经记下的源地址当作目的地址，而把记下的进入接口当作转发接口。

知识点 20：数据型无线网桥

无线网桥通常置于室外，主要用于在数据链路层连接两个网络。使用时，必须点对点配置两个以上，而无线接入点（Access Point，AP）则可以单独使用。无线网桥功率大，传输距离远（可达 50 千米），抗干扰能力强，一般配备抛物面天线实现长距离的无线连接。无线网桥如图 3-1-23 所示。

图 3-1-23 无线网桥

数据型无线网桥传输标准通常采用 802.11b、802.11g、802.11a 和 802.11n 标准，其中 802.11b 标准的数据传输速率是 11Mbps，在保持足够的数据传输带宽的前提下，802.11b 通常能够提供 4Mbps 到 6Mbps 的实际数据传输速率。而 802.11g、802.11a 标准的无线网桥都具备 54Mbps 的传输速率，其实际数据传输速率可达 802.11b 的 5 倍左右，目前通过 turb 和 Super 模式最高可达 108Mbps 的传输速率；802.11n 通常可以提供 150Mbps 到 600Mbps 的传输速率。

无线网桥的典型应用如图 3-1-24 所示。

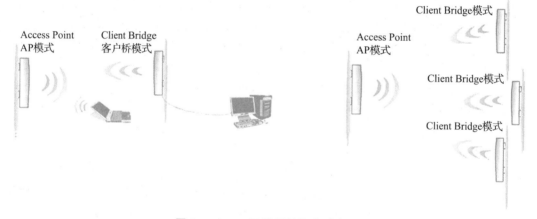

图 3-1-24 无线网桥的典型应用

（1）点对点方式：点对点型，即"直接传输"。将两个网桥分别安装在两栋建筑物之间无遮挡直线可视的部位，桥接成 1 个固定的网络。两个天线必须相对且定向放置，无线连接，无线网桥与网络之间采用物理连接。

（2）点对多点方式：在点对多点连接方式中，一个 AP 设置为主网桥 Master，其他 AP 则全部设置为子网桥 Slave。在点对多点连接方式中，Master 可以是全向天线，也可以通过功分器分成多个定向天线，以达到更好的效果和信号强度，Slave 则最好采用定向天线。

知识点 21：无线 WiFi

WiFi 又称为无线局域网（Wireless Local Area Network，WLAN）或移动热点 AP，是一个符合 IEEE 802.11 标准的无线局域网技术。

目前，WiFi 主要经历了 8 个版本，具体见表 3-1-4。

表 3 - 1 - 4　WiFi 版本

版本	标准	发布时间	最高速率	工作频段	覆盖范围	信号功率
WiFi 0	IEEE 802.11	1997 年	2Mbps	2.4GHz		
WiFi 1	IEEE 802.11a	1999 年	54Mbps	5GHz		
WiFi 2	IEEE 802.11b	1999 年	11Mbps	2.4GHz		
WiFi 3	IEEE 802.11g	2003 年	54Mbps	2.4GHz	<100 米	<100mW
WiFi 4	IEEE 802.11n	2009 年	600Mbps	2.4GHz 或 5GHz		
WiFi 5	IEEE 802.11ac	2014 年	1Gbps	5GHz		
WiFi 6	IEEE 802.11ax	2019 年	11Gbps	2.4GHz 或 5GHz		
WiFi 7	IEEE 802.11be	2022 年	30Gbps	2.4GHz 或 5GHz 或 6GHz	—	
2.4GHz（802.11b/g/n/ax），5GHz（802.11a/n/ac/ax），6GHz（802.11be）						

几乎所有的智能手机、平板电脑（简称平板）和笔记本电脑都支持 WiFi 上网。无线路由器能把有线网络信号转换成无线信号进行传输，装有无线网卡的计算机、手机、平板等就可以借助路由器的无线信号与其他终端设备进行信息交互。智能手机均具有 WiFi 功能，在有 WiFi 无线信号时就可以不用通过电信网络的基站提供的网络上网。

ISM（Industrial Scientific Medical）频段是由国际通信联盟（International Telecommunication Union，ITU）无线电通信部门（ITU Radiocommunication Sector，ITU-R）定义的，分别表示工业的（Industrial）、科学的（Scientific）和医学的（Medical）。ISM 频段就是各国挪出某些频段主要开放给工业、科学和医学机构使用，应用这些频段无须许可证或费用，只需要遵守一定的发射功率（一般低于 1W），并且不要对其他频段造成干扰即可。ISM 频段在各国的规定并不统一，如在美国有 3 个频段 902 ～ 928MHz、2400 ～ 2483.5MHz 及 5725 ～ 5875MHz；在欧洲，900MHz 的频段中有小部分频段被用于 GSM 通信，没有用于 ISM。2.4GHz 和 5GHz 频段为各国共同认定的 ISM 频段，因此，生活中常见的 WiFi、蓝牙、ZigBee 等无线网络均工作在 2.4GHz 频段上。

借助无线 WiFi，可以组建以无线路由器等 AP 接入点为控制中心的无线网络，此外，还可以组建没有控制中心的无线 Ad hoc 网络，这种技术会在本任务 - 知识点 22-［方法 3-1-10］以及知识点 23-［方法 3-1-11］详细阐述。

知识点 22：通用无线路由器

日常生活中使用频率最高的普通无线路由器（Wireless Router）的内部集成了交换机功能，具有 2 ～ 4 个 LAN 口，可以通过这些 LAN 口以有线方式构建局域网，互联 2 ～ 4 台终端设备。它还集成了无线 WiFi 功能，能够将接入路由器的网络信号转换为 WiFi，通过天线进行广播转发。实际上，无线路由器构建的无线 WiFi 子网和 LAN 口构建的以太网子网属于同一个网段的局域网，借助其内置的网关进行协议转换，WiFi 子网中的无线设备与以太网内的有线设备是可以直接通信的。无线路由器的网络划分如图 3-1-25 所示。

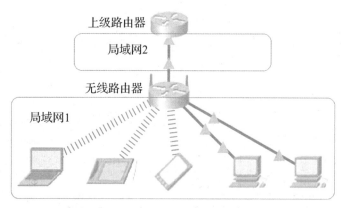

图 3 - 1 - 25　无线路由器的网络划分

市场上流行的无线路由器一般都支持 x 数字用户线（x Digital Subscriber Line，xDSL）、有线电视电缆 Cable、动态 xDSL 和点对点隧道协议（Point to Point Tunneling Protocol，PPTP）这 4 种接入方式，一般只能支持 15 ～ 20 个以内的设备同时在线使用。它还具有网络管理功能，如动态主机配置协议（Dynamic Host Configuration Protocol，DHCP）服务、网络地址转换（Network Address Translation，NAT）、防火墙、MAC 地址过滤、动态域名（Dynamic Domain Name System，DDNS）等。一般的无线路由器信号范围为半径 50 米，部分无线路由器的信号范围可达半径 300 米。

无线网络通信系统中有一个非常重要的概念，那就是无线接入点（Access Point，AP），它的作用类似于有线网络中的集线器。通用无线路由器则是具有无线接入点、交换机和宽带路由器（Broad Band Router）三合一功能的产品，它不仅具备单纯性 AP 的所有功能，如支持动态主机配置协议 DHCP 客户端、支持虚拟专用网络（Virtual Private Network，VPN）、防火墙、支持有线等效保密（Wired Equivalent Privacy，WEP）加密等，还包括了 NAT 功能，可支持有线 / 无线局域网的网络连接共享，可实现家庭无线网络中的 Internet 连接共享，可实现非对称数字用户线路（Asymmetric Digital Subscriber Line，ADSL）、有线电视网络电缆调制解调器（Cable Modem，CM）和小区宽带的无线共享接入。无线路由器可以与所有以太网连接的 ADSL Modem 或 Cable Modem 直接连接，也可以通过交换机 / 集线器、宽带路由器等局域网方式实现再接入。其内置了简单的虚拟拨号软件，可以存储用户名和密码以便拨号上网，可以为拨号接入 Internet 的 ADSL、CM 等提供自动拨号功能，无须手动拨号或占用一台计算机作服务器。此外，无线路由器还具备相对完善的安全防护功能。

设置无线路由器的无线功能时，会用到以下设置项：

（1）SSID。

业务组标识符（Service Set Identifier，SSID）是无线网络的名称，用来识别在特定无线网络上发现的 AP。所有无线设备及 AP 必须使用相同的 SSID 才能在彼此间进行通信。SSID 是一个 32 位的数据，其值区分大小写，可以设置为无线局域网的物理位置标识、公司名称、偏好的标语等英文字符；如果设置为非英文字符，在某些设备上会显示乱码，或出现连接不上的问题。

（2）信道。

信道也称作"频段（Channel）"，以无线信号作为传输媒体的数据信号的传送通道。无线宽带路由器可在许多信道上运行，如图3-1-26所示。位置相近的多个无线网络设备应该位于不同信道上，否则会产生信号干扰。如果只有一个设备，那么默认的6信道可能是最合适的。除非有特殊原因需要更改信道（例如：有干扰来自本区域内的蓝牙、微波炉、移动电话发射塔或其他访问点），否则请使用出厂默认值。如果某有限空间的网络上拥有多个无线路由器以及AP，建议将每个设备使用的信道错开。WiFi无线信道一共定义了14条，我国只使用了前13个，其中只有3条是非重叠信道，如1、6和11信道，2、7和12信道，3、8和13信道。

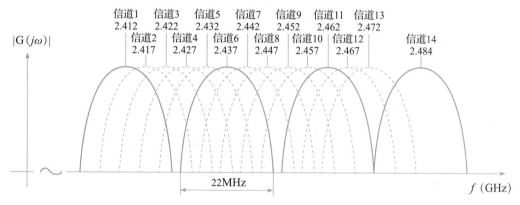

图 3-1-26　无线宽带路由器的工作信道

（3）无线安全。

相对于有线网络来说，通过无线局域网发送和接收数据更容易被窃听。对于一个完善的无线局域网系统，认证和加密是需要考虑的的安全因素。无线路由器主要提供了3种无线安全类型：WEP、WPA/WPA2以及WPA-PSK/WPA2-PSK。不同的安全类型下，安全设置项不同。

1）WEP：有线等效保密协议（Wired Equivalent Privacy，WEP）用于对在两台设备间无线传输的数据进行加密，以防止非法用户窃听或侵入无线网络。后因存在漏洞，在2003年被WPA淘汰，在2004年又被完整的IEEE 802.11i标准（又称WPA2）所取代。WEP采用的是IEEE 802.11技术，而现在无线路由设备基本使用更新后的IEEE 802.11n技术，如果某支持802.11n技术的无线路由器却采用WEP加密功能，必定会影响传输速率。

2）WPA/WPA2：WiFi网络安全接入（WiFi Protected Access，WPA）/（WiFi Protected Access 2，WPA2）是在WEP基础上完善发展而来的。WPA/WPA2类型在认证和加密时需要用到一个802.1x认证服务器来分发不同的密钥给各个终端用户，该认证服务器也称为（Remote Authentication Dial-In User Service，RADIUS）服务器，收到密钥的终端才能加入该无线网络。这种认证方式增加了企业的成本负担，适合于大型的、有经济实力的企业采用。WPA采用了时限密钥完整性协议（Temporal Key Integrity Protocol，TKIP），增加了破解密钥的难度。WPA2是WPA的升级版，它采用了更为安全的高级加密标准（Advanced Encryption Standard，AES），新型的网卡、AP

都支持 WPA2 加密。WiFi 联盟把这个需要使用认证服务器的版本称为"WPA‑企业版（WPA‑Enterprise）"或"WPA2‑企业版（WPA2‑Enterprise）"。使用 AES 加密算法不仅安全性能更强，而且由于其采用的是最新技术，因此，在无线网络传输速率方面，WPA2 比 WPA 快。

3）WPA‑PSK/WPA2‑PSK：WiFi 网络安全接入预共享密钥（WPA‑Preshared Key，WPA‑PSK）/（WPA2‑Preshared Key，WPA2‑PSK）是 WPA/WPA2 的简化版。WiFi 联盟把这个不需要认证服务器的、预置密码的版本称为"WPA‑个人版（WPA‑Personal）"或"WPA2‑个人版（WPA2‑Personal）"。与 WPA/WPA2 不同的是，客户的认证不是采用特定服务器分发秘钥给各无线终端，而采用事先由用户设置的密钥进行认证。WPA‑PSK 的加密还是沿用时限密钥完整性协议 TKIP，WPA2‑PSK 的加密沿用高级加密标准 AES。由于省去了认证服务器，该类型非常适合普通家庭用户或小型企业。使用 AES 加密算法不仅安全性能更强，而且由于其采用的是最新技术，因此，在无线网络传输速率方面，WPA2‑PSK 比 WPA‑PSK 快。

（4）动态主机配置协议 DHCP。

动态主机配置协议（Dynamic Host Configuration Protocol，DHCP）是一个局域网的网络协议，指的是由服务器控制一段范围的 IP 地址的分配和管理，客户机登录服务器时就可以自动获得服务器分配的 IP 地址、子网掩码和域名解析（Domain Name Server，DNS）服务器地址等信息。动态主机配置协议能够把较少的 IP 地址分配给较多的主机（这些主机不会同时上网）使用，类似于拨号上网的动态 IP 分配，能够有效提高该段 IP 地址的使用率。

DHCP 协议采用客户端/服务器模型，服务器的动态分配任务由网络客户主机驱动。当 DHCP 服务器接收到来自网络客户主机申请地址的信息时，才会向网络客户主机发送相关的地址配置等信息，以实现网络客户主机地址信息的动态配置。DHCP 具有以下功能：

1）保证任何 IP 地址在同一时刻只能由一台 DHCP 客户主机所使用。

2）DHCP 应当可以给用户分配永久固定的 IP 地址。

3）DHCP 应当可以容许诸如手工给主机配置 IP 等其他获取 IP 地址的方法共存。

4）DHCP 服务器应当向现有的引导程序协议（Bootstrap Protocol，BOOTP）客户端提供服务。

DHCP 采用以下 3 种方式分配 IP 地址：

1）自动分配方式（Automatic Allocation）：DHCP 服务器为主机指定一个永久性的 IP 地址，一旦 DHCP 客户端第一次成功从 DHCP 服务器端租用到 IP 地址后，就可以永久使用该地址。

2）动态分配方式（Dynamic Allocation）：DHCP 服务器给主机指定一个具有时间限制的 IP 地址，时间到期或主机明确表示放弃该地址时，该地址可以被其他主机使用。

3）手工分配方式（Manual Allocation）：客户端的 IP 地址是由网络管理员指定的，DHCP 服务器只是将指定的 IP 地址告诉客户端主机。

初始化情况下，路由器默认都开启了 DHCP 功能，方便用户使用。单纯从网络安全角度来讲，路由器的 DHCP 功能会降低无线网络的安全性，因此对于网络安全要求较高的场合，建议不要开启无线路由器的 DHCP 功能，改为手工给每台终端分配静态

IP 地址。

（5）域名解析 DNS。

众所周知，IP 地址是网络上标识站点的数字地址，且不能相同。为了方便记忆，人们采用易记的、字符串型的域名（Domain Name）代替数字串型的 IP 地址来标识公共站点。域名解析就是通过网域名称系统（Domain Name System，DNS）将域名和 IP 地址相互映射，把域名指向网站对应的 IP，让人们通过注册的、有实际含义的域名方便地访问网站的一种服务。

例如，大部分人都知道新浪网站的域名（网址）是：www.sina.com.cn，很少有人知道其对应的 IP 地址是：123.126.45.205。它们的背后都有域名服务器在为我们提供服务，域名服务器根据用户提供的域名，自动转换为对应的 IP 地址，提供给节点设备组建 IP 分组数据报时使用。

［方法 3 - 1 - 7］通过服务器的域名查看其对应的 IP 地址。

Nslookup 指令是 IP 地址侦测器，是一种网络管理命令行工具，可用于查询 DNS 域名对应的 IP 地址。

按照图 3 - 1 - 11 所示的方法让操作系统进入命令提示符状态。查看服务器域名对应 IP 地址的方法：在系统命令提示符状态下输入"nslookup www.sina.com.cn"命令，计算机回显如图 3 - 1 - 27 所示。

图 3 - 1 - 27　通过域名查看其 IP 地址

（6）访客网络。

如今的黑客完全可以通过用户所连接的无线 WiFi 来获取其个人账户及密码等信息，访客网络的出现可以有效防止个人信息外泄。较新型号的路由器不仅有用户自用的无线，还设置了供访客使用的无线网络，以便亲朋好友快速连接无线网络。访客网络和主人用的网络是分开的，可以设置不同的密码，即使访客网络密码泄露，主人网络密码还是安全的。为了不让访客影响自己的网络访问速度，还可以设定访客网络的限制网速。

通用无线路由器一般都有一个 RJ45 标准的 WAN 口，通过该口能 Uplink（将下级分散网络连接到上一集中点的端口）到外部网络的接口，其余 2～4 口为 LAN 口，用来构建以太网。为了满足多数场景下使用的需要，无线路由器内部集成了一个网络交换机芯片，专门处理 LAN 口之间的信息交换，等同于集成了一个 2～4 口的交换机。通常，无线路由器 WAN 口和 LAN 口之间的路由工作模式一般为 NAT 方式。所以，无线路由器既可以作为 2～4 口的交换机使用，此时，不连接 WAN 口；也可以作为有线路由器来使用。

与网管型交换机的配置方法相似，一般来说，低端的无线路由器通过一根网线连接到它的任意一个 LAN 口，借助基于 Web 的管理页面对其进行设置；而中高端的无线路由器则会单独设置一个控制端口（Console Port）进行本地配置，采用专用串口线连接，通过命令行的方式进行设置。

［方法 3-1-8］通用无线路由器的复位。

复位（Reset）操作也叫恢复出厂设置、还原、初始化等，可以让路由器恢复到出厂默认设置状态。一般情况下，在忘记管理地址、管理密码、重新配置或运行故障等情况下，可以将设备复位。

［提示］复位操作需谨慎。复位路由器后，包括上网账号等之前的所有配置均会丢失，需要重新设置。

目前，市面上售卖的普通无线路由器有两种复位方式，一种是按钮式，另外一种是小孔式，如图 3-1-28 所示。

Reset按钮　　　　　　　　　Reset小孔

图 3-1-28　无线路由器背面的"Reset"复位键或小孔

按钮和小孔的复位方法相同，通电状态下，按住"Reset"复位键或者使用回形针、笔尖等尖状物顶住 Reset 小孔 5 ～ 8 秒至系统状态指示灯快闪 3 下后再松开，即可完成复位操作。

［方法 3-1-9］利用通用无线路由器组建 WiFi 协议的无线局域网。

以 TP-LINK 无线路由器 TL-WTR9200 为例，构建如图 3-1-29 所示的包含笔记本电脑、平板和手机的无线 WiFi 局域网系统。

第 1 步：如图 3-1-30 所示，利用一根直通网线将通用无线路由器的任意 LAN 口与笔记本电脑的网口连接起来。

图 3-1-29　无线局域网构建

LAN口

图 3-1-30　链接无线路由器与笔记本电脑

第 2 步：按照［方法 3-1-8］中介绍的方法对路由器进行复位操作。

第 3 步：打开浏览器，在地址栏中输入"192.168.1.1"，设置登录密码后，进入无线路由器的内置 Web 页，如图 3-1-31 所示，开启无线路由器的 2.4G 网络，设置 WiFi 名称和 WiFi 密码。

图 3 - 1 - 31　2.4G 频段 WiFi 设置

第 4 步：依次选择"路由设置"和"无线设置"，在"高级设置"栏中，将 2.4G 频段的无线信道设置为"自动"，表示路由器会根据周围的无线电磁环境自动选择一个最好的信道；无线模式采用"11bgn mixed"，即路由器支持 802.11b、802.11g 和 802.11n 等多种标准；频段带宽选择"自动"，即包含 20MHz。

第 5 步：选择"DHCP 服务器"，核查是否开启了 DHCP 服务器功能，地址池开始地址为"192.168.1.100"，地址池结束地址为"192.168.1.199"等。

第 6 步：按照项目一［任务实施］步骤 12 介绍的方法将笔记本电脑的 IP 地址和 DNS 服务器地址设置为自动获取方式。

第 7 步：单击手机／平上的"设置"图标，再单击"WLAN"，选择第 3 步设置的 WiFi 名称进行 WiFi 连接，将手机／平板连接到无线路由器的 AP 上，通过路由器的 DHCP 功能获取 100～199 范围内的一个唯一的主机地址，与笔记本电脑组建成无线 WiFi 局域网。

［方法 3 - 1 - 10］通用无线路由器作为无线桥接器使用的设置方法。

如图 3 - 1 - 32 所示，日常工作和生活中，我们可能会碰到这样的情况：有线以太网出现故障，导致某些只能通过有线方式联网的设备不能连接外网，而同一环境中的无线 WiFi 网络却能够正常使用。

对于这种情况，我们可以考虑通过以下方法解决：启用路由器的桥接功能，使它以无线方式桥接到室内的无线 AP 上，然后通过路由器的 LAN 口为网络设备提供有线网络连接服务。此时，房屋中的无线 AP 称为主路由器，而作为桥接器使用的路由器则称为从路由器。

参看后续知识点 23 的讲述，还可以采取以下方法解决：在开通手机热点功能的前提下，采用 Ad hoc 方式，设置路由器使其桥接到手机的热点 AP 上，通过路由器的 LAN 口，同样能够为有线网络终端设备提供有线网络连接服务。

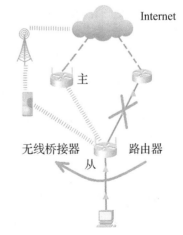

图 3 - 1 - 32　通用无线路由器作为无线桥接器使用

这里以红米 Note10 Pro 手机和无线路由器 TL－WTR9200 为例进行设置：开启红米手机的热点功能，如图 3－1－33 所示，将无线路由器以无线桥接方式连接到手机热点上，通过手机的 4G 网络为计算机提供有线外网连接。

图 3－1－33　手机开启热点

TL－WTR9200 路由器的设置如图 3－1－34 所示。

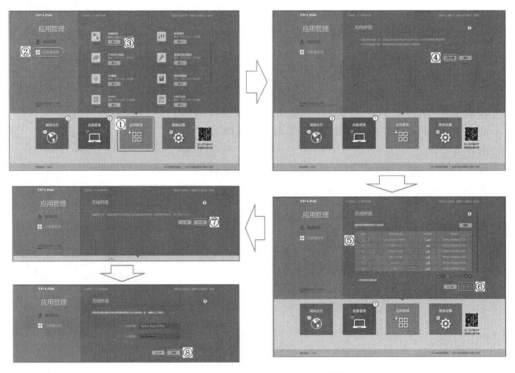

图 3－1－34　对路由器进行无线桥接设置

知识点 23：Ad hoc 网络

Ad hoc 源自拉丁语，意思是"for this"，引申为"for this purpose only"，即"为某种目的设置的，特别的"，表示 Ad hoc 网络是一种有特殊用途的网络。在 Ad hoc 网络中，所有网络节点的地位平等，Ad hoc 网络即是一个对等式网络。与项目三 - 知识点 8 讲述的借助一根网线可以直连两台计算机的概念一样，Ad hoc 网络采用 P2P（Point to Point）的点对点模式连接，无须配置任何中心控制节点。网络中的节点不仅具有普通移动终端所需的功能，而且具有报文转发能力。节点间通信可以经过多个中间节点的转发，即经过多跳（Multi Hop），这是 Ad hoc 网络与其他移动网络的最根本区别。节点通过分层的网络协议和分布式算法相互协调，实现了网络的自动组织和运行，因此它也被称为多跳无线网（Multi Hop Wireless Network）、自组织网络（Self Organized Network）或无固定设施的网络（Infrastructureless Network）。与普通的移动网络和固定网络相比，Ad hoc 网络具有以下特点：

（1）无中心：Ad hoc网络没有严格的控制中心。所有节点的地位平等，即是一个对等式网络。节点可以随时加入和离开网络。任何节点的故障不会影响整个网络的运行，具有很强的抗毁性。

（2）自组织：网络的布设或展开无须依赖任何预设的网络设施。节点通过分层协议和分布式算法协调各自的行为，节点开机后就可以快速、自动地组成一个独立的网络。

（3）多跳路由：当节点要与其覆盖范围之外的节点进行通信时，需要中间节点的多跳转发。与固定网络的多跳不同，Ad hoc 网络中的多跳路由是由普通的网络节点完成的，而不是由专用的路由设备（如路由器）完成的。

（4）动态拓扑：Ad hoc 网络是一个动态的网络。网络节点可以随处移动，也可以随时开机和关机，这些都会使网络的拓扑结构随时发生变化。这些特点使得 Ad hoc 网络在体系结构、网络组织、协议设计等方面都与普通的蜂窝移动通信网络和固定通信网络有着显著的区别。

如图 3-1-32 所示，从路由器与手机之间的连接就是一种典型的 Ad hoc 模式连接。

[方法 3-1-11] 能够上网的笔记本电脑为手机分享互联网连接的设置方法。

笔记本电脑与手机之间也可以建立 Ad hoc 网络连接。这里以 Win10 专业版系统的笔记本电脑为例，如图 3-1-35 所示，开启它的移动热点，然后将红米 Note10Pro 手机连接到笔记本提供的这个热点，手机就能够共享笔记本电脑的联网账号。

第 1 步：单击笔记本电脑右下角的"通知栏"，在出现的通知栏中右击"移动热点"，选择"转到'设置'"快捷选项。

第 2 步：在"移动热点"对话框中打开"与其他设备共享我的 Internet 连接"功能。

第 3 步：单击"编辑"按钮，可以对"网络名称"和"网络密码"进行修改。

第 4 步：单击手机／平板桌面上的"设置"图标，选择"WLAN"，再选中名称为"DELL-1 5270"的无线信号进行连接，输入网络密码，这样，手机可以共享笔记本电脑的网络连接访问互联网。

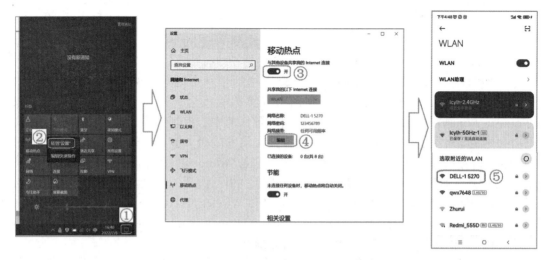

图 3 - 1 - 35　手机共享笔记本电脑提供的热点

知识点 24：互联网中的客户机和服务器

客户机 / 服务器（Client - Server，C/S）为两层结构，客户机是指因特网上访问别人信息的设备，服务器则是提供信息供他人访问的计算机，C/S 结构只限于小型局域网。后来，人们针对 C/S 固有的缺陷研发了适合广域网的浏览器 / 服务器 B/S（Browser/Server），其为三层结构。

客户机通过局域网与服务器相连，接受用户的请求，并通过网络主动向服务器提出请求，对数据库进行操作。服务器则是被动接受客户机的请求，将数据提交给客户机，客户机将获得的数据进行计算并将结果呈现给用户。没有客户机提出数据请求，一般情况下，服务器不会主动给客户机发送数据。服务器还要提供完善的安全保护并确保数据完整性，且允许多个客户机同时访问服务器，因此，服务器的处理数据能力更强大。

服务器是计算机的一种，它比普通计算机运行更快、负载更多、价格更贵。服务器在网络中为其他客户机（如 PC 机、智能手机、ATM 等终端甚至是火车系统等大型设备）提供计算或者应用服务。服务器具有高速的 CPU 运算能力、长时间的可靠运行能力、强大的 I/O 外部数据吞吐能力以及更好的扩展性。

客户机又称为用户工作站，是用户与网络打交道的设备，一般由用户计算机、手机、平板等担任，每一个客户机都运行在它自己的、并为服务器所认可的操作系统环境中。客户机主要通过服务器享受网络上提供的各种资源。

注：工作站是一种高端的通用微型计算机，供单用户使用，能提供比个人计算机更强大的性能，尤其在图形处理和任务并行方面能力突出。工作站通常配有高分辨率的大屏、多屏显示器及容量很大的内存储器和外存储器。另外，连接到服务器的终端机也可称为工作站。工作站的应用领域包括科学和工程计算、软件开发、计算机辅助分析、计算机辅助制造、工程设计和应用、图形和图像处理、过程控制和信息管理等。

知识点 25：网络拓扑图

拓扑（Topology）是研究几何图形或空间在连续改变形状后还能保持某些不变性质

的学科，它只考虑物体间的位置关系而不考虑它们的形状和大小。网络拓扑结构是指用传输媒体互联各种设备的物理布局，网络拓扑图（Network Topology）是指由网络节点设备和通信链路构成的网络结构图。其中的节点就是网络系统中的各种数据处理设备（服务器等）、数据通信控制设备（交换机、路由器等）和数据终端设备（个人计算机终端、智能手机等）。链路是两个节点间的连线，分为"物理链路"和"逻辑链路"两种，前者是指实际存在的通信连线，后者是指在逻辑上起作用的网络通路。网络拓扑图给出网络服务器、工作站的网络配置和相互间的连接，如图 3-1-36 所示，它们的结构类型主要有星形结构、环形结构、总线结构、树形结构等。

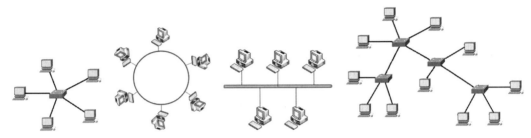

图 3-1-36 典型的网络拓扑结构

在计算机上绘制网络拓扑图时，最好采用专业软件，如思科（Cisco）公司出品的 Cisco Packet Tracer，华为公司出品的 eNSP 模拟器以及微软的 Microsoft Office Visio 等。

当系统的网络拓扑比较简单，并且对网络拓扑图的绘制要求不是很高的时候，我们也可以手工绘制拓扑图。手绘网络拓扑图时，一般用"○"表示节点，用线段表示通信链路，必要时，应该将各节点的关键网络设置信息标注在旁边。对应图 3-1-36 的手绘网络拓扑图如图 3-1-37 所示。

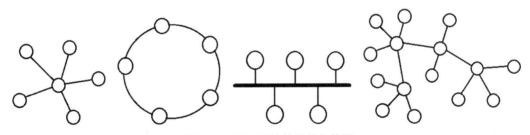

图 3-1-37 手绘的网络拓扑图

知识点 26：网关的 IP 设置

众所周知，从一个房间走到另一个房间，必然要经过一扇门。同样，一个网段的网络与另一个网段的网络相互通信，也必须经过一道"关口"，这道关口就是网关。顾名思义，网关（Gateway）就是一个网络连接另一个网络的"关口"。

路由器（Router）是连接两个或多个网络的硬件设备，在网络间起网关的作用。如图 3-1-38 所示，如果网络地址为 192.168.0.0 的局域网 1 与网络地址为 192.168.1.0 的局域网 2 通信，必须经过路由器进行存储转发，我们必须为连接两个网段的路由器配置两个 IP 地址，并且这两个 IP 地址分别属于局域网 1 和局域网 2 的两个不同网段，分别作为两个局域网内所有网络终端的网关 IP。

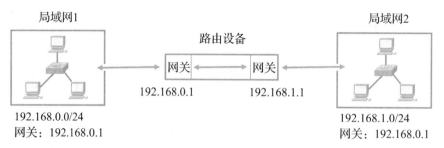

图 3-1-38　路由器作为网关的 IP 设置原理

如图 3-1-39 所示，路由器 1 分别连接了 192.168.0.0/24 子网、192.168.1.0/24 子网和 192.168.2.0/24 子网，分别配置了 192.168.0.1、192.168.1.1 和 192.168.2.1 共 3 个 IP 地址，且路由器 1 上方两台主机的网关 IP 均设置为 192.168.0.1，路由器 1 左下方两台主机的网关 IP 均设置为 192.168.2.1，路由器 1 右下方两台主机的网关 IP 均设置为 192.168.1.1。

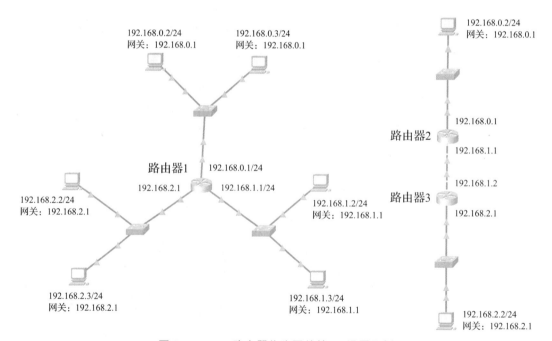

图 3-1-39　路由器作为网关的 IP 设置示例

路由器 2 连接了 192.168.0.0/24 子网和 192.168.1.0/24 子网，且路由器 2 上方局域网内所有主机的网关 IP 均设置为 192.168.0.1。路由器 3 连接了 192.168.1.0/24 子网和 192.168.2.0/24 子网，且路由器 3 下方局域网内所有主机的网关 IP 均设置为 192.168.2.1。

步骤 1：如图 3-1-40 所示，以 TP-LINK 无线路由器 TL-WTR9200 为例，组建包含上位机、网关控制器与手机 / 平板在内的、拥有 WiFi 子网和以太网子网的局域网。

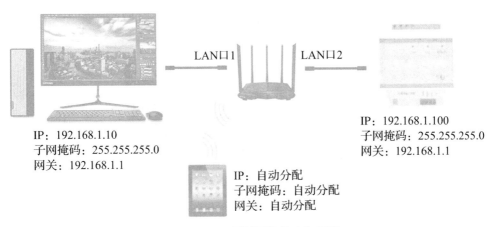

LAN口1　　LAN口2

IP：192.168.1.10
子网掩码：255.255.255.0
网关：192.168.1.1

IP：192.168.1.100
子网掩码：255.255.255.0
网关：192.168.1.1

IP：自动分配
子网掩码：自动分配
网关：自动分配

图 3-1-40　局域网的构建和设置

步骤 2：按照项目一［任务实施］步骤 12 介绍的方法，将计算机以太网网卡的网络参数设置为图 3-1-41 所示的静态 IP。

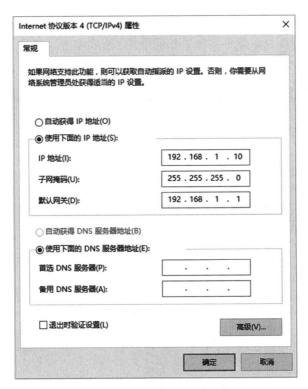

图 3-1-41　计算机的网络设置

步骤 3：在已知路由器登录密码的前提下，按照项目一〔任务实施〕步骤 13 介绍的方法，进入路由器的内置 Web 页设置界面，开启 DHCP 功能，设置并开启 WiFi。如果忘记路由器的登录密码，则按照项目三 - 知识点 22 - 〔方法 3 - 1 - 9〕中的步骤 2 至步骤 5，开启路由器的 DHCP 功能，设置并开启 WiFi。

步骤 4：路由器的 LAN 口 IP 应设置为 192.168.1.1，如图 3 - 1 - 42 所示。设置局域网中其他网络终端设备的静态 IP 地址时，路由器的 LAN 口 IP 地址应该作为终端设备的网关地址来使用。

图 3 - 1 - 42　路由器的 LAN 口 IP 设置

〔提示〕路由器复位以后 LAN 口 IP 自动默认为 192.168.1.1，用户也可以手工设置为其他的 IP 地址，比如 192.168.0.1、192.168.2.1 等，最后一段（主机地址）一般都设置为"1"，这是网络工程技术人员约定俗成的。当然，用户也可以将 LAN 口设置为其他合法的、任意的私有 IP，通常情况下这是可行的，但是由于不符合大多数技术人员的习惯，可能会给日后他人使用与维护带来诸多不便。

步骤 5：按照项目一〔任务实施〕步骤 15 介绍的方法，对网关控制器进行网络设置，如图 3 - 1 - 43 所示。

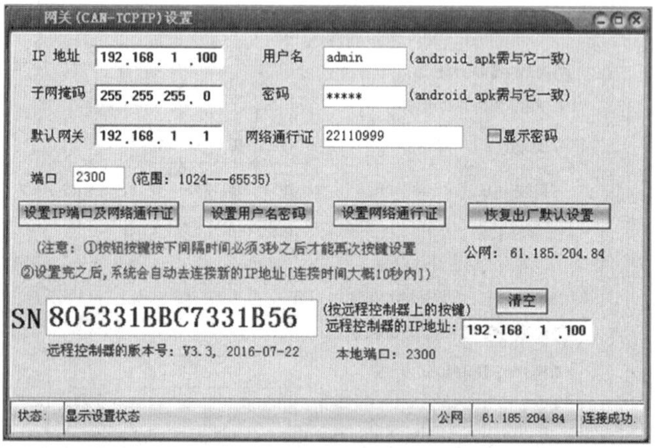

图 3 - 1 - 43　网关控制器的网络设置

步骤 6：采用三项目 - 知识点 22 - 〔方法 3 - 1 - 9〕步骤 7 介绍的方法，将手机 / 平板连接到无线路由器的 WiFi 上。

步骤 7：打开项目一实施过程中已经组态好的上位机文件，在"数据"菜单选择"数据发送"选项，在"打开"对话框中选择默认目录"\BuildBin_IPad\Update"中的

"IPadUpdate.Mes"文件，单击"打开"按钮，在"数据发送"对话框中"本机 IP"的下拉列表中选择本地计算机的 IP"192.168.1.10"，端口号 5901 默认不变，单击"启动服务"按钮，上位机进入待发送状态，如图 3-1-44 所示。

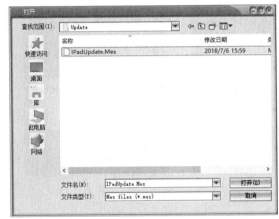

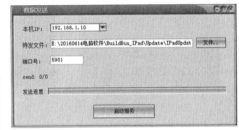

图 3-1-44　上位机启动组态数据的发送

步骤 8：打开手机/平板端的 ieroom 软件，用户名栏输入 admin，密码同为 admin，勾选"保存密码"，单击"确定"按钮进入 App 主页面。在主页面中选择"设置"中的"网络设置"选项，在"控制器 SN"栏中输入上位机软件中收集到的远程控制器的 SN 号，在"控制器 IP"栏中输入上位机的 IP"192.168.1.100"，其他保持不变，单击"保存设置"按钮，单击"返回"按钮，返回主页面，单击主页面上的""按钮刷新页面，退出主页面，重新输入用户名和密码，再次进入软件的主页面。手机/平板端的网络设置效果如图 3-1-45 所示。

图 3-1-45　手机/平板端的网络设置

步骤9：在 App 主页面中选择"设置"中的"数据管理"选项，在"数据管理"窗口中的"服务 IP"栏输入上位机的 IP"192.168.1.10"，服务端口保持 5901 不变，在"数据名称"栏给即将接收到的组态数据命名，注意名称的唯一性，单击"数据接收"按钮，即可持续接收上位机发送过来的文件数据直至显示"数据接收成功"，单击"取消"按钮，在"当前数据"栏中选择刚才接收到的已命名的数据文件，单击"保存设置"按钮，App 会自动关闭退出。手机 / 平板端的数据接收效果如图 3-1-46 所示。

图 3-1-46　手机 / 平板端的数据接收

步骤10：打开手机 / 平板端的 ieroom，输入用户名和密码，进入 App 主页面，快捷菜单下面会自动增加一栏，该栏名称为上位机软件组态时用户给项目命的名，比如"智能家居"。打开该栏，可以对相应房间的相应设备进行操作控制，如图 3-1-47 所示。

图 3-1-47　手机 / 平板端的操作控制

在项目一的基础上，为系统增加了手机／平板端操控方式。

在手机／平板上单击"卧室吸顶灯"图标，会产生一个 WiFi 控制信息帧，经过 WiFi 子网发送给无线路由器。无线路由器收到以后进行解析，并转换成 MAC 数据帧，经过以太网传递给网关控制器。网关收到此 MAC 帧以后，将其转换为 CAN 数据帧，通过 CAN 总线网络传输给对应控制器的对应通道，对被控设备进行操作控制。手机／平板控制系统的协议转换如图 3-1-48 所示。

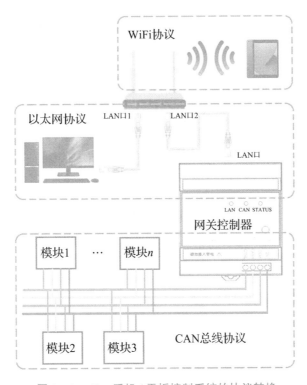

图 3-1-48　手机／平板控制系统的协议转换

同理，CAN 总线系统中某通道设备的状态发生变化时，会自动产生一个 CAN 总线数据帧，通过总线发送给网关控制器。网关收到该数据帧以后对其进行解析，并转换为 MAC 数据帧，通过以太网传输给无线路由器。无线路由器获得该 MAC 数据帧后对其进行解析，转换为 WiFi 状态信息帧，通过 WiFi 子网发送给手机／平板，手机／平板上就可以显示被控设备的实时状态。

电力猫传输的网络视频监控系统的工作原理、系统集成与调试

视频监控是各行各业重点部门、重要场所进行实时监控的重要基础设施，管理部门可通过它获得有效数据、图像或声音信息，对突发性异常事件的过程进行及时的监视和记忆，以便提供高效、及时的指挥和处置。

本项目采用海康威视有线／无线网络摄像机和有线／无线电力猫，构建基于有线和无线电力猫传输的网络视频监控系统，详细阐述各设备的工作原理、使用方法和集成调试步骤。

技能目标

- 掌握有线网络摄像机初始信息设置的方法。
- 掌握有线网络摄像机的激活方法。
- 掌握有线网络摄像机的登录方法。
- 掌握有线电力猫 PLQ-5100 的使用方法。
- 掌握有线网络摄像机网络搜索软件的使用方法。
- 掌握海康威视 iVMS-4200 客户端监控软件的使用方法。
- 熟悉通用路由器的设置和硬件连接的方法。
- 提升排查有线网络控制系统故障的技能。
- 掌握无线网络摄像机的激活方法。
- 掌握无线网络摄像机的登录方法。
- 掌握无线电力猫路由器 WPL-203 的使用方法。
- 掌握开启 WPL-203 无线 WiFi 功能的方法。
- 掌握将无线网络摄像机连接到 WPL-203 无线接入点 AP 的方法。

- 提升排查无线网络控制系统故障的技能。

- 养成独立查阅技术手册的学习习惯。
- 养成通过网络搜索专业信息的学习习惯。
- 养成独立思考和分析问题的学习习惯。
- 培养独立解决问题的能力。
- 养成不依赖他人的学习习惯，遇到简单故障能够自我修正。
- 养成回顾与总结的学习习惯。
- 注重团队协作意识的培养。
- 尊重个人隐私权。

任务一　有线电力猫传输的有线网络视频监控系统的工作原理、系统集成与调试

任务目标

- 掌握海康威视有线网络摄像机初始信息设置的方法。
- 掌握海康威视有线网络摄像机的激活方法。
- 掌握海康威视有线网络摄像机的登录方法。
- 掌握 PoE 技术的工作原理。
- 掌握有线电力猫 PLQ-5100 的工作原理和使用方法。
- 掌握海康威视设备网络搜索软件的使用方法。
- 掌握海康威视 iVMS-4200 客户端监控软件的使用方法。
- 提升排查有线网络控制系统故障的技能。

主要设备软件清单

名称	型号	关键参数	数量
海康威视有线网络摄像机	DS-2DC2204IW-D3	高清 200 万像素，双向语音对讲，内置麦克风，内置扬声器，一键巡航，报警联动，智能侦测	1
ZINWELL 有线电力猫	PLQ-5100	电力线最大传输速率为 500Mbps，支持 AES128-bit 加密，传输距离可达 300 米	2
设备网络搜索软件	SADPTool	搜索同一以太网段内所有在线的海康威视网络摄像机设备	1
客户端监控软件	iVMS-4200 客户端	—	1

（1）如图 4-1-1 所示，搭建客户机与网络摄像机之间的局域网，利用客户机的上位机监控软件对有线网络摄像机进行有效设置和操作控制。

摄像机服务端设置：　　　　　　　客户端设置：
IP：192.168.1.100　　　　　　　IP：192.168.1.10
子网掩码：255.255.255.0　　　　子网掩码：255.255.255.0

图 4-1-1　有线网络视频监控系统的工作原理

（2）如图 4-1-2 所示，搭建电力猫传输的客户机与网络摄像机之间的局域网，利用客户机的上位机监控软件对有线网络摄像机进行有效设置和操作控制。

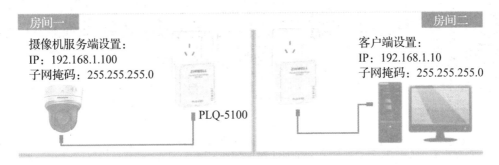

图 4-1-2　电力猫传输的有线网络视频监控系统的工作原理

知识点 1：《中华人民共和国民法典》中关于个人隐私权方面的内容

《中华人民共和国民法典》第四编第六章《隐私权和个人信息保护》，对隐私、隐私权、侵害隐私权的行为都做出了明确的界定，也为我们维护自己的隐私权提供了法律依据。

《中华人民共和国民法典》第一千零三十二条规定：自然人享有隐私权。任何组织或者个人不得以刺探、侵扰、泄露、公开等方式侵害他人的隐私权。

隐私是自然人的私人生活安宁和不愿为他人知晓的私密空间、私密活动、私密信息。

第一千零三十三条规定：除法律另有规定或者权利人明确同意外，任何组织或者个人不得实施下列行为：

（一）以电话、短信、即时通讯工具、电子邮件、传单等方式侵扰他人的私人生活安宁；

（二）进入、拍摄、窥视他人的住宅、宾馆房间等私密空间；

（三）拍摄、窥视、窃听、公开他人的私密活动；

（四）拍摄、窥视他人身体的私密部位；

（五）处理他人的私密信息；

（六）以其他方式侵害他人的隐私权。

知识点2：有线网络摄像机的激活

海康威视网络摄像机（见图4-1-3）需要先激活并设置登录密码，才能正常登录和使用。激活网络摄像机的媒介有3种：SADP软件、iVMS-4200客户端软件或浏览器。不论采用哪种方式激活，均需要用到网络摄像机的出厂初始设置信息：

IP地址：192.168.1.64。

HTTP端口：80。

系统管理员用户名：admin。

激活网络摄像机前，需要将客户端计算机的IP设置成与网络摄像机的默认IP地址同一网段。

［方法4-1-1］通过SADP软件激活海康威视网络摄像机。

图4-1-3 DS-2DC2204IW-D3有线网络摄像机

第1步：安装从官网下载的SADP软件，运行软件后，SADP软件会自动搜索局域网内的所有在线设备，列表中会显示设备类型、IP地址、激活状态、设备序列号等信息。

第2步：勾选需要激活的设备，在"激活设备"栏设置设备密码，单击"激活"按钮完成激活，如图4-1-4所示。

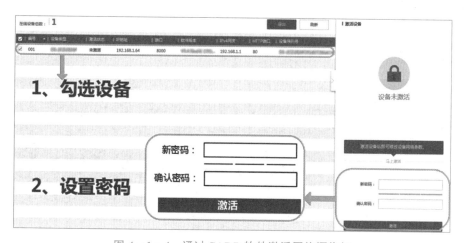

图4-1-4 通过SADP软件激活网络摄像机

成功激活设备后，列表中的"激活状态"会更新为"已激活"

第3步：勾选已激活的设备，在"修改网络参数"栏输入IP地址、子网掩码、网关等信息，然后输入设备密码，单击"修改"按钮，出现"修改网络参数成功"提示则说明网络参数设置生效，如图4-1-5所示。

图 4-1-5　通过 SADP 软件设置网络摄像机的网络参数

［方法 4-1-2］通过 iVMS-4200 客户端软件激活海康威视网络摄像机。

第 1 步：安装从官网下载的客户端软件，运行软件后，选择"控制面板"中的"设备管理"选项，弹出"设备管理"对话框，如图 4-1-6 所示，"在线设备"栏会自动搜索局域网内的所有在线设备，列表中会显示设备类型、IP 地址、安全状态、设备序列号等信息。

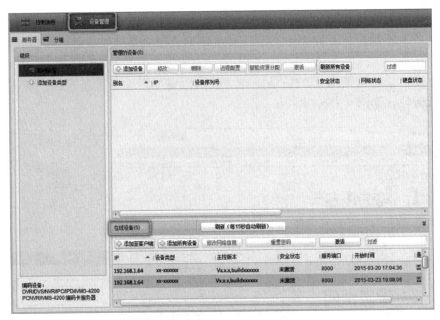

图 4-1-6　通过 iVMS-4200 客户端软件激活网络摄像机

第 2 步：选中处于未激活状态的网络摄像机，单击"激活"按钮，弹出"激活"对话框。设置网络摄像机的密码，单击"确定"按钮，成功激活后，列表中的"安全状态"会更新为"已激活"，如图 4-1-7 所示。

第 3 步：选中已激活的网络摄像机，单击"修改网络参数"按钮，在弹出的对话框中修改网络摄像机的 IP 地址、网关等信息。修改完毕后输入激活设备时设置的密码，单击"确定"按钮，出现"修改参数成功"提示则说明 IP 等参数设置生效。

图 4-1-7　通过 iVMS-4200 客户端软件设置网络摄像机的密码

[方法 4-1-3]通过浏览器激活海康威视网络摄像机。

第 1 步：将计算机 IP 地址与网络摄像机 IP 地址设置在同一网段，在浏览器中输入网络摄像机的 IP 地址，显示设备激活对话框，如图 4-1-8 所示。

图 4-1-8　通过浏览器激活网络摄像机

第 2 步：如果网络中有多台网络摄像机，需要修改网络摄像机的 IP 地址，以防止 IP 地址冲突导致网络摄像机访问异常。登录网络摄像机后，可通过"TCP/IP"对话框修改网络摄像机的 IP 地址、子网掩码、网关等参数。

[提示]对海康威视网络摄像机设置的密码一定要记住，否则需要联系公司进行修改。

知识点 3：有线网络摄像机的登录设置

可以通过浏览器或者 iVMS-4200 客户端软件登录海康威视网络摄像机，浏览摄像机拍摄到的实时图像，也可以对摄像机的 IP 地址、图像调节、视频调整（倒置）、人脸抓拍、移动侦测、布放报警等进行设置。两种登录工具的功能几乎相同，不过，iVMS-4200 客户端软件使用起来更友好、更方便。通过浏览器登录内置 Web 页的方式更适合专业人员。

（1）采用浏览器登录网络摄像机。

第1步：网络摄像机与计算机连接完毕后，可在浏览器地址栏中输入网络摄像机的IP地址进行登录。若弹出安装浏览器插件界面，请允许安装。

第2步：插件安装完毕后，重新输入网络摄像机IP地址进行登录，输入网络摄像机的用户名admin和密码即可登录系统。采用浏览器登录网络摄像机内置Web页的登录界面如图4-1-9所示。

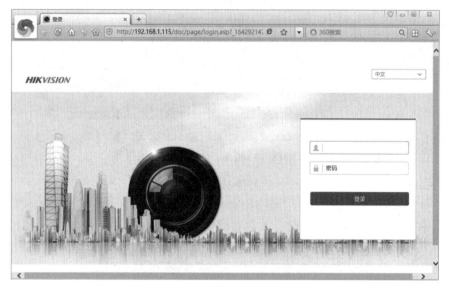

图4-1-9 采用浏览器登录网络摄像机内置Web页的登录界面

采用浏览器登录网络摄像机的内置Web页后，可以对网络摄像机的IP地址、图像调节、视频调整（倒置）、人脸抓拍、移动侦测、布放报警等进行设置。

（2）采用iVMS-4200客户端登录网络摄像机。

第1步：在"资源管理"窗口右侧单击"设备管理"，如图4-1-10所示。

图4-1-10 单击"设备管理"

第 2 步：在"维护与管理"窗口单击下方的"刷新"按钮，勾选搜索到的摄像机，单击"添加"按钮，在出现的"添加"对话框中依次填写名称、用户名和密码，如图 4-1-11 所示。

图 4-1-11　采用 iVMS-4200 客户端添加网络摄像机

知识点 4：PoE 技术

PoE（Power Over Ethernet）指的是在现有以太网 CAT5 布线基础架构不做任何改动的情况下，为一些基于 IP 的终端（如网络摄像机、IP 电话机、无线局域网接入点 AP 等）传输数据信号的同时，还能为此类设备进行直流供电的技术。PoE 技术能保证现有网络正常运作，无须单独铺设电力线，简化系统布线，最大限度地降低了网络基础设施的建设成本。一个完整的 PoE 系统包括供电端设备（Power Sourcing Equipment，PSE）和受电端设备（Power Device，PD）两部分。PSE 用于为以太网客户端设备供电，同时也是整个 PoE 以太网供电过程的管理者，具体应用如 PoE 交换机。PD 是接受供电的 PSE 的负载，具体应用如 PoE 网络摄像头。

2003 年 6 月，IEEE 批准了 802.3af 标准，它明确规定了远程系统中的电力检测和控制事项，并对路由器、交换机和集线器等 PSE 通过以太网电缆向 IP 电话、安全系统以及无线 LAN 接入点等 PD 供电的方式进行了规定。

IEEE 802.3af 标准中规定 PSE 的供电特性参数：直流电压范围为 44 ～ 57V，典型值为 48V，典型工作电流为 10 ～ 350mA，典型输出功率为 15.4W，超载检测电流为 350 ～ 500mA；在空载条件下，最大需要电流为 5mA。

IEEE 802.3af 标准将 PD 划分为类型 1（Type1）3.84 ～ 12.95W 四个等级的电功率，等级 0（Class0）设备需要的功率为 0 ～ 12.95W；等级 1（Class1）设备需要的功率为 0 ～ 3.84W；等级 2（Class2）设备需要的功率范围为 3.85W ～ 6.49W；等级 3（Class3）设备需要的功率范围为 6.5 ～ 12.95W。

IEEE 802.3af 标准规定 PSE 供电检测的工作过程如下：

（1）检测：PSE 在为 PD 供电前，先输出一个低电压检测 PD 是否符合 IEEE 802.3af 标准。

（2）分级：当 PSE 检测到 PD 符合 PoE 标准后，会将输出电压进一步提高，对 PD 进行分级，如果 PD 此时没有回应分级确认电流，PSE 默认将 PD 规定为 0 级，为其提供 15.4W 的输出功率。

（3）供电：经过确认分级后，PSE 会向 PD 输出 48V 直流电，并确认 PD 不超过 15.4W 的功率要求。

（4）维护：更新实时功率，进行断路检测和单端口过载检测。当 PD 超载或短路后，PSE 停止为其供电，再次进入检测阶段。

IEEE 802.3af 标准使 PD 的 PoE 功耗被限制在 12.95W 以内，限制了以太网电缆供电的应用范围。为了克服 PoE 对功率输出的限制，2009 年 IEEE 组织推出了 IEEE 802.3at 标准，将功率要求高于 12.95W 的设备定义为类型 2（Type2）即等级 4（Class4），将功率水平扩展到 25W 或更高的 30W，为双波段接入、视频电话、PTZ 视频监控系统等较大功率设备的 PoE 应用提供了可能。

IEEE 802.3at 也称为 PoE+，规定其 PSE 的主要供电参数为：直流电压范围为 50～57V，典型值为 50V，典型工作电流为 10～600mA，典型输出功率为 30W，PD 支持 Class4 的分级。

IEEE 802.3bt 也称为 PoE++，将 PSE 的最大输出功率提升了 3 倍，从 30W 扩展至 90W，支持的等级数量从 4 个增加到 8 个，分别针对 40～51W 的 Type3 设备，以及 62～71W 的 Type4 设备。

具体的 PD 等级见表 4-1-1。

表 4-1-1　PSE 与 PD 的分类及分级明细

类型	等级	PSE 提供功率（W）	PD 可用功率（W）
Type1	Class0	15.4	12.95
	Class1	4	3.84
	Class2	7	6.49
	Class3	15.4	12.95
Type2	Class4	30	25.5
Type3	Class5	45	40
	Class6	60	51
Type4	Class7	75	62
	Class8	90	71

从项目三-知识点 8 可知：标准的五类网线有四对双绞线，但是 100BASE-TX 中只用到其中的两对，即 1、2、3 和 6 号管脚进行数据通信。IEEE 802.3af 规定，借助网线给 PD 供电时，可以采用以下方法：

（1）应用空闲管脚进行供电。如图 4-1-12 所示，4、5 脚连接为直流电源正极，7、8 脚为直流电源负极，该方法叫 PoE 中间跨接法。

（2）应用数据管脚进行供电。如图 4-1-13 所示，将 DC 电源加在传输变压器的中点，不影响数据的传输。在这种方式下线对 1、2 和线对 3、6 可以为任意正、负极性，该方法叫 PoE 末端跨接法。

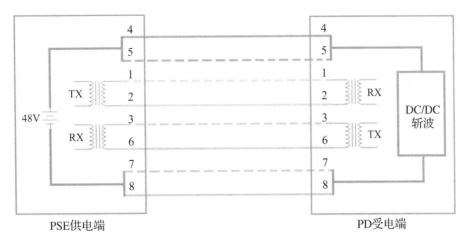

图 4－1－12　PoE 中间跨接法

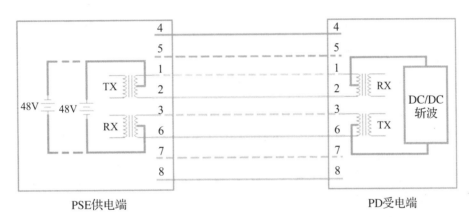

图 4－1－13　PoE 末端跨接法

IEEE 802.3af 标准不允许同时应用以上两种方法，因此 PSE 只能采用一种方法，但是 PD 必须能够同时适应以上两种情况。

不同种类网线支持的 PoE 类型见表 4－1－2。

表 4－1－2　不同种类网线支持的 POE 类型

网线类别	PoE	PoE+	PoE++
CAT 5E	√	√	
CAT 6	√	√	
CAT 6A UTP	√	√	
CAT 6A FTP	√	√	
CAT 7 S/FTP	√	√	√
CAT 7A S/FTP	√	√	√
CAT 8.2 S/FTP	√	√	√

目前，市面上售卖的标准 PoE 交换机可以连接 PoE 网络摄像头等 PoE 设备。当

然，我们也可以把 PoE 交换机当作普通交换机使用，连接非 PoE 网络摄像头或其他网络设备。对于由 PoE 受电设备（比如 PoE 网络摄像机）与非 PoE 的普通交换机、计算机等组建的网络系统，可以采用 PoE 合成器进行连接。如图 4-1-14 所示为 PoE 摄像机与非 PoE 设备组建的网络。

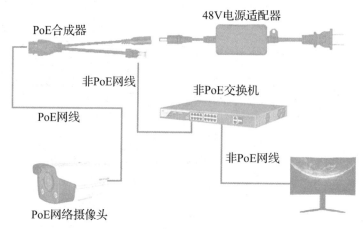

图 4-1-14　PoE 摄像头与非 PoE 设备组建网络

知识点 5：有线电力猫 PLQ-5100

电力猫即电力调制解调器，也称为电力线通信（Power Line Communication，PLC），是一种借助电力线传输以太网网络通信信号的调制解调设备。截止到 2013 年，电力猫已经发展出民用级、运营级、工业级，各个级别的电力猫广泛应用于各行各业。PLQ-5100 有线电力猫如图 4-1-15 所示。

图 4-1-15　PLQ-5100 有线电力猫

电力猫利用传输电流的电力线作为通信载体，如图 4-1-16 所示，将一个电表回路下的任何一个电源插座转换为网络接口，实现和以太网互联，并接入 Internet。电力猫能实现即插即用，不必布置冗长杂乱的网线。电力猫要成对使用，也可以将 3 个及以上的电力猫配置为同一个分组，实现互相通信。若有多个电力猫参与通信，首先应进行分组配对，然后才能借助电力线传递网络信号。有线电力猫各指示灯的功能指示见表 4-1-3。

图 4 - 1 - 16　PLQ - 5100 有线电力猫利用电力线传输信息

表 4 - 1 - 3　有线电力猫各指示灯的功能

指示灯	描述	功能
⏻	电源指示灯	常亮：产品已通电运行 不亮：产品没有通电 慢速闪烁：产品处于省电模式 快速闪烁：产品正在寻找网络
⌁	电力猫通信指示灯	常亮：已经与其他电力猫建立连接 不亮：没有与其他电力猫建立连接
⬞	以太网通信指示灯	常亮：已经连接到以太网 不亮：没有连接到以太网 闪烁：正在通过以太网进行数据传输交换

［方法 4 - 1 - 4］复位电力猫。

在通电非待机状态下，按"Reset"复位键大约 1 秒后松开，此时 LED 灯全部熄灭，电力猫自动重新启动，然后 LED 灯再次亮起，电力猫恢复到出厂状态。

完成复位操作的所有电力猫都会分在同一个默认分组名 Group_0 下，不用再进行其他设置即可完成配对，并能够借助电力线互相传输网络信号。

［方法 4 - 1 - 5］清除电力猫中已有的分组信息。

在电源灯常亮的情况下，按住电力猫"Group"按钮 10 秒钟以上，电源灯熄灭再亮起时放开按钮，即可清除原有的群组名 Group_m，并随机产生一个新群组名 Group_n。

［方法 4 - 1 - 6］多只电力猫建立 1 个新的分组。

第 1 步：按照［方法 4-1-5］介绍的方法，依次清除多只电力猫中已有的分组信息。

第 2 步：按住第一只 PLQ-5100 的"Group"按钮 1 ～ 2 秒后即放开，这时电源指示灯闪烁。

第 3 步：在 2 分钟时间内，按住第二只 PLQ-5100 的"Group"按钮 1 ～ 2 秒后即放开，两只 PLQ-5100 的电源指示灯同时闪烁，当所有指示灯由熄灭变为常亮状态时即完成了自动重启。它们之间成功建立了连接，完成私人群组 Group_1 的组建。

第4步：取出已经完成分组的两只电力猫中的任意一只，与第3只电力猫一起，按照步骤2到步骤3的方法，将第3只电力猫加入前一分组 Group_1。

第5步：取出已经完成分组的三只电力猫中的任意一只，与第4只电力猫一起，按照步骤2到步骤3的方法，将第4只电力猫加入同一分组，直至完成所有电力猫的同一群组 Group_1 的加入。

［方法4-1-7］多只电力猫创建 r 个不同的分组，在不同分组中传输不同的网络信号。有线电力线综合应用案例如图4-1-17所示。

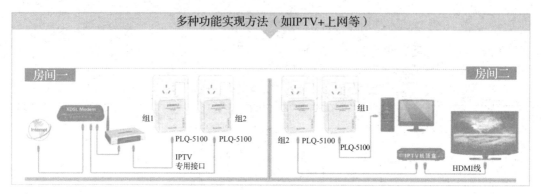

图4-1-17　有线电力线综合应用案例

第1步：按照［方法4-1-6］介绍的步骤，首先将第1个分组的多只电力猫划分到同一分组 Group_1 下。

第2步：按照［方法4-1-6］介绍的步骤，将第2个分组的多只电力猫划分到分组 Group_2 下。

第3步：按照［方法4-1-6］介绍的步骤，直至将第 r 个分组的多只电力猫划分到分组 Group_r 下。

任务实施

步骤1：按照图4-1-1所示，采用一根直通网线将网络摄像机与客户端计算机连接起来构成局域网。

步骤2：按照项目一［任务实施］栏目的步骤12介绍的方法进入"Internet 协议版本4（TCP/IPv4）属性"对话框，按照图4-1-18所示进行设置。

步骤3：如图4-1-19所示，按照项目四 - 知识点3介绍的方法，使用 iVMS-4200 客户端登录网络摄像机，修改其 IP 地址为 192.168.1.100；然后使用 iVMS-4200 客户端对网络摄像机进行其他设置。

步骤4：按照本任务 - 知识点5-［方法4-1-4］，复位两只电力猫，将它们分到同一分组下。

步骤5：按照图4-1-2所示，将电力猫加入局域网，使用 iVMS-4200 客户端对网络摄像机进行设置和操作控制。

［提示］项目实施过程中，如果客户端计算机无法找到有线网络摄像机，可以参照项目三 -［技能点3-1-1］排除系统故障。

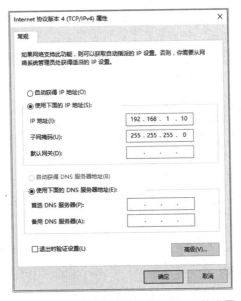

图 4 - 1 - 18　客户端计算机网络 IP 的设置

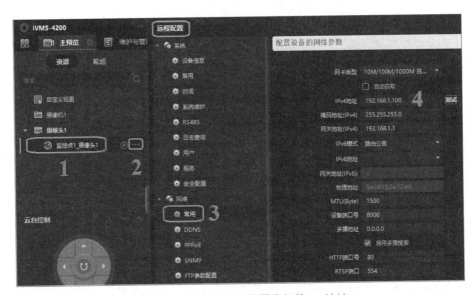

图 4 - 1 - 19　修改网络摄像机的 IP 地址

🏅 | 功能验证

通过客户端的 iVMS - 4200 软件，用户可以实时浏览有线网络摄像机拍摄到的图像，体验有线网络摄像机提供的人脸抓拍、移动侦测、布防报警等功能。

✎ | 任务总结与反思

登录有线网络摄像机浏览实时图像的方法总结如下：

（1）可以通过浏览器登录其内置 Web 页进行浏览，也可以通过海康威视提供的 iVMS-4200 客户端软件登录、浏览。

（2）这两种方式登录网络摄像机后能够实现的功能完全相同，不过，iVMS-4200 客户端软件更适合用户使用，浏览器方式更适合技术人员使用。

有线电力猫的使用方法总结如下：

（1）不用为其分配 IP 地址。

（2）初始化后的有线电力猫的默认群名都是 Group_0，也就是说，经过初始化的所有有线电力猫处于同一个分组中，能相互通信。

（3）用户可以采用本任务–知识点 5–［方法 4-1-7］介绍的方法手动给有线电力猫设置其他群名，使多个有线电力猫处于不同的分组中，实现各自分组中的网络通信。

任务二　无线电力猫传输的无线网络视频监控系统的工作原理、系统集成与调试

🎯 任务目标

- 理解无线接入点 AP 的作用。
- 掌握组建局域网的方法。
- 掌握海康威视无线网络摄像机初始信息设置的方法。
- 掌握无线网络摄像机的激活方法。
- 掌握无线网络摄像机的登录方法。
- 掌握无线电力猫路由器 WPL-203 的工作原理和使用方法。
- 掌握开启 WPL-203 无线 WiFi 功能的方法。
- 掌握将无线网络摄像机连接到 WPL-203 无线接入点 AP 的方法。
- 提升排查有线网络控制系统故障的技能。

📚 主要设备器材清单

名称	型号	关键参数	数量
海康威视无线网络摄像机	DS-2CD3Q10FD-IW	高清 100 万像素，双向语音对讲，WiFi 无线传输，报警联动，智能侦测	1
ZINWELL 无线电力猫	WPL-203	电力线最大传输速率 200Mbps，无线传输速率 300Mbps，支持 AES128-bit 加密，集无线路由、无线 AP、电力网络桥接三种功能于一体	2
设备网络搜索软件	SADPTool	搜索同一以太网段内所有在线的海康威视网络摄像机设备	1
客户端监控软件	iVMS-4200 客户端	—	1

📚 任务内容

（1）如图 4-2-1 所示，组建客户机与无线网络摄像机之间的有线局域网，利用客户机的上位机监控软件对有线网络摄像机进行设置和控制。

IP：192.168.1.100
子网掩码：255.255.255.0

IP：192.168.1.10
子网掩码：255.255.255.0

图 4-2-1　无线网络摄像机有线网络监控系统的原理图

（2）如图 4-2-2 所示，组建客户机、无线电力猫与无线网络摄像机之间的有线局域网，利用客户机的上位机监控软件对无线网络摄像机进行设置和控制。

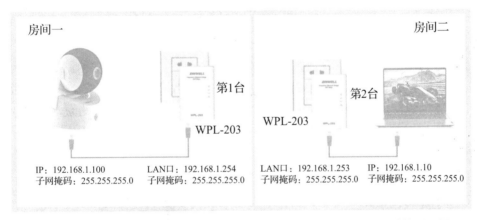

房间一

第1台

WPL-203

房间二

第2台

WPL-203

IP：192.168.1.100
子网掩码：255.255.255.0

LAN口：192.168.1.254
子网掩码：255.255.255.0

LAN口：192.168.1.253
子网掩码：255.255.255.0

IP：192.168.1.10
子网掩码：255.255.255.0

图 4-2-2　无线电力猫有线传输的无线网络摄像机有线网络监控系统的原理图

（3）如图 4-2-3 所示，将房间二中的客户机与第 2 台无线电力猫之间的连接更改为 WiFi 连接，利用客户机的上位机监控软件对无线网络摄像机进行设置和控制。

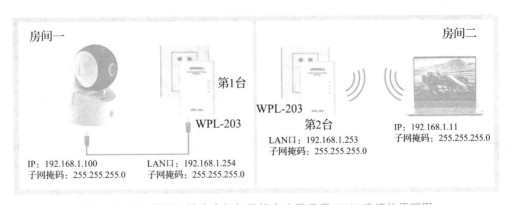

房间一

第1台

WPL-203

房间二

WPL-203
第2台

LAN口：192.168.1.253
子网掩码：255.255.255.0

IP：192.168.1.11
子网掩码：255.255.255.0

IP：192.168.1.100
子网掩码：255.255.255.0

LAN口：192.168.1.254
子网掩码：255.255.255.0

图 4-2-3　房间二的客户机与无线电力猫采用 WiFi 连接的原理图

（4）如图4-2-4所示，将房间一中的无线网络摄像机与第1台无线电力猫之间的连接更改为WiFi连接，利用客户机的上位机监控软件对无线网络摄像机进行设置和控制。

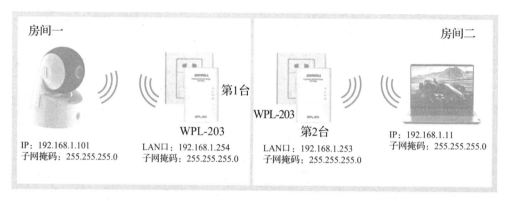

图4-2-4　房间一的无线网络摄像机与无线电力猫采用WiFi连接的原理图

🎓 任务知识

知识点1：无线网络摄像机的激活与登录设置

同有线网络摄像机一样，海康威视无线网络摄像机也需要先激活并设置登录密码，才能正常登录和使用。海康威视无线网络摄像机与有线网络摄像机的激活方法、登录方式和出厂初始信息完全相同，此处不再赘述。DS-2CD3Q10FD-IW无线网络摄像机如图4-2-5所示。

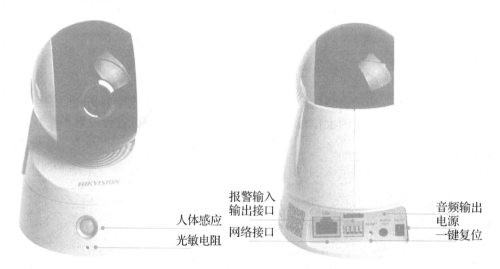

图4-2-5　DS-2CD3Q10FD-IW无线网络摄像机

［提示］当无线网络摄像机正在上电或重新启动时，按住"Reset"复位键10秒，摄像机的所有参数会恢复到出厂默认设置，包括用户名、密码、IP地址和端口号等。

知识点 2：无线电力猫路由器 WPL-203

无线电力猫路由器是一款用于宽带联网的电力线通信终端产品，可以实现有线局域网和广域网传输，还具有无线 WiFi 传输功能，以及电力线传输网络信息的功能，如图 4-2-6 所示。借助 Web 用户管理页面，用户可以轻松地对无线电力猫路由器进行有效配置，并检查其工作状态。无线电力猫路由器支持基于以太网的点对点通信协议（Point-to-Point Protocol Over Ethernet，PPPOE）、DHCP、静态 IP、桥接共 4 种上网模式。无线兼容 IEEE 802.11b/g/n 标准，可通过无线高速连接 Internet。

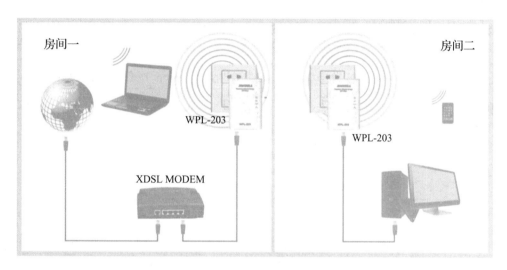

图 4-2-6　WPL-203 无线电力猫利用电力线传输信息

如图 4-2-7 所示为 WPL-203 无线电力猫，无线电力猫面板指示灯功能说明见表 4-2-1，无线电力猫面板按键功能说明见表 4-2-2。

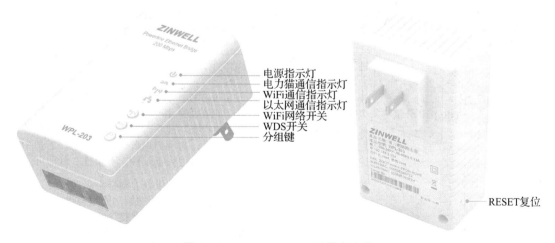

图 4-2-7　WPL-203 无线电力猫

表 4 - 2 - 1　无线电力猫面板指示灯功能说明

指示灯	描述	功能
⏻	电源指示灯	常亮：产品已通电运行 不亮：产品没有通电 慢速闪烁：产品处于省电模式 快速闪烁：产品正在寻找网络
⌁	电力猫通信指示灯	常亮：已经与其他电力猫建立连接 不亮：未与其他电力猫建立连接 闪烁： 60 毫秒亮 /60 毫秒灭：电力猫以大于 60Mbps 网络速率传送数据 200 毫秒亮 /200 毫秒灭：电力猫以 10 ～ 60Mbps 网络速率传送数据 1 秒亮 /1 秒灭：电力猫以小于 10Mbps 网络速率传送数据
((•))	WiFi 通信指示灯	常亮：无 WiFi 数据交换 不亮：关闭 WiFi 功能 闪烁：开启 WiFi 功能且有 WiFi 数据交换
⣿	以太网通信指示灯	常亮：已经连接到以太网 不亮：未连接到以太网 闪烁：正在通过以太网进行数据传输交换

表 4 - 2 - 2　无线电力猫面板按键功能说明

指示灯	描述	功能
(((•)))	WLAN 开关键	按此键超过 2 秒可以将无线网络功能打开或是关闭。 注意：若在通过上位机内置 Web 页对电力猫进行通信功能设定时，将无线网络功能关闭，虽然设定的 Web 网页仍然停留于计算机屏幕上，但是基站的 Web 设定功能已经停止
(🔑)	WDS 开关键	本键可以启动无线分布系统（Wireless Distribution System，WDS）授权模式，使其他无线客户端连接到本基站（无线中继）
(🔒)	GROUP 分组键	按下此键大于 10 秒：会清除原有群组名，并随机产生一个新的电力猫群组名。 按下此键大于 1 秒，且不超过 2 秒：电力猫会进入群组更新状态，电源指示灯开始闪烁，处于正在加入其他电力猫网络群组的状态，或是等待被其他电力猫加入的状态。此状态会持续 2 分钟，直到装置加入成功或是被加入成功之后，自动结束群组更新状态。若想中途取消群组更新状态，再次按下本键大于 1 秒，不超过 2 秒即可
左侧针孔内	Reset 复位键	按下此键 2 ～ 5 秒：电力猫恢复出厂预设电力猫群组名。 按下此键大于 10 秒：电力猫恢复出厂时的初始功能组态设定值。 例 1：当电力线网络群组信息错乱时，按下此键 2 ～ 5 秒可以恢复到出厂预设电力猫群组名（HomePlugAV），出厂初始状态下，任何电力猫之间即插即通。 例 2：按下此键大于 10 秒可以恢复到无线网络出厂时的加密方式及预设 IP 地址

由于有线电力猫只提供了将网络通信信号调制到电力线电流上，或者将电力线电流的已调信号解调出网络通信信号的功能，且网线即插即用，没有其他更多的网络设置，因此它只起桥接作用，不用设置 IP 地址。

而 WPL-203 无线电力猫不仅能作为有线 / 无线桥接器使用，还可以作为路由器使用，因此它需要占用 2 个 IP，还需要对 WiFi 进行管理设置。与家用无线路由器相似，WPL-203 无线电力猫也是借助内置 Web 管理界面设置局域网、广域网、无线 WiFi 参数、加密等功能。WPL-203 无线电力猫连接局域网时，只需设置 LAN 口 IP；当连接广域网时，除了要设置 LAN 口 IP，还需要设置 WAN 口 IP。

ZINWELL 公司生产的 WPL-203 无线电力猫的出厂初始信息如下：

IP 地址：192.168.2.254

系统默认用户名：root

密码：root

如图 4-2-8 所示，与有线电力猫功能相同，用户可以对多个无线电力猫进行不同分组。例如，同一个电表回路下，IPTV 网络电视信号采用第 1 组电力猫传输，互联网信息采用第 2 组电力猫传输，不同分组的网络信息可以借助同一电力线传输，同时实现上网与观看 IPTV，互不干扰。

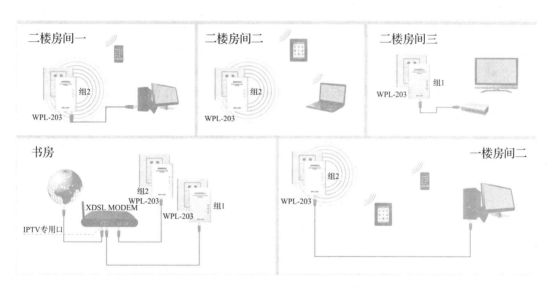

图 4-2-8　无线电力猫综合应用案例

📷 | 任务实施

步骤 1：按照图 4-2-1 所示，采用一根直通网线将网络摄像机与客户端计算机连接起来构成局域网。

步骤 2：按照项目一［任务实施］步骤 12 介绍的方法进入"Internet 协议版本 4（TCP/IPv4）属性"对话框，按照图 4-2-9 所示对计算机的 IP 参数进行设置。

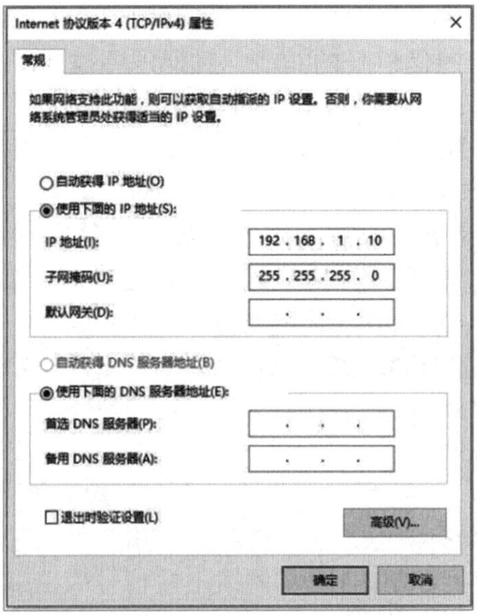

图 4 - 2 - 9　网络 IP 设置

步骤 3：按照项目四 - 任务一 - 知识点 3 介绍的使用 iVMS - 4200 客户端登录网络摄像机的方法登录，修改其 IP 为 192.168.1.100，并使用 iVMS - 4200 客户端软件对网络摄像机进行设置和控制。

步骤 4：按照表 4 - 2 - 2 所列的" Reset"复位键功能，分别按下两只无线电力猫的复位键 2 ～ 5 秒，将它们恢复到出厂预设电力猫群组名，进行配对。

步骤 5：由于无线电力猫的默认 IP 为 192.168.2.254，而无线网络摄像机的默认 IP 为 192.168.1.64，因此需通过计算机修改无线电力猫的 IP，使电力猫与网络摄像机处于同一网段。按照步骤 2 所述方法，设置计算机的 IP 参数，如图 4 - 2 - 10 所示。

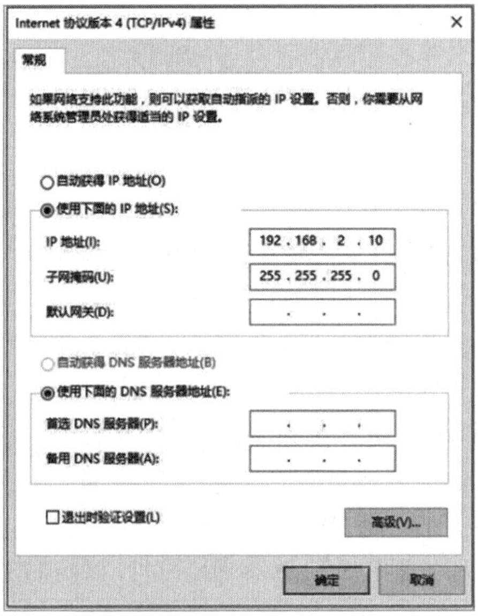

图 4 - 2 - 10　IP 设置

步骤 6：如图 4-2-11 所示，将计算机与第 1 只电力猫连接，构建局域网。

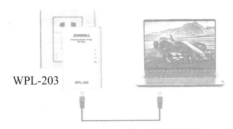

WPL-203

LAN口：192.168.2.254　　IP：192.168.2.10
子网掩码：255.255.255.0　　子网掩码：255.255.255.0

图 4-2-11　计算机与无线电力猫连接的原理图

步骤 7：打开浏览器，在地址栏中输入 192.168.2.254，打开电力猫的内置 Web 页登录界面，输入用户名 root 和密码 root，进入参数设置界面。如图 4-2-12 所示，将电力猫 LAN 口 IP 改为 192.168.1.254，单击"确定"按钮后电力猫自动重启。

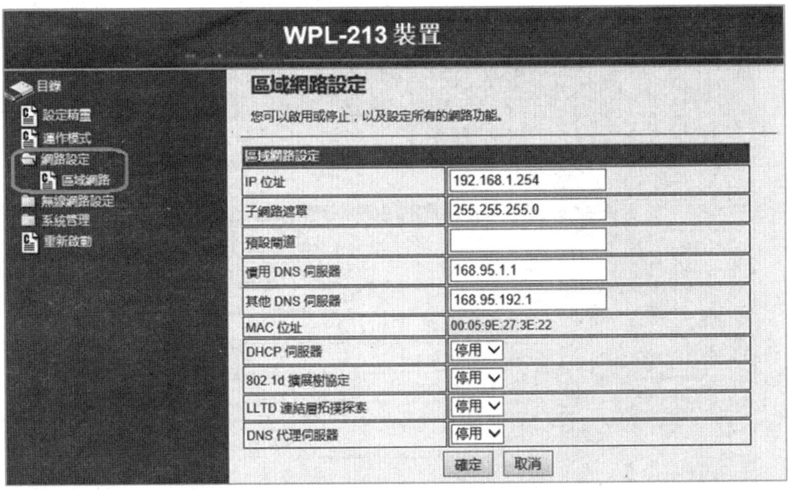

图 4-2-12　电力猫 LAN 口 IP 设置

步骤 8：按照步骤 6 和步骤 7 介绍的方法，对第 2 只无线电力猫进行硬件连接，并进行相同的设置。不同的是，把第 2 只无线电力猫的 LAN 口 IP 改为 192.168.1.253，单击"确定"按钮后电力猫自动重启。

步骤 9：按照步骤 2 介绍的方法，将计算机的 IP 改回 192.168.1.10，与无线网络摄像机处于同一网段，如图 4-2-13 所示。

步骤 10：按照图 4-2-2 所示连接系统，使用 iVMS-4200 客户端软件对网络摄像机进行设置和控制。

步骤 11：在图 4-2-2 所示的系统下打开浏览器，在地址栏输入第 2 只无线电力猫的 LAN 口 IP 地址 192.168.1.253，打开其内置 Web 页登录界面，输入用户名 root 和密码 root，进入参数设置界面，如图 4-2-14 所示，对第 2 只电力猫 WiFi 的基本功能进行设置，然后单击"确定"按钮，电力猫自动重启。

图 4 - 2 - 13 网络 IP 设置

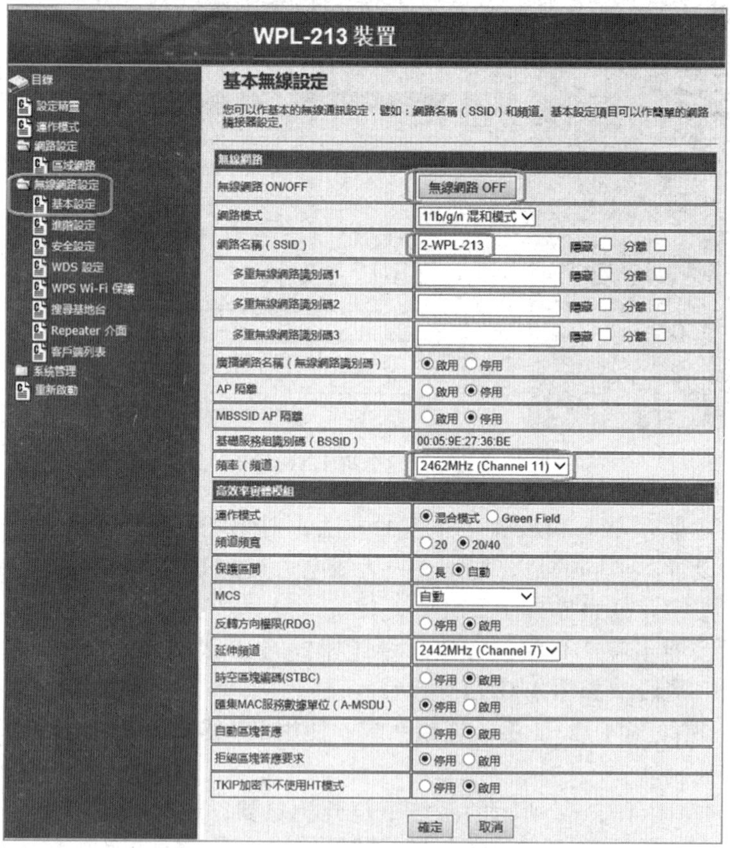

图 4 - 2 - 14 第 2 只无线电力猫 WiFi 的基本设置

步骤 12：如图 4 - 2 - 15 所示，对第 2 只无线电力猫 WiFi 的安全功能进行设置，然后单击"确定"按钮，电力猫自动重启。

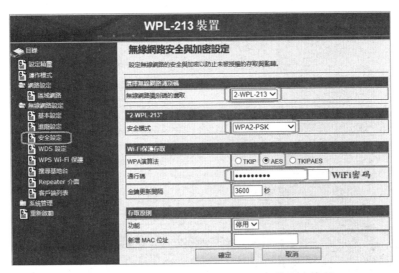

图 4-2-15　第 2 只无线电力猫 WiFi 的安全设置

步骤 13：在图 4-2-2 所示的系统下，拆除计算机与第 2 台电力猫之间的网线。如图 4-2-16 所示，将计算机连接到第 2 台电力猫的无线 AP 接入点上。

图 4-2-16　计算机 WiFi 连接到第 2 台电力猫的 AP

步骤 14：按照图 4-2-3 所示网络系统，使用 iVMS-4200 客户端软件对网络摄像机进行设置和控制。

步骤 15：在图 4-2-3 所示的系统下，打开浏览器，在地址栏输入第 1 只无线电力猫的 LAN 口 IP 地址 192.168.1.254，打开其内置 Web 页登录界面，输入用户名 root 和密码 root，进入参数设置界面，如图 4-2-17 所示，对第 1 只电力猫 WiFi 的基本功能进行设置，然后单击"确定"按钮，电力猫自动重启。

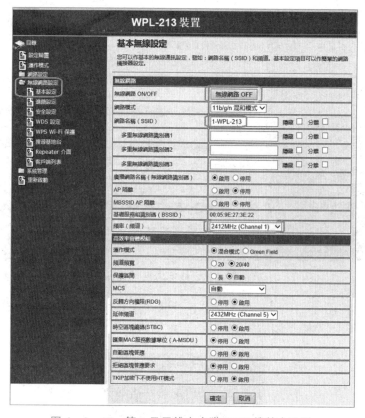

图 4-2-17　第 1 只无线电力猫 WiFi 的基本设置

步骤 16：如图 4-2-18 所示，对第 1 只无线电力猫 WiFi 的安全功能进行设置，然后单击"确定"按钮，电力猫自动重启。

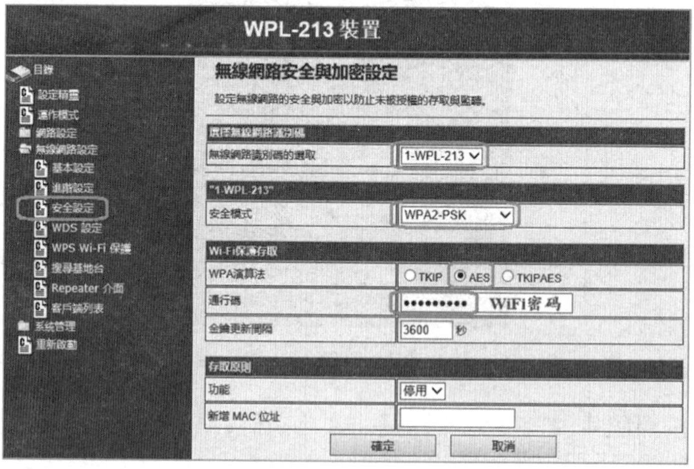

图 4-2-18　第 1 只无线电力猫 WiFi 的安全设置

步骤 17：在图 4-2-3 所示的系统下，打开浏览器，在地址栏输入无线网络摄像机的 IP 地址 192.168.1.100，打开其内置 Web 页登录界面，输入用户名 admin 和相应密码后，进入参数设置界面，如图 4-2-19 所示，对无线网卡的 IP 地址进行设置。

图 4 - 2 - 19　无线网络摄像机无线网卡 IP 设置

步骤 18： 如图 4-2-20 所示，将无线网络摄像机连接到第 1 台无线电力猫的 AP 上，单击"保存"按钮。等待十几秒后单击"查找"按钮，直到出现如图 4-2-21 所示的状态即表示无线网络摄像机连接无线电力猫成功。

图 4 - 2 - 20　无线网络摄像机连接到无线电力猫 AP 的相关设置

图 4-2-21　无线网络摄像机连接到无线电力猫 AP 成功

步骤 19：在图 4-2-3 所示的系统下，拆除无线网络摄像机与第 1 台电力猫之间的网线，如图 4-2-4 所示，使用 iVMS-4200 客户端软件对网络摄像机进行设置和控制。

［提示］项目实施过程中，如果出现客户端计算机不能发现无线网络摄像机的情况，可以参照项目三［任务实施］栏目中的［技能点 3-1］解决。

🏅 功能验证

用户可以通过客户端的 iVMS-4200 软件实时浏览无线摄像机拍摄到的图像，了解人脸抓拍、移动侦测、布放报警等常用功能。

✏️ 任务总结与反思

登录无线网络摄像机进行相关设置的方法总结如下：

（1）可以采用通过浏览器登录其内置 Web 页的方式浏览，也可以通过海康威视提供的 iVMS-4200 客户端软件浏览。

（2）无线网络摄像机的 WiFi 连接只能借助浏览器以内置 Web 页的方式进行设置，客户端软件没有相应的功能。

（3）无线网络摄像机没有无线 WiFi 接入点 AP，计算机也没有，两者之间的互联只能借助拥有无线 AP 的无线电力猫来实现连接。

无线电力猫的使用方法总结如下：

（1）与无线路由器相似，无线电力猫作为路由器使用时，需要分配一个 WAN 口 IP 和一个 LAN 口 IP 地址。

（2）按照操作方法不同，其"Reset"复位键有2种功能：按下按键2～5秒后放手，电力猫恢复出厂预设电力猫群组名，并不会将其他参数初始化。初始化后的有线电力猫的默认群名 Group_0 都一样，即它们都处于同一个分组中，即插即用，且能相互通信。按下按键大于10秒后放手，可恢复电力猫出厂时的所有功能组态的初始化设定值。

（3）用户可以根据表4-2-2 所列的 GROUP 分组键的功能，手动给无线电力猫设置不同的群名，使多个无线电力猫处于不同的分组，完成不同的网络通信。

第三篇

广域网控制系统

>> 项目 **五**

智慧家居物联网云平台控制系统的工作原理、系统集成设计与调试

智能家居是指以住宅为平台，利用综合布线技术、网络通信技术、安全防范技术、自动控制技术、音视频技术将家居生活有关的设施集成起来，构建高效的住宅设施与家庭日程事务的管理系统，提升家居安全性、便利性、舒适性、艺术性，营造环保节能的居住环境。

智能家居是在互联网影响之下物联化的体现。智能家居不仅提供了传统的居住功能，还通过物联网技术将家中的各种设备（如音视频设备、照明系统、窗帘控制系统、空调控制系统、安防系统、数字影院系统、影音服务器、影柜系统、网络家电等）连接到一起，提供电话远程控制、室内外遥控、防盗报警、环境监测、红外转发以及可编程定时控制等多种功能和控制手段。

本项目将以照明系统、窗帘系统、安防系统和防盗报警等系统的控制为例进行介绍。

技能目标

- 掌握将 HW-WZ2JA-U 双模网关集成到海尔私有云平台的步骤和方法。
- 掌握将 37 系列智能面板集成到海尔私有云平台的步骤和方法。
- 掌握将 61 系列智能面板集成到海尔私有云平台的步骤和方法。
- 掌握将 HSPK-X20UD 智能音箱集成到海尔私有云平台的步骤和方法。
- 掌握利用上位机 SmartConfig 软件集成设计私有 ZigBee 协议设备的步骤和方法。

- 掌握利用安住·家庭 App 设计联动场景的步骤和方法。
- 掌握利用海尔智家 App 设计联动场景的步骤和方法。
- 掌握将风雨传感器集成到海尔私有云平台的步骤和方法。
- 掌握将线控推窗器集成到海尔私有云平台的步骤和方法。
- 掌握将线控窗帘电机集成到海尔私有云平台的步骤和方法。
- 掌握将无线窗帘电机集成到海尔私有云平台的步骤和方法。
- 理解私有 ZigBee 协议设备与标准 ZigBee 协议设备集成方法的异同。
- 掌握将红外探测器集成到海尔私有云平台的步骤和方法。
- 掌握将紧急按钮集成到海尔私有云平台的步骤和方法。
- 掌握将声光报警器集成到海尔私有云平台的步骤和方法。
- 掌握将宽色温射灯及配套寻址设备集成到海尔私有云平台的步骤和方法。
- 掌握将宽色温灯带及配套寻址设备集成到海尔私有云平台的步骤和方法。
- 掌握将燃气套装集成到海尔私有云平台的步骤和方法。
- 掌握将背景音乐主机集成到海尔私有云平台的步骤和方法。
- 掌握将无线网络摄像机集成到海尔私有云平台的步骤和方法。
- 掌握将扫地机器人集成到海尔私有云平台的步骤和方法。
- 掌握智能门锁的使用方法。
- 掌握将智能门锁集成到门锁网关的步骤和方法。
- 掌握将智能门锁集成到海尔私有云平台的步骤和方法。
- 掌握分析全屋智能家装客户需求的方法。

素养目标

- 养成独立查阅技术手册的学习习惯。
- 养成通过网络搜索专业信息的学习习惯。
- 养成独立思考和分析问题的学习习惯。
- 养成回顾与总结的学习习惯。
- 注重团队协作意识的培养。
- 遵守实训 / 工作场地的 6S 标准。
- 遵守与互联网信息发布有关的法律法规。
- 遵守知识产权保护方面的法律法规。
- 关注国家"十四五"发展规划中的相关内容。
- 关注国家物联网市场的发展前景。
- 工作时注意避免噪声扰民。

任务一　智慧家居物联网云平台控制系统的通用理论基础

任务目标

- 了解互联网信息发布方面的法律法规。
- 了解知识产权保护方面的法律法规。
- 了解国家"十四五"发展规划与相关产业发展的内容。
- 了解互联网、因特网、万维网与企业内部网的概念。
- 了解因特网网络标准 RFC。
- 熟悉并理解 OSI 参考模型。
- 熟悉并理解 TCP/IP 模型。
- 了解 IP 协议。
- 了解网络地址转换 NAT。
- 了解计算机中"透明"的概念。
- 了解路由器及路由表。
- 了解防火墙及其工作原理。
- 了解网络业务提供商 ISP。
- 了解无线电通信、蜂窝移动通信等远距离无线网络通信方式。
- 了解 485 通信方式。
- 了解蓝牙、ZigBee 等短距离网络通信方式。
- 了解无线 mesh 网络。
- 了解 mesh 网络与无线 Ad hoc 网络的联系与区别。
- 了解三网融合。
- 熟悉并理解物联网的概念。
- 熟悉并理解大数据的概念。
- 熟悉并理解云平台的概念和云平台的服务类型。
- 了解私有 ZigBee 协议设备、标准 ZigBee 协议设备和 WiFi 协议设备集成到海尔私有云平台的异同以及面板场景、安住·家庭 App 场景与海尔智家 App 场景的区别和联系。

任务内容

学习 OSI 参考模型和 TCP/IP 模型的原理，物联网、大数据、云平台的概念以及云平台的服务类型。

任务知识

知识点 1：规范互联网信息发布的法律法规

（1）《中华人民共和国刑法》第二百八十七条之二　明知他人利用信息网络实施犯

罪，为其犯罪提供互联网接入、服务器托管、网络存储、通讯传输等技术支持，或者提供广告推广、支付结算等帮助，情节严重的，处三年以下有期徒刑或者拘役，并处或者单处罚金。

单位犯前款罪的，对单位判处罚金，并对其直接负责的主管人员和其他直接责任人员，依照第一款的规定处罚。

有前两款行为，同时构成其他犯罪的，依照处罚较重的规定定罪处罚。

（2）《关于办理非法利用信息网络、帮助信息网络犯罪活动等刑事案件适用法律若干问题的解释》。

第十条　非法利用信息网络，具有下列情形之一的，应当认定为刑法第二百八十七条之一第一款规定的"情节严重"：

（一）假冒国家机关、金融机构名义，设立用于实施违法犯罪活动的网站的；

（二）设立用于实施违法犯罪活动的网站，数量达到三个以上或者注册账号数累计达到二千以上的；

（三）设立用于实施违法犯罪活动的通讯群组，数量达到五个以上或者群组成员账号数累计达到一千以上的；

（四）发布有关违法犯罪的信息或者为实施违法犯罪活动发布信息，具有下列情形之一的：

1. 在网站上发布有关信息一百条以上的；

2. 向二千个以上用户账号发送有关信息的；

3. 向群组成员数累计达到三千以上的通讯群组发送有关信息的；

4. 利用关注人员账号数累计达到三万以上的社交网络传播有关信息的。

（五）违法所得一万元以上的；

（六）二年内曾因非法利用信息网络、帮助信息网络犯罪活动、危害计算机信息系统安全受过行政处罚，又非法利用信息网络的；

（七）其他情节严重的情形。

（3）《中华人民共和国刑法》第二百五十三条之一　违反国家有关规定，向他人出售或者提供公民个人信息，情节严重的，处三年以下有期徒刑或者拘役，并处或者单处罚金；情节特别严重的，处三年以上七年以下有期徒刑，并处罚金。

违反国家有关规定，将在履行职责或者提供服务过程中获得的公民个人信息，出售或者提供给他人的，依照前款的规定从重处罚。

窃取或者以其他方法非法获取公民个人信息的，依照第一款的规定处罚。

单位犯前三款罪的，对单位判处罚金，并对其直接负责的主管人员和其他直接责任人员，依照各该款的规定处罚。

（4）《中华人民共和国网络安全法》第十二条　国家保护公民、法人和其他组织依法使用网络的权利，促进网络接入普及，提升网络服务水平，为社会提供安全、便利的网络服务，保障网络信息依法有序自由流动。

任何个人和组织使用网络应当遵守宪法法律，遵守公共秩序，尊重社会公德，不得危害网络安全，不得利用网络从事危害国家安全、荣誉和利益，煽动颠覆国家政权、推翻社会主义制度，煽动分裂国家、破坏国家统一，宣扬恐怖主义、极端主义，宣扬民族仇恨、民族歧视，传播暴力、淫秽色情信息，编造、传播虚假信息扰乱经济秩序和社会秩序，以及侵害他人名誉、隐私、知识产权和其他合法权益等活动。

第四十四条　任何个人和组织不得窃取或者以其他非法方式获取个人信息，不得非法出售或者非法向他人提供个人信息。

第四十八条　任何个人和组织发送的电子信息、提供的应用软件，不得设置恶意程序，不得含有法律、行政法规禁止发布或者传输的信息。

知识点2：《中华人民共和国刑法》关于知识产权保护方面的条款

第二百一十三条　未经注册商标所有人许可，在同一种商品、服务上使用与其注册商标相同的商标，情节严重的，处三年以下有期徒刑，并处或者单处罚金；情节特别严重的，处三年以上十年以下有期徒刑，并处罚金。

第二百一十四条　销售明知是假冒注册商标的商品，违法所得数额较大或者有其他严重情节的，处三年以下有期徒刑，并处或者单处罚金；违法所得数额巨大或者有其他特别严重情节的，处三年以上十年以下有期徒刑，并处罚金。

第二百一十五条　伪造、擅自制造他人注册商标标识或者销售伪造、擅自制造的注册商标标识，情节严重的，处三年以下有期徒刑，并处或者单处罚金；情节特别严重的，处三年以上十年以下有期徒刑，并处罚金。

第二百一十六条　假冒他人专利，情节严重的，处三年以下有期徒刑或者拘役，并处或者单处罚金。

第二百一十七条　以营利为目的，有下列侵犯著作权或者与著作权有关的权利的情形之一，违法所得数额较大或者有其他严重情节的，处三年以下有期徒刑，并处或者单处罚金；违法所得数额巨大或者有其他特别严重情节的，处三年以上十年以下有期徒刑，并处罚金：

（一）未经著作权人许可，复制发行、通过信息网络向公众传播其文字作品、音乐、美术、视听作品、计算机软件及法律、行政法规规定的其他作品的；

（二）出版他人享有专有出版权的图书的；

（三）未经录音录像制作者许可，复制发行、通过信息网络向公众传播其制作的录音录像的；

（四）未经表演者许可，复制发行录有其表演的录音录像制品，或者通过信息网络向公众传播其表演的；

（五）制作、出售假冒他人署名的美术作品的；

（六）未经著作权人或者与著作权有关的权利人许可，故意避开或者破坏权利人为其作品、录音录像制品等采取的保护著作权或者与著作权有关的权利的技术措施的。

第二百一十八条　以营利为目的，销售明知是本法第二百一十七条规定的侵权复制品，违法所得数额巨大或者有其他严重情节的，处五年以下有期徒刑，并处或者单处罚金。

第二百一十九条　有下列侵犯商业秘密行为之一，情节严重的，处三年以下有期徒刑，并处或者单处罚金；情节特别严重的，处三年以上十年以下有期徒刑，并处罚金：

（一）以盗窃、贿赂、欺诈、胁迫、电子侵入或者其他不正当手段获取权利人的商业秘密的；

（二）披露、使用或者允许他人使用以前项手段获取的权利人的商业秘密的；

（三）违反保密义务或者违反权利人有关保守商业秘密的要求，披露、使用或者允许他人使用其所掌握的商业秘密的。

明知前款所列行为，获取、披露、使用或者允许他人使用该商业秘密的，以侵犯商业秘密论。

本条所称权利人，是指商业秘密的所有人和经商业秘密所有人许可的商业秘密使用人。

第二百二十条　单位犯本节第二百一十三条至第二百一十九条之一规定之罪的，对单位判处罚金，并对其直接负责的主管人员和其他直接责任人员，依照本节各该条的规定处罚。

知识点 3：国家"十四五"发展规划与相关产业发展

2021 年，国家"十四五"发展规划纲要以较大篇幅对"加快数字化发展 建设数字中国"作出了部署。在"数字化应用场景"专栏中特别列出"智慧家居"一栏，明确未来 5 年要"应用感应控制、语音控制、远程控制等技术手段，发展智能家电、智能照明、智能安防监控、智能音箱、新型穿戴设备、服务机器人等"。

中国互联网协会发布的《中国互联网发展报告（2021）》显示物联网市场规模达1.7 万亿元，人工智能市场规模达 3031 亿元。

知识点 4：互联网、因特网、万维网与企业内部网

互联网（Internet），又称国际网络，指的是将不同网络体系架构、不同通信协议的子网络（如以太网、电信网、电视网、无线网、工业现场总线等）串联形成的庞大网络，这些网络以一组通用的协议相连，形成逻辑上单一的巨大国际网络。

因特网（Internet）最初是一个叫作阿帕网（ARPAnet）的军用研究网络系统。因特网是一组全球信息资源的总汇，基于 TCP/IP 协议将若干计算机互联形成小的子网络，再基于 TCP/IP 协议将许多子网络互联形成大的逻辑网。

［注］很多时候，互联网与因特网的概念不再严格区分。

万维网 WWW（World Wide Web）是 Internet 上集文本、声音、图像、视频等多媒体信息于一身的全球信息资源网络，是 Internet 的重要组成部分。因特网是基于 TCP/IP 协议实现的，TCP/IP 协议又由很多协议组成，不同类型的协议放在不同的层，其中，位于应用层的协议就有很多，如 FTP、HTTP、SMTP 等。只要应用层使用的是HTTP 协议，就称为万维网（World Wide Web）。

互联网包含因特网，因特网包含万维网，凡是能彼此通信的设备组成的网络就叫互联网。

Intranet 称为企业内部网，或称内部网、内联网、内网，是采用与因特网一样的技术（沿用 Internet 协议、采用客户端 / 服务器结构等）构建的计算机网络，它通常建立在企业或组织的内部，并为其成员提供信息的共享和交流等服务。Intranet 与 Internet相比，可以说 Internet 是面向全球的网络，而 Intranet 则是 Internet 技术在企业机构内部的实现，它能够以极少的成本和时间将一个企业内部的大量信息资源高效合理地传递给每个人。Intranet 为企业提供了一种能充分利用通信线路、经济而有效地建立企业内联网的方案，应用 Intranet，企业可以有效地进行财务管理、供应链管理、进销存管理、客户关系管理等。Intranet 在网络组织和管理上比 Internet 更胜一筹，它有效地避

免了 Internet 固有的可靠性差、无整体设计、网络结构不清晰以及缺乏统一管理维护等缺点，企业内部的秘密或敏感信息可受到网络防火墙的安全保护。

对于 Intranet 网络，利用虚拟专用网络（Virtual Private Network，VPN）技术，就可以让身在外地的员工通过互联网访问内网资源，当然，这需要在内网中架设一台 VPN 服务器。外地员工在当地连上互联网后，通过互联网连接 VPN 服务器，即可通过 VPN 服务器进入企业内网。为了保证数据安全，VPN 服务器和客户机之间的通信数据都进行了加密处理。有了数据加密措施，就可以认为数据是在一条专用的数据链路上进行安全传输，如同专门架设了一个专用网络一样，但实际上 VPN 使用的是互联网上的公用链路，因此 VPN 称为虚拟专用网络，其实质上就是利用加密技术在公网上封装出一个数据通信隧道。简而言之，有了 VPN 技术，用户无论在哪，只要能连上互联网就能利用 VPN 访问内网资源，这就是 VPN 在企业中得以广泛应用的原因。

知识点 5：Internet 网络标准 RFC

"请求评论"（Request For Comments，RFC）是由互联网社区（Internet Society，ISOC）赞助发行的，是一系列以编号排定的文件。文件收集了互联网相关信息以及 UNIX 和互联网社区的软件文件。

RFC 包含了关于 Internet 的几乎所有重要的文字资料，要理解并掌握互联网的运行原理，RFC 无疑是最重要也是最常用的资料之一。通常，当某个机构或团体开发出了一套标准或提出对某种标准的设想，需要征询外界的意见时，就会在 Internet 上发放一份 RFC，对这一问题感兴趣的人可以阅读 RFC 并提出自己的意见。绝大部分网络标准都是先以 RFC 的形式开始的，然后经过大量的论证和修改，最终被认定为 Internet 的标准。RFC 中收录的文件并不都是正在使用或为大家所公认的，还有很大一部分只在某个局部领域被使用或并没有被采用，文件中会明确标识一份 RFC 具体处于什么状态。

一个 RFC 文件在成为官方标准前至少要经历 4 个阶段（RFC 2026）：因特网草案、建议标准、草案标准、因特网标准。

实际上，在 Internet 上，任何一个用户都可以对 Internet 某一领域的问题提出自己的解决方案或规范，作为 Internet 草案（Internet Drafts）提交给 Internet 工程任务组（The Internet Engineering Task Force，IETF）。草案存放在美国、欧洲和亚太地区的工作文件站点上，供世界各国自愿参加的 IETF 成员讨论、测试和审查。最后，由 Internet 工程指导组（Internet Engineering Steering Group，IESG）确定该草案是否能成为 Internet 的标准。

如果一个 Internet 草案在 IETF 的相关站点上存在 6 个月后仍未被 IESG 建议作为标准发布，将被从上述站点中删除。

知识点 6：OSI 参考模型

开放式系统互联通信参考模型（Open System Interconnection Reference Model，OSI）是计算机网络通信的概念模型，由国际标准化组织提出，是试图使各种计算机在世界范围内互联为网络的标准框架，定义为 ISO/IEC 7498-1 标准。OSI 参考模型是一个具有如图 5-1-1 所示的 7 层协议结构的开放系统互联模型，是一套普遍适用的规范集合。

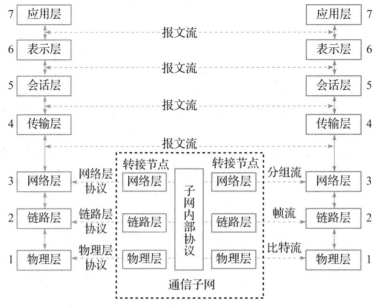

图 5-1-1　OSI 的 7 层参考模型

OSI 参考模型采用了分层的体系架构，把一个网络系统分成若干层，每一层实现不同的功能，功能都以协议形式进行规范，对等层使用同一套规则和约定。每一层向相邻上层提供一套确定的服务，并且使用与之相邻的下层所提供的服务。如图 5-1-2所示，对于发送端来说，在上一层移交下来的数据基础上增加本层特有的协议报头（Head）以后，会继续往下一层移交；对于对等层接收端来说，将下一层移交上来的信息去除本层特有的协议报头以后，会继续往高一层协议移交数据。从等效的概念上来讲，每一层都与对应的远方对等层通信，但实际上该层所产生的协议信息单元必须借助相邻下层所提供的服务进行传送。因此，对等层之间的通信称为虚拟通信。

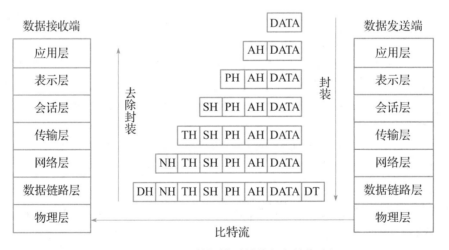

图 5-1-2　7 层数据模型封装和去封装过程

如图 5-1-1所示的通信子网设备指的是路由器。如图 5-1-2所示的发送端，除物理层外的各层添加的协议报头的主要目的是确保本分组数据报传输到对方对等层以后能准确地移交给上一层协议使用。

知识点 7：TCP/IP 模型

在国际标准化组织提出 OSI 参考模型以前，TCP/IP 模型在世界范围应用广泛，很好地满足了世界范围内数据通信的需要，并成为事实上的标准。如图 5-1-3 所示，TCP/IP 模型也采用了分层体系结构，不同的是 OSI 参考模型划分为 7 层，而 TCP/IP 模型比 OSI 参考模型更简化，只划分了 4 层，分别是网络接口层、网际层、传输层和应用层。它将 OSI 参考模型中的低两层合并为一层，统称网络接口层；高三层合并为一层，统称应用层，某些精简应用的情况下甚至只有 3 层。

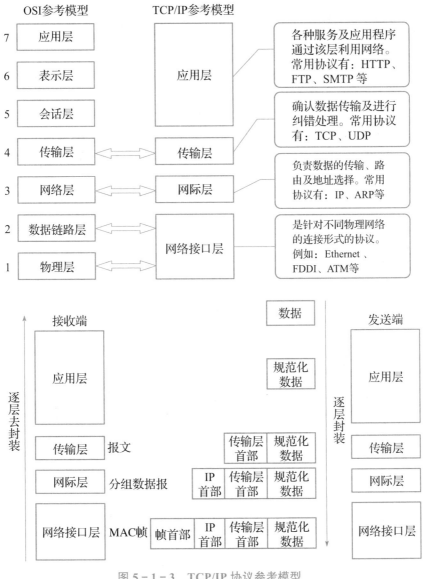

图 5-1-3　TCP/IP 协议参考模型

知识点 8：IP 协议

网际互联协议（Internet Protocol，IP）是整个 TCP/IP 协议族的核心。IP 位于 TCP/IP 模型的网际层，相当于 OSI 模型的网络层，它可以向传输层提供各种协议的信息，例如 TCP、UDP（UDP 也是构成互联网的基础）等；对下可将 IP 信息包放到链路层，通过以太网、令牌环网络等技术传送。

IP 主要包含 3 方面内容：IP 编址方案、分组封装格式及分组转发规则。

（1）分组转发规则：路由器仅根据网络地址进行转发。当 IP 数据包经由路由器转发时，如果目标网络与本地路由器直接相连，则直接将数据包交付给目标主机，称为直接交付；否则，路由器通过路由表查找路由信息，并将数据包转交给指明的下一跳路由器，这称为间接交付。在间接交付中，若路由表中具有到达目标网络的路由，则把数据包传送给路由表指明的下一跳路由器；如果没有路由，但路由表中有一个默认路由，则把数据包传送给指明的默认路由器；如果两者都没有，则丢弃数据包并报告错误。

（2）IP 分组：一个 IP 包从源主机传输到目标主机可能需要经过多个不同的物理网络。由于各种网络的数据帧都有一个最大传输单元（Maximum Transmission Unit，MTU）的限制，如以太网帧的 MTU 是 1500 字节。因此，当路由器在转发 IP 包时，如果数据包的大小超过了出口链路的最大传输单元，则会将该 IP 分组分解成很多足够小的片段，以便能够在目标链路上进行传输。这些 IP 分片重新封装成一个 IP 包独立传输，并在到达目标主机时才会被重新组装起来。

（3）IP 分组结构：一个 IP 分组由首部和数据两部分组成。首部的前 20 字节是所有 IP 分组必须具有的，也称固定首部。首部固定部分的后面是一些可选字段，其长度是可变的。

如图 5-1-4 所示，TCP/IP 协议中 IP 层数据报传到 MAC 层时会被加上目的 MAC 地址、源 MAC 地址、类型码以及 FCS 等协议层报头，继续往物理层交付，物理层收到后，会插入 7 字节的前同步码和 1 字节的帧开始定界符，然后通过物理介质以电信号向目的节点传递信息。

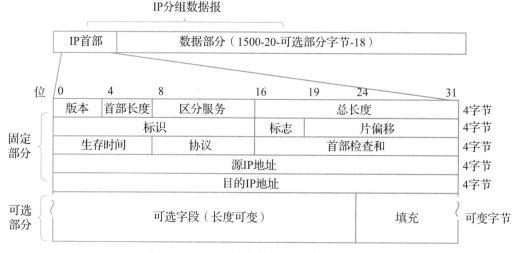

图 5-1-4 基于以太网的 IP 分组数据报

知识点 9：网络地址转换

网络地址转换（Network Address Translation，NAT）是 1994 年提出来的，其不仅能解决 IP 地址不足的问题，还能够有效避免来自网络外部的攻击，隐藏并保护网络内部的计算机。NAT 地址转换原理如图 5-1-5 所示。

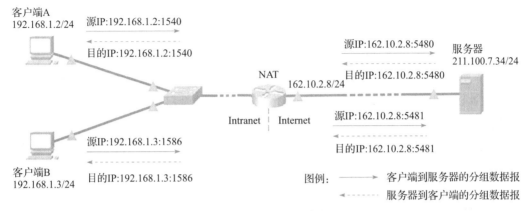

图 5-1-5　NAT 地址转换原理

在局域网以外的公网通信中，由于私有 IP 地址在不同的局域网中能重复使用，私有 IP 地址不再唯一，而路由器是不能对这样的分组数据报进行路由转发的。局域网中的主机想要访问因特网上的某些主机服务器时，就必须将不唯一的私有 IP 地址转换为唯一的公有 IP 地址，也即使用 NAT 方法。通过这种方法，IP 地址从一个域（如私有 IP 域）映射到另一个域（如公有 IP 域），试图为主机提供透明的路由功能。

应用这种方法需要在局域网连接到因特网的路由器上安装 NAT 软件，装有 NAT 软件的路由器叫作 NAT 路由器，它至少有一个有效的公有 IP 地址。这样，所有使用私有 IP 地址的主机都要在 NAT 路由器上将其本地 IP 地址转换成全球 IP 地址，才能和因特网连接。

另外，这种通过使用少量的公有 IP 地址代表较多的私有 IP 地址的方式，在一定程度上缓解了联网节点设备快速增长引起的全球可用公有 IP 地址日益枯竭的问题。

NAT 的实现方式有 4 种：静态转换（Static NAT）、动态转换（Dynamic NAT）、端口多路复用（PAT）和应用程序级网关技术（ALG）。

（1）静态转换是指将内部网络的私有 IP 地址转换为公有 IP 地址时，IP 地址对是一对一的，是一成不变的，某个私有 IP 地址只转换为某个公有 IP 地址。静态转换可以实现外部网络设备与内部网络设备间的互相访问。

（2）动态转换是指将内部网络的私有 IP 地址转换为公有 IP 地址时，IP 地址是不确定的，是随机的，所有被授权访问 Internet 的私有 IP 地址可随机转换为任何指定的合法公有 IP 地址。也就是说，只要指定哪些内部地址可以进行转换，以及用哪些合法地址作为外部地址，就可以进行动态转换。动态转换可以使用多个合法外部地址集。当网络业务提供商（Internet Service Provider，ISP）提供的合法 IP 地址略少于网络内部的计算机数量时，可以采用动态转换的方式。

（3）端口多路复用是指改变外出数据包的源端口地址，并进行端口地址转换（Port

Address Translation，PAT）。采用端口多路复用方式，内部网络的所有主机均可共享一个合法外部 IP 地址实现对 Internet 的访问，从而可以最大限度地节约 IP 地址资源。同时，又可隐藏网络内部的所有主机，有效避免来自 Internet 的攻击。因此，网络中应用最多的就是端口多路复用方式。

（4）应用程序级网关技术（Application Level Gateway，ALG）。传统的 NAT 技术只对 IP 层和传输层头部进行转换处理，但是一些应用层协议，在协议数据报文中包含了地址信息。为了使这些应用也能透明地完成 NAT 转换，NAT 使用一种称作 ALG 的技术，它能对这些应用程序在通信时所包含的地址信息也进行相应的 NAT 转换。例如：FTP 协议的 PORT/PASV 命令、DNS 协议的"A 记录"（用来解析指定的域名对应的 IP 地址记录）和"PTR 记录"（用来解析指定的 IP 地址对应的域名记录）、queries 命令和部分 ICMP 消息类型等，都需要相应的 ALG 来支持。

如果协议数据报文中不包含地址信息，则可方便地利用传统的 NAT 技术来完成透明的地址转换。如下应用就可以直接利用传统的 NAT 技术：HTTP、TELNET、FINGER、NTP、NFS、ARCHIE、RLOGIN、RSH、RCP 等。

知识点 10："透明"的概念

生活中的"透明"是指允许光穿透的属性，也就是说能看得见，能被知道。但是计算机中"透明"的意思则完全相反。计算机中的"透明"是指计算机中客观存在的、对于某些开发人员而言又不需要了解的、只需利用其提供的接口进行合理操作的属性。

在计算机系统中，底层的机器级的概念性结构和实现原理对高层程序员来说是透明的，高层开发人员只需使用底层开发人员提供的接口就可以较好地通过底层功能为自己服务，计算机网络对用户来说是透明的，具体的网络传输、网络控制、网络通信、网络会话等对用户来说就是透明的，用户不需要关心其原理，直接使用即可。

在互联网技术（Internet Technology，IT）领域中，"透明"的概念应用非常广泛，即从某个角度看不到的特性，都可以称其是透明的。

知识点 11：路由器及路由表

路由器（Router）是连接两个或多个不同网络的硬件设备，在网络间起着网关的作用，所以路由器又称为网关设备。路由器工作在 OSI 模型的第三层、TCP/IP 模型的网际层，用于对不同网络之间的数据包进行存储和分组转发处理，是一种基于网际层的互联设备。由于路由器连接了两个不同的网络，因此需要占据 2 个不同网段的 IP 地址。路由器能够理解不同的协议，例如，其某个端口使用以太网协议接入，另一个端口使用 IP 协议接入；路由器能完成两种协议之间的转换；路由器可以根据选定的路由算法把各数据包按最佳路线传送到指定位置。TCP/IP 模型中的网际层路由如图 5-1-6 所示。

生活中使用的普通家用无线路由器（Wireless Router）是供用户上网的、带有无线覆盖功能的路由器。无线路由器可以看作一个转发器，将接入家中的宽带网络信号通过天线广播转发给附近的无线网络设备以构建 WiFi 子网。通用无线路由器具有 2～4 个 LAN 口，集成了交换机功能，所以它能以有线方式构建有线局域网。实际上，通用无线路由器构建的无线 WiFi 子网和 LAN 口构建的以太网子网属于同一个网段的局域网，借助其内置的网关进行协议转换，WiFi 子网中的无线设备与以太网内的有线设备是可以互相通信的。

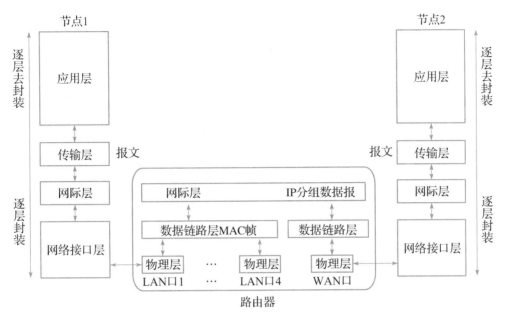

图 5-1-6　TCP/IP 模型中的网际层路由

市面上有一种称为 L3 交换机的设备，也是工作在 OSI 模型的第三层，与普通意义的路由器的功能相近，但也有明显区别，详见表 5-1-1。

表 5-1-1　L3 交换机与路由器对比

	L3 交换机	**路由器**
硬件	箱式、机柜式	桌面式、箱式、机柜式
数据帧处理	基于 ASIC 的硬件处理	基于 CPU 的软件处理
性能	线速（wire rate）处理，单向传输速率达 1Gbit/s	比 L3 交换机速度慢
接口	以太网（RJ-45、光收发器）	以太网（RJ-45、光收发器）、串口、ISDN、ATM、SDH 等
不支持的协议和功能	拨号接入（PPP、PPPoE）、高 QoS、NAT、VPN、状态检测、高安全功能、VoIP 等	STP/RSTP、LAN tracking、IEEE802.1x、私有 VLAN、堆叠等

路由表（Routing Table）或称路由择域信息库（Routing Information Base，RIB）是一个存储在路由器或者联网计算机中的电子表格（文件）或类数据库。路由表存储着指向特定网络地址的路径以及路径的路由度量值（跳数），还含有网络周边的拓扑信息，表中包含的信息决定了数据转发的策略。路由器的路由表如图 5-1-7 所示。

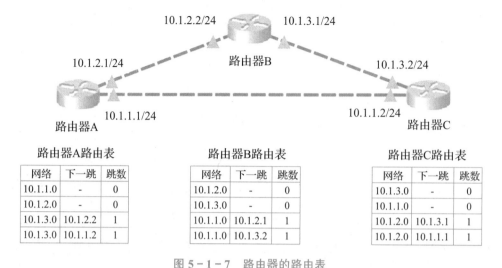

图 5-1-7　路由器的路由表

建立路由表的主要目标是实现路由协议和静态路由选择，为经过路由器的每个 IP 分组数据报寻找一条最小跳数的最优传输路径，并将该数据有效地传送到目的站点。

项目三-知识点 26 中的图 3-1-40 所示的路由器 2 和路由器 3 的路由表如图 5-1-8 所示。

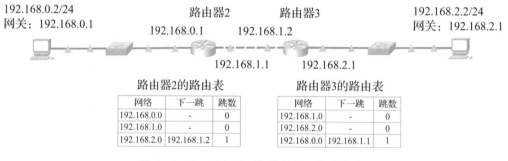

图 5-1-8　路由器 2 和路由器 3 的路由表

知识点 12：tracert 命令

Tracert（跟踪路由）是路由跟踪实用程序，用于确定 IP 数据包访问目标机器经过的路径。tracert 命令使用 IP 生存时间（TTL）字段和 ICMP 错误消息来确定从一个主机到网络上其他主机的路由。其命令格式如下：

tracert［-d］［-h maximum_hops］［-j computer-list］［-w timeout］target_name

该命令最简单的用法就是"tracert hostname"，其中"hostname"是目标计算机的域名或是目标计算机的 IP 地址，执行完 tracert 命令后，系统将返回该目的计算机经过的各种路由器的 IP 地址。

使用计算机通过 ISP 接入家中的互联网查看通达百度网站经过的路由的方法如下：

（1）按照项目三-知识点 11 中图 3-1-11 所示的方法，让计算机进入命令提示符状态。

（2）在命令提示符状态下依次输入"tracert www.baidu.com"和"tracert -d www.baidu.com"，计算机回显如图 5-1-9 所示。

图 5-1-9　tracert 命令

知识点 13：防火墙

防火墙（Firewall）用于将内部网和公众访问网（如 Internet）分开，是建立在现代通信网络技术和信息安全技术基础上的应用性安全技术和隔离技术，如图 5-1-10 所示。防火墙广泛应用于专用网络与公用网络互联的环境之中，我国主流的防火墙厂商有东软、天融信、联想、方正等。

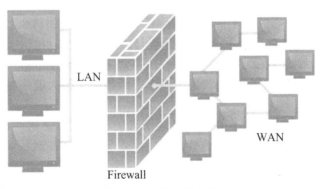

图 5-1-10　防火墙

防火墙的硬件体系结构主要包括通用 CPU 架构、ASIC 架构和网络处理器架构。

（1）通用 CPU 架构：该架构常见于基于 Intel X86 架构的防火墙，在百兆防火墙中，Intel X86 架构的硬件以其高灵活性和扩展性一直受到防火墙厂商的喜爱；由于采用了 PCI 总线接口，Intel X86 架构的硬件虽然理论上能达到 2Gbps 的吞吐量甚至更高，但是在实际应用中，尤其是在小包情况下，远远达不到标称性能，且通用 CPU 的处理能力也很有限。国内安全设备主要采用的就是基于 X86 的通用 CPU 架构。

（2）专用集成电路（Application Specific Integrated Circuit，ASIC）架构：ASIC 技术是高端网络设备几年前广泛采用的技术。由于采用了硬件转发模式、多总线技术、数据层面与控制层面分离等技术，ASIC 架构防火墙解决了带宽容量和性能不足的问题，稳定性也得到了很好的保证。ASIC 技术的性能优势主要体现在网络层转发上，而对于需要强大计算能力的应用层数据的处理则不占优势，而且面对频繁变异的应用安全问题，其灵活性和扩展性也难以满足要求。由于该技术有较高的技术和资金门槛，主要是知名厂商在采用。

（3）网络处理器架构：由于网络处理器所使用的微码编写技术有一定难度，难以实现产品的最优性能，因此网络处理器架构的防火墙产品难以占据大量的市场份额。随着网络处理器的主要供应商 Intel、Broadcom、IBM 等相继出售其网络处理器业务，该技术在网络安全产品中的应用即将走到尽头。

防火墙对流经它的网络通信进行扫描，这样能够过滤掉一些攻击，以免其在目标计算机上被执行。防火墙可以关闭不使用的端口；可以禁止特定端口的流出通信，封锁特洛伊木马；可以禁止来自特殊站点的访问，从而禁止不明入侵者的所有通信。防火墙的安全隔离功能主要表现在以下 5 个方面：

（1）网络安全的屏障。

作为阻塞点、控制点，防火墙能极大地提高内部网络的安全性，并通过过滤不安全的服务而降低风险。由于只有经过核实的应用协议才能通过防火墙，所以网络环境变得更安全。例如，防火墙可以禁止不安全的网络文件系统（Network File System，NFS）协议进出受保护的网络，这样，外部的攻击者就不可能利用这些脆弱的协议来攻击内部网络。防火墙同时可以保护网络免受基于路由的攻击，如 IP 选项中的源路由攻击和 ICMP 重定向中的重定向路径。

（2）强化网络安全策略。

采用以防火墙为中心的安全方案，能将所有安全环节（如口令、加密、身份认证、审计等）配置在防火墙上。与将网络安全问题分散到各个主机上相比，防火墙的集中安全管理更经济。例如，在网络访问时，一次一密（one-time pad）口令系统和其他的身份认证系统完全可以不必分散在各个主机上，而集中于防火墙一身。

（3）监控审计。

如果所有的访问都经过防火墙，那么，防火墙就能记录下这些访问并做出日志记录，同时也能提供网络使用情况的统计数据。当发生可疑动作时，防火墙能适时报警，并提供网络所受监测和攻击的详细信息。另外，收集网络的使用统计和误用情况也是非常重要的，这样可以进行网络需求分析和威胁分析；清楚防火墙是否能够抵挡探测和攻击；清楚防火墙的控制是否充足。

（4）防止内部信息外泄。

通过防火墙对内部网络进行划分，可实现内部网络重点网段的隔离，从而限制局部重点或敏感网络安全问题对全局网络造成的影响。隐私是内部网络非常关心的问题，内部网络中一个不引人注意的细节就可能包含与安全有关的线索而引起外部攻击者的兴趣，甚至暴露安全漏洞。防火墙可以保护重要信息，如 Finger 和 DNS 等相关信息。Finger 显示了主机的所有用户的注册名、最后登录时间和使用的 shell 类型等。攻击者若获取了 Finger 信息便可以知道该系统使用的频繁程度、该系统是否有用户正在连线上网、该系统是否会在被攻击时引起注意等。防火墙对 DNS 信息的保护可以使主机的域名和 IP 地址不会被外界获取。此外，防火墙还支持具有 Internet 服务性的企业内部网络技术体系 VPN。

（5）日志记录与事件通知。

进出网络的数据都必须经过防火墙，防火墙通过日志对其进行记录，向用户提供网络使用的详细统计信息。当发生可疑事件时，防火墙能根据预定机制进行报警和通知。

知识点 14：网络业务提供商

网络业务提供商（Internet Service Provider，ISP）能提供拨号上网或宽带接入服务，是网络终端用户进入 Internet 的入口和桥梁。用户可通过电话线、ADSL 或者宽带网线将计算机或其他终端设备连入 Internet。

由于接驳国际互联网需要租用国际信道，一般用户是无法承担其成本的。ISP 作为提供接驳服务的中介，需投入大量资金建立中转站，租用国际信道和大量的当地电话线，购置一系列计算机设备，通过集中使用、分散压力的方式向本地用户提供接驳服务。较大的 ISP 拥有自己的高速租用线路，很少依赖电信供应商，能够为客户提供更好的服务。具有代表性的因特网服务提供商有美国 AT&T 公司的 WorldNet、IBM 全球网等。

按照主营业务划分，中国的 ISP 主要有以下几类：

（1）搜索引擎 ISP：提供搜索平台，供用户搜索信息，如百度。

（2）即时通信 ISP：主要提供基于互联网和移动互联网的即时通信业务。由于即时通信的 ISP 自己掌握用户资源，因此在即时通信的业务价值链中，他们能起主导作用，这在同运营商合作的商业模式中非常少见。

（3）移动互联网业务 ISP：移动互联网业务 ISP 主要提供移动互联网服务，包括无线应用协议（Wireless Application Protocol，WAP）上网服务（实现移动电话与互联网结合的应用协议标准）、移动即时通信服务、信息下载服务等。

（4）门户 ISP：此类 ISP 以向公众提供各种信息为主业，具有稳定的用户群，如新浪、搜狐、网易。门户 ISP 的收入来源比较广，包括在线广告、移动业务、网络游戏等。

（5）在邮件营销领域，ISP 主要指电子邮箱服务商：RFC6650 给电子邮箱服务商的定义是为终端用户提供邮件发送、接收、存储服务的公司或组织。这个定义涵盖了电子邮件托管服务，以及自主管理邮件服务器的公司、大学、机构和个人。常见的电子邮件服务商，国内有网易、腾讯、新浪、搜狐等，国外有 Gmail、Yahoo 等。这些 ISP 通常通过执行邮件传输协议（SMTP）、交互式邮件存取协议（IMAP）、邮局协议（POP）及其他专有协议进行信息的传输和获取。

知识点 15：无线电通信

无线电通信的最大魅力在于，人们可以借助无线电波传递信息，省去敷设线路的麻烦，实现更加自由、更加快捷、无障碍的信息交流。无线电波可以实现反射、折射、绕射和散射传播。由于电波特性不同，有些能够在地球表面传播，有些能够在空间直线传播，有些能够在大气层上空反射传播，有些甚至能穿透大气层，飞向遥远的宇宙空间。无线电信号的频率 f 与波长 λ 的基本关系式为：$c=\lambda f=30$ 万千米。无线电通信大致可分为长波通信、中波通信、短波通信、超短波通信和微波通信。

（1）长波通信：长波通信频率 f 为 3kHz ～ 30kHz，波长 λ 为 10km ～ 100km。长波主要沿地球表面进行传播，又称地波，也可在地面与电离层之间形成的波导中传播，传播距离可达几千千米甚至上万千米。长波能穿透海水和土壤，因此多用于海上、水下、地下的通信与导航业务。

（2）中波通信：中波通信频率 f 为 30kHz ～ 3MHz，波长 λ 为 100m ～ 10km。中波在白天主要依靠地面传播，夜间可由电离层反射传播。中波通信主要用于广播和导航业务。

（3）短波通信：短波通信频率 f 为 3MHz ～ 30MHz，波长 λ 为 10m ～ 100m。短波主要靠电离层反射的天波传播，可经电离层一次或几次反射，传播距离可达几千千米甚至上万千米。短波通信适用于应急、抗灾和远距离越洋通信。

（4）超短波通信：超短波通信频率 f 为 30MHz ～ 300MHz，波长 λ 为 1m ～ 10m。超短波对电离层的穿透力强，主要以直线视距方式传播，比短波天波传播方式稳定性高，受季节和昼夜变化的影响小。由于频带较宽，超短波通信被广泛应用于传送电视、调频广播、雷达、导航、移动通信等业务。

（5）微波通信：微波通信频率 f 为 300MHz ～ 300GHz，波长 λ 为 1mm ～ 1m。微波主要是以直线视距传播，但受地形、地物以及雨雪雾影响大。其传播性能稳定，传输带宽更宽，地面传播距离一般在几十千米；能穿透电离层，对空传播可达数万千米。微波通信主要用于干线或支线无线通信、移动通信和卫星通信。

依据国际电信联盟《无线电规则》，《中华人民共和国频率划分规定》共定义了 43 项无线电业务。这些业务分别是：无线电通信业务、固定业务、卫星固定业务、航空固定业务、卫星间业务、空间操作业务、移动业务、卫星移动业务、陆地移动业务、卫星陆地移动业务、水上移动业务、卫星水上移动业务、港口操作业务、船舶移动业务、航空移动业务、航空移动业务（航线内）、航空移动业务（航线外）、卫星航空移动业务、卫星航空移动业务（航线内）、卫星航空移动业务（航线外）、广播业务、卫星广播业务、无线电测定业务、卫星无线电测定业务、无线电导航业务、卫星无线电导航业务、水上无线电导航业务、卫星水上无线电导航业务、航空无线电导航业务、卫星航空无线电导航业务、无线电定位业务、卫星无线电定位业务、气象辅助业务、卫星地球探测业务、卫星气象业务、标准频率和时间信号业务、卫星标准频率和时间信号业务、空间研究业务、业余业务、卫星业余业务、射电天文业务、安全业务、特殊业务。

车载电台是指为开展无线电通信业务或射电天文业务设置的简便的、可移动的无线电台，必须配置一个或多个发信机或收信机，或它们的组合（包括附属设备），一般应用于城市出租车、大型客货运输单位等。

知识点 16：移动基站

基站（Base Station）即公用移动通信基站，是无线电台站的一种形式，也是移动设备接入互联网的接口设备，是指在一定的无线电覆盖区中，通过移动通信交换中心与移动电话终端进行信息传递的无线电收发信电台，4G、5G 基站如图 5-1-11 所示。随着移动通信网络业务向数据化、分组化方向发展，移动通信基站的发展趋势也必然是宽带化、大覆盖面建设及 IP 化。

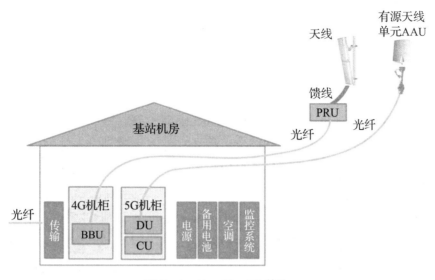

图 5-1-11 4G、5G 基站

通信基站是移动通信网络中最关键的基础设施。移动通信基站由基站房、塔杆、天线等部件组成。基站房主要配备信号收发器、监控装置、灭火装置、供电设备和空调设备。塔杆包括防雷接地系统、塔体、基础、支架、电缆和辅助设施等，可分为角钢塔、单管塔、顶杆、电缆塔等形式。天线分为天线框架、馈电系统和天线反射器三层结构，有室内和室外两种不同的应用场景。根据不同的传输方向可分为定向和全向两种。

基站子系统（Base Station Subsystem，BSS）主要包括两类设备：基站收发台（BTS）和基站控制器（BSC）。

常见的房顶或塔杆上高高的天线就是基站收发台的一部分。一个完整的基站收发台包括无线发射/接收设备、天线和信号处理部分。基站收发台可看作一个无线调制解调器，负责移动信号的接收、发送处理。通常，一个区域内的多个子基站和收发台组成一个蜂窝状网络，通过控制收发台与收发台之间的信号的相互传送和接收来实现移动通信信号的传送，这个范围内的地区也就是我们常说的网络覆盖面。如果没有收发台，就不可能实现手机信号的发送和接收。基站收发台不能覆盖的地区也就是手机信号的盲区。所以说，基站收发台发射和接收信号的范围直接关系到网络信号的质量。

基站控制器包括无线收发信机、天线和信号处理电路等，是基站子系统的控制部分。主要包括 4 个部件：小区控制器（CSC）、话音信道控制器（VCC）、信令信道控制器（SCC）和用于扩充的多路端接口（EMPI）。一个基站控制器通常控制几个基站收发台，基站控制器通过收发台和移动台的远端命令负责所有的移动通信接口管理，主要包括无线信道的分配、释放和管理。例如，用户使用移动电话时，基站控制器负责打开一个信号通道，通话结束时把这个信号通道关闭，留给其他人使用。除此之外，基站控制器还对本控制区内移动台的越区切换进行控制。例如，用户使用手机时若跨入另一个基站的信号收发范围，基站控制器负责在本基站和另一个基站之间切换，始终保持与移动交换中心的连接。

知识点 17：蜂窝移动通信

蜂窝网络（Cellular Network）又称移动网络（Mobile Network），是一种移动通信硬件架构，分为模拟蜂窝网络和数字蜂窝网络。由于构成网络的各通信基站的信号覆盖区域呈六边形，使整个网络像一个蜂窝，故此得名，如图 5-1-12 所示。

蜂窝移动通信（Cellular Mobile Communication）采用蜂窝无线组网方式，在终端和网络设备之间通过无线通道连接，进而实现用户可在活动中相互通信。其主要特征是终端具有移动性，并具有越区切换和跨本地网自动漫游的功能。

蜂窝移动通信业务是指经过由基站子系统和移动交换子系统等设备组成的蜂窝移动通信网提供的话音、数据、视频图像等业务。各代蜂窝移动通信技术对比见表 5-1-2。

图 5-1-12　蜂窝移动通信网络

表 5-1-2　各代蜂窝移动通信技术对比

Logo 商标	含义	传输信号类型	服务种类	通信方式	工作频段（MHz）	工作带宽	网速	应用
—	第 1 代	模拟信号	语音	频分多址 FDMA	150/450	—	—	手提电话，只能打电话
—	第 2 代	数字信号	语音 + 低速数据	时分多址 GSM+GPRS	900/1800	15/25	10kbps ～ 100kbps	手机，能发短信
				窄带码分多址 CDMA	800	11		
G³	第 3 代	数字信号	语音 + 数据 + 图像	联通：WCDMA	1940～1965、2130～2155	25	120kbps ～ 600kbps	蜂窝通信与互联网融合，智能手机，通过移动流量上网
				电信：CDMA2000	825～835、870～880	10		
				移动：TD-SCDMA	2010～2025	15		
4G	第 4 代	数字信号	语音 + 数据 + 高清图像	LTE	1800～2600	20～50	1.5Mbps ～ 100Mbps	手机，可借助 WiFi 上网，基站定位
5G	第 5 代	数字信号	eMBB+uRLLC+mMTC	正交频分多址 OFDMA+ 多入多出 MIMO	2515～3600、4800～4900	数百兆	1Gbps	人工智能，物联网等

目前，蜂窝移动通信业务已经发展到第 5 代。

（1）1G。

1978 年，美国贝尔实验室开发了先进的移动电话业务（Advanced Mobile Phone System，AMPS）系统，这是第一种真正意义上的、具有随时随地通信能力的、大容量的蜂窝移动通信系统。AMPS 采用频率复用技术，可以保证移动终端在整个服务覆盖区域内自动接入公用电话网，具有更大的容量和更好的语音质量，很好地解决了公用移动通信系统所面临的大容量要求与频谱资源限制的矛盾。20 世纪 80 年代中期，欧洲和日本也纷纷建立了自己的蜂窝移动通信网络，如英国的 ETACS 系统、北欧的 NMT‑450 系统、日本的 NTT/JTACS/NTACS 系统等。这些系统都是模拟制式的频分双工（Frequency Division Duplex，FDD）系统，亦被称为第一代蜂窝移动通信系统或 1G 系统。

（2）2G。

900/1800MHz GSM 第二代数字蜂窝移动通信（简称 GSM 移动通信）业务是指利用工作在 900/1800MHz 频段的 GSM 移动通信网络提供的话音和数据业务。GSM 移动通信系统的无线接口采用 TDMA 技术，核心网移动性管理协议采用 MAP 协议。包括以下主要业务类型：

1）端到端的双向话音业务。

2）移动消息业务：利用 GSM 网络和消息平台提供的移动台发起、移动台接收的消息业务。

3）移动承载业务及其上的移动数据业务。

4）移动补充业务，如主叫号码显示、呼叫前转业务等。

5）由 GSM 网络与智能网共同提供的移动智能网业务，如预付费业务等。

6）国内漫游和国际漫游业务。

800MHz CDMA 第二代数字蜂窝移动通信（简称 CDMA 移动通信）业务是指利用工作在 800MHz 频段上的 CDMA 移动通信网络提供的话音和数据业务。CDMA 移动通信的无线接口采用窄带码分多址 CDMA 技术，核心网移动性管理协议采用 IS‑41 协议。

800MHz CDMA 第二代数字蜂窝移动通信业务包括以下主要业务类型：

1）端到端的双向话音业务。

2）移动消息业务：利用 CDMA 网络和消息平台提供的移动台发起、移动台接收的消息业务。

3）移动承载业务及其上的移动数据业务。

4）移动补充业务，如主叫号码显示、呼叫前转业务等。

5）由 CDMA 网络与智能网共同提供的移动智能网业务，如预付费业务等。

6）国内漫游和国际漫游业务。

（3）3G。

第三代数字蜂窝移动通信（简称 3G 移动通信）业务是指利用第三代移动通信网络提供的话音、数据、视频图像等业务，包括第二代蜂窝移动通信可提供的所有的业务类型和移动多媒体业务，将蜂窝移动通信和国际互联网等通信技术全面结合，以此形成一种全新的移动通信系统。

（4）4G。

第四代数字蜂窝移动通信是在 3G 技术上的一次更好的改良，相对于 3G 通信技术来说，更大的优势是将 WLAN 技术和 3G 通信技术进行了很好的融合，即智能手机可以借助 WiFi 打电话和上网浏览。在智能通信设备中，4G 通信技术让用户的上网速度更快，可以高达 100Mbps。

（5）5G。

第五代移动通信技术是具有高速率、低时延和大连接特点的新一代宽带移动通信技术，是实现人、机、物互联的网络基础设施。国际电信联盟定义了 5G 的三大类应用场景，即增强移动宽带（Enhanced Mobile Broadband，eMBB）、超高可靠低时延通信（Ultra Reliable Low Latency Communications，uRLLC）和海量机器类通信（Massive Machine Type of Communication，mMTC）。增强移动宽带主要用于应对移动互联网流量爆炸式增长，为移动互联网用户提供更加极致的应用体验；超高可靠低时延通信主要面向工业控制、远程医疗、自动驾驶等对时延和可靠性具有极高要求的垂直行业；海量机器类通信主要面向智慧城市、智能家居、环境监测等以传感和数据采集为目标的应用需求。

知识点 18：485 通信

485 通信是一种设计比较容易，实现比较方便，成本比较低廉的技术，市面上大部分现场智能仪表常常采用 485 通信方式联网，被称为 RS-485（也可写作 RS485）串行总线标准。RS485 是一个 2 线、半双工、平衡传输线、多连接通信终端的串行通信标准，使用该接口协议的数字通信网络能在远距离条件下以及电子噪声大的环境下有效传输信号。RS485 可以应用于单机发送、多机接收、配置便宜的 485 通信网中。

RS485 仅规定了接收端和发送端的电气特性，如电压和阻抗等，没有对接口连接器进行规范定义，也没有指定任何数据通信协议。为了有效延长传输距离，减少噪声信号的干扰，该协议采用差分信号进行传输，用缆线两端的电压差值来表示信号，−6V ～ −2V 表示数字信号"0"，+2V ～ +6V 表示"1"。RS485 的数据最高传输速率为 10Mbps，最大传输距离可达 1000 米。RS485 有两线制和四线制两种接线方式，四线制接线能实现点对点的全双工通信，两线制接线则能实现一对多的半双工通信。现场控制系统中，数据通信多为单机发送、多机接收的主从式半双工通信，故 RS485 常常采用两线制工作方式。这种两线制接线方式为总线式拓扑结构，在同一总线上最多可以挂接 32 个节点。

RS485 通信可以采用双绞线将参与通信的设备的信号 A 和 B 直接连接，当然也可以采用连接器进行连接。RS485 标准没有规定连接器的标准形式，较多大公司倾向于采用 9 针 D 型连接器作为 RS485 通信的接口。9 针 D 型连接器分为插针头和插孔头，每个公司自主对其 D 型连接器管脚功能进行不同的定义。西门子 S7-200PLC 控制器 D 型连接器管脚功能见表 5-1-3。

表 5－1－3　西门子 S7－200PLC 控制器 D 型连接器管脚功能

连接器	管脚号	名称	功能
	1	屏蔽	机壳接地
	2	24V 电源负极	24V 电源负极
	3	RS485 信号 B	差分信号 P+
	4	RTS	发送申请
	5	5V 电源负极	5V 电源负极
	6	5V 电源正极	5V 电源正极
	7	24V 电源正极	24V 电源正极
	8	RS485 信号 A	差分信号 N-
	9	不用	10 位协议选择位
连接器外壳	屏蔽		机壳接地

由表 5－1－3 得知，连接 RS-485 通信链路时，一般情况下需要使用一对双绞线将各通信终端接口的"A"端连接在一起，"B"端也连接在一起。在大多数场合下这样连接都能正常工作，但是为了有效避免外部电磁干扰导致的通信失败，最好采用"屏蔽"双绞线，通过屏蔽层将参与通信的所有设备的信号地有效连接起来。

采用一条双绞线电缆串接各节点时，从总线到每个节点的引出线长度应尽量短，以便使引出线中的反射信号对总线信号的影响最低，但随着通信距离的延长或通信速率的提高，其不良影响会越来越严重。主要原因是信号在各支路末端反射后与原信号叠加，造成信号质量下降。解决方法有以下 3 种：

（1）简单有效的解决方法是在总线始端和末端分别并接一个 $100 \sim 120\Omega$ 的终端电阻，但是该终端电阻会消耗较大的传输功率。

（2）比较省电的匹配方法（RC 匹配），但电容 C 的取值是个难点，需要在功耗和匹配质量间进行折中。

（3）采用二极管的匹配方法，这种方法虽未实现真正的"匹配"，但它利用二极管的钳位作用能迅速削弱反射信号，达到改善信号质量的目的，且节能效果显著。

知识点 19：蓝牙通信

蓝牙（Bluetooth）技术是由爱立信公司研发的一种无线通信技术，是一种对外公开的无线数据和语音通信的全球规范，是基于低成本的近距离无线连接，为固定和移动设备建立通信环境的一种特殊的近距离无线技术连接。蓝牙图标如图 5－1－13 所示。

蓝牙技术使用高速跳频（Frequency Hopping，FH）和时分多址（Time Division Multiple Access，TDMA）等先进技术，可在近距离范围以最廉价的方法将几台数字化设备呈网状链接起来，并且可以无线接入互联网。蓝

图 5－1－13　蓝牙图标

牙系统采用一种灵活的无基站的组网方式，蓝牙设备连接必须在一定范围内进行配对，蓝牙设备配对联网使用加密技术，同时采用口令验证连接设备。这种配对搜索模式被称为短程临时网络模式，又称微微网，可以容纳不超过 8 台设备构成蓝牙微微网（Piconet）。基于蓝牙技术的无线接入简称 BLUEPAC（Bluetooth Public Access），蓝牙系统的网络拓扑结构有两种形式：微微网（piconet）和分布式网络（Scatternet）。

蓝牙微微网由主设备（Master）单元（发起链接的设备）和从设备（Slave）单元构成，主设备只有 1 台，从设备最多可以有 7 台。主设备单元负责提供时钟同步信号和跳频序列，从设备单元一般是受控同步的设备单元，从设备单元连接到主设备单元，接受主设备单元的控制。

蓝牙分布式网络由两个或多个微微网组成，也包括参与多个微微网的一个或多个设备，即具有公用设备的多个微微网组成了蓝牙分布式网络。在分布式网络中，一个微微网中的从设备在时分复用的基础上参与不同的微微网，即一个微微网中的主设备也可以是其他微微网的从设备。蓝牙分布式网络就是一个典型的 Ad hoc 网络。

蓝牙通信使用 IEEE 802.15 协议，支持 10m 内设备之间的短距离无线通信，能在包括移动电话、PDA、无线耳机、笔记本电脑及相关外设等设备之间进行无线信息交换。蓝牙工作在全球通用的 2.4GHz ISM 频段，最高传输速率为 1Mbps，有效传输速率为 721kbps。1 个蓝牙设备可以同时加入 8 个不同的微微网，每个微微网分别有 1Mbps 的传输带宽。

知识点 20：ZigBee 通信

ZigBee 也称紫蜂，是一种低速短距离传输的无线网络协议，底层是采用 IEEE 802.15.4 标准规范的 MAC 媒体访问层与物理层。ZigBee 是一种新兴的短距离、低速率、高容量、低复杂度、可靠、安全的无线网络技术，适应无线传感器的低花费、低能量、高容错性等要求。基于 ZigBee 协议标准，数千个微小的传感器之间相互协调实现通信。这些无线传感器节点只需要很少的能量，即可以接力的方式，通过无线电波将数据从一个传感器传到另一个传感器，通信效率非常高。ZigBee 图标如图 5-1-14 所示。

图 5-1-14 ZigBee 图标

ZigBee 协议的结构分为 4 层：物理层、MAC 层、网络 / 安全层和应用 / 支持层。其中，应用 / 支持层与网络 / 安全层由 ZigBee 联盟定义，MAC 层和物理层由 IEEE 802.15.4 协议定义。

ZigBee/IEEE 802.15.4 定义了两种类型、三种功能的设备，即全功能设备（Full Function Device，FFD）和精简功能设备（Reduced Function Device，RFD）。FFD 可以是协调器、路由器或传感器节点，FFD 之间可以直接通信。而 RFD 只能是传感器节点，它只能与 FFD 进行通信，经过 FFD 的中转才可以将数据传送出去，或者将其他节点的信息接收进来。ZigBee 网络中的设备多为这几类，理论上，网络中的节点数最多可达 65536 个，能组成 3 种类型的网络：星形、网状型和簇状型，如图 5-1-15 所示。

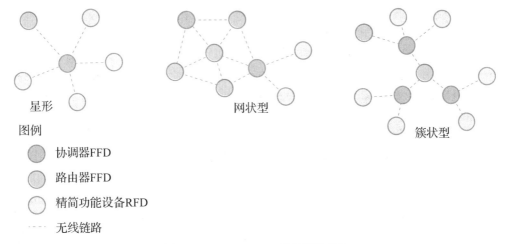

星形　　　　　　　网状型　　　　　　　　　簇状型

图例

● 协调器FFD

● 路由器FFD

○ 精简功能设备RFD

---- 无线链路

图 5 - 1 - 15　ZigBee 网络拓扑结构

ZigBee 规范定义了协调器、路由器和终端设备这 3 种功能设备，每种设备都有自己的功能要求。

（1）ZigBee 协调器是全功能设备（FFD），相当于网关，负责一个 ZigBee 子网的建立、管理，也负责本子网中节点信息的转发。协调器包含本子网组成的所有信息，是 3 种设备类型中最复杂的一种，存储容量最大、计算能力最强，是一个 ZigBee 子网的中心。在常规应用模式中，每个 ZigBee 网络只能拥有一个 ZigBee 协调器，协调器负责选择频道和网络 ID。向下，协调器可以和多个终端通信，且这些终端都在同一个子网络区域；向上，协调器和路由器进行通信，路由器负责将多个子网络区域的网络设备连接起来，有时候也负责与外网通信。协调器是一个子网络整体的开始，所以它拥有网络的最高权限，作为子网络整体的维护者，可以维持间接地址用的表格绑定，也可以设计安全中心、执行其他动作等。

（2）ZigBee 路由器也是全功能设备（FFD），主要负责不同 ZigBee 网络之间数据报文的路由转发以及路由维护工作。ZigBee 路由器之间或者路由器与协调器之间可以直接互通网络数据。对于如图 5 - 1 - 15 所示的星形网络拓扑，该网络的中心节点不能是 ZigBee 路由器，只能是协调器。

海尔智慧家居产品中的网关集 ZigBee 规范中的协调器和路由器两种设备的功能于一身，既负责 ZigBee 网络的建立和管理，也负责信息在本网络中不同 RFD 节点之间的中继转发，或者在不同 ZigBee 子网间的路由转发。

（3）ZigBee 终端设备是精简功能设备（RFD），精简功能设备只能是传感器节点；它只能与全功能设备（FFD）交互通信，通过全功能设备将数据传送出去，或者将其他 RFD 节点的信息接收进来，并执行赋予它的相关功能；它不能与其他 RFD 直接互通信息，也不负责报文的转发；借助 ZigBee 路由器，终端设备可以到达其他 ZigBee 子网中需要与其通信的节点设备；RFD 节点设备的存储器容量要求最少。

ZigBee 技术具有以下特点：

（1）低功耗。在低耗电待机模式下，2 节 5 号干电池可支持 1 个节点工作 6 ~ 24 个月，甚至更长。相比较，蓝牙能工作数周、WiFi 能工作数小时。

（2）低成本。通过大幅简化协议（不到蓝牙的 1/10），降低了对通信控制器的要求，以 8051 的 8 位微控制器测算，全功能的主节点需要 32KB 代码，精简功能节点少至 4KB 代码，而且 ZigBee 免协议专利费，每块芯片的价格大约为 2 美元。

（3）低速率。ZigBee 的工作速率为 20 ～ 250kbps，分别提供 250kbps（2.4GHz）、40kbps（915MHz）和 20kbps（868MHz）的原始数据吞吐率，满足低速率传输数据的应用需求。

（4）近距离。传输范围一般为 10 ～ 100m，增加发射功率后，可增加到 1 ～ 3km，这指的是相邻节点间的距离。如果通过路由器和网络节点实现通信接力，传输距离可以更远。

（5）短时延。ZigBee 的响应速度较快，一般从睡眠转入工作状态只需 15ms，节点接入网络只需 30ms，进一步节约了电能。相比较，蓝牙需要 3 ～ 10s、WiFi 则需要 3s。

（6）高容量。ZigBee 可采用星形、网状型和簇状型网络结构，由一个主节点（ZigBee 路由器）管理若干子节点（ZigBee 节点设备），一个主节点最多可管理 254 个子节点；主节点还可由上一层 ZigBee 路由器进行管理，最多可组成具有 65000 个节点的大网。

（7）高安全。ZigBee 提供了三级安全模式，包括安全设定；使用访问控制清单（Access Control List，ACL）防止非法获取数据；采用 AES128 高级加密标准的对称密码，以灵活确定其安全属性。

（8）免执照频段。ZigBee 使用工业科学医疗 ISM 频段，全球均支持 2.4GHz 频段，此外，美国还支持 915MHz 频段，欧洲还支持 868MHz 频段。

在满足条件的情况下，ZigBee 协调器会自动组网，其自组网有以下两个鲜明的特点：

（1）一个星形结构的 ZigBee 子网络最多可以容纳 254 个 RFD 和一个协调器设备，一个区域内可以同时存在最多 100 个 ZigBee 子网络。一个 ZigBee 网络的理论最大节点数是 2^{16}，也就是 65536 个节点，远远超过蓝牙的 8 个和 WiFi 的 32 个节点数。

（2）网络中的任意节点之间都可进行直接或间接数据通信。有节点加入和退出网络时，网络具有自动修复功能。

知识点 21：无线 mesh 网络

无线 mesh 网络（Wireless Mesh Network，WMN）又称为无线网状网络或多跳（multi-hop）网络，是一种与传统无线网络完全不同的新型无线网络技术。无线 mesh 网络由网格路由器（mesh routers）和网格客户端（mesh clients）组成，网格路由器构成骨干网络，并和有线互联网连接，负责为网格客户端提供多跳的无线网络连接。无线 mesh 网络的体系结构如图 5-1-16 所示。

WMN 中包含两种类型的节点：无线 mesh 路由器和无线 mesh 用户端。WMN 的系统网络结构根据节点功能的不同分为 3 类：骨干网 mesh 结构、客户端 mesh 结构和混合结构。

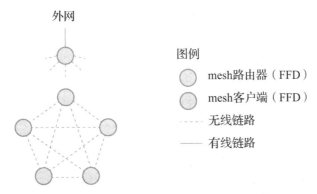

图 5 - 1 - 16　无线 mesh 网络的体系结构

（1）骨干网 mesh 结构是由 mesh 路由器网状互联形成的，无线 mesh 骨干网再通过其中的 mesh 路由器与外部网络相连。mesh 路由器除了具有传统的无线路由器的网关、中继功能外，还具有支持 mesh 网络互联的路由功能，可以通过无线多跳通信，以低得多的发射功率获得同样的无线覆盖范围。

（2）客户端 mesh 结构是由 mesh 客户端——互联构成的小型对等通信网络，任意客户端之间都能直接互联通信。mesh 客户端可以是笔记本电脑、手机、PDA 等装有无线网卡、天线的无线客户端以及 ZigBee 协议设备。

（3）混合结构：mesh 客户端可以通过 mesh 路由器接入骨干 mesh 网络形成 mesh 网络的混合结构，这种结构具有与其他网络结构连接的功能，增强了连接性，扩大了覆盖范围。

在传统的无线局域网 WLAN 中，每个客户端通过一条与 AP 相连的无线链路来访问网络，形成一个局部的基本服务集（Basic Service Set，BSS）。客户端之间要进行通信的话，必须借助一个固定的接入点 AP 代为转接传递，这种网络结构称为单跳网络。

在无线 mesh 网络中，任何无线设备节点都可以同时作为 AP 和路由器，网络中的每个节点都可以发送和接收信号，与一个或者多个对等节点进行直接通信。这种结构的最大好处在于：如果最近的 AP 由于流量过大而导致拥塞的话，数据可以自动重新路由到一个通信流量较小的邻近节点进行传输，直到到达目的地为止。这样的访问方式就是多跳访问。

因特网中路由器之间的互联就是一个 mesh 网络的典型实例。当我们发送电子邮件时，电子邮件并不是直接到达收件人的信箱，而是先从一个信箱服务器，经过多次路由转发到达另外一个信箱服务器，最后才到达用户的信箱。在转发的过程中，路由器一般会选择效率最高的传输路径，以便确保电子邮件能够尽快到达用户的信箱。

与传统的交换式网络相比，无线 mesh 网络免去了节点之间的布线需求，但仍具有分布式网络所提供的冗余机制和重新路由功能。

在无线 mesh 网络里，如果要添加新设备，只需要简单地接上电源就可以了，设备可以自动进行配置，并确定最佳的多跳传输路径。添加或移动设备时，网络能够自动发现拓扑变化，并调整通信路由，以获取最有效的传输路径。

知识点 22：无线 mesh 网络与无线 Ad hoc 网络的联系与区别

无线 mesh 网络和无线 Ad hoc 网络都采用分布式、自组织的模式形成网络，网络每个节点都具备路由功能，随时为其他节点的数据传输提供路由和中继服务。两者之间的区别如下：

（1）Ad hoc 网络主要应用于移动环境，确保网络内任意两个节点的可靠通信，网络内的数据流包括语音、数据和多媒体信息。无线 mesh 网络是一种无线宽带接入网络，利用分布式思想构建网络，让用户在任何时间、任何地点都可以对互联网进行高速无线访问，它是由 Ad hoc 网络发展而来的。

（2）无线 mesh 网络由网格路由器和网格客户端组成，网格路由器构成骨干网络，并和有线互联网连接，负责为网格客户端提供多跳的无线网络连接，它是一种有固定通信基础设施的网络。Ad hoc 网是一种多跳的、无中心的、自组织无线网络，又称为多跳网、无基础设施网或自组织网。整个网络没有固定的基础设施，每个节点都是移动的，并且都能以任意方式动态地保持与其他节点的联系。在这种网络中，由于终端无线覆盖取值范围的有限性，两个无法直接进行通信的用户终端可以借助其他节点进行分组转发。每一个节点同时又是一个路由器，它们能实现发现以及维持到其他节点路由的功能。

知识点 23：三网融合

2010 年，国务院发布《推进三网融合总体方案》，对"三网融合"做出战略部署。2015 年，国务院印发《三网融合推广方案》，提出要加快在全国全面推进三网融合，推动信息网络基础设施互联互通和资源共享。

简单讲，"三网融合"就是实现有线电视网、电信网以及计算机通信网三者之间的互联互通，目的是构建一个健全、高效的通信网络。通俗地说，三网融合即可以通过手机上网和看电视，可以通过电视打电话和上网，可以通过计算机打电话和看电视等。三者之间交叉融合，形成你中有我、我中有你的格局。

国家"十二五"规划明确提出了重点发展智能电网，即在现有三网融合的基础上加入电网，进行信息互联。国家电网已经和包括中国移动、中国电信等运营商合作，推出多项服务，包括无线电力抄表、路灯控制、设备监控、负荷管理、智能巡检、移动信息化管理等。

以路灯控制为例，随着城市规模不断扩大，路灯管理和维护成为重要问题，电信运营商无线路灯监控方案具有以下功能：终端自动报警，并且将报警信息实时推送到负责人手机；控制中心系统遥测；路灯防盗报警；根据天气、季节以及突发情况实现远程调控；电压、电流等参数采集等。以上技术手段帮助市政部门有效提高了道路照明质量，保证了城市整体亮灯率和设备完好率，避免了电能、人力、物力的无谓浪费。

工作和生活中广泛使用的电力猫就是利用电网配电线路传输互联网信息的，是四网融合技术的一种典型应用。

在四网融合的基础上再与物联网实现互联互通，就成为五网融合。本书后面介绍的智慧家居物联网系统就是各种协议的网络与以太网、互联网进行数据交互的典型案例。

知识点24：物联网

物联网（Internet of Things，IoT）即"万物相连的互联网"。物联网通过信息传感器、射频识别技术、网络连接技术、全球定位系统、红外感应器、激光扫描器等装置与技术，对任何需要监控、连接、互动的物体或过程实时采集其声、光、热、电、力学、化学、生物、位置等信息，通过各类可能的网络接入，实现物与物、物与人的泛在连接，进而实现智能化识别、定位、跟踪、监管等功能。物联网是一个基于互联网、传统电信网等的信息承载体，它使所有能够被独立寻址的普通物理对象形成互联互通的网络。物联网感知层获取大量数据信息后，经过网络层传输至一个标准平台，再通过高性能的云计算对其进行处理，赋予这些数据智能，最终才能转换成对终端用户有用的信息。典型物联网系统体系结构如图5-1-17所示。物联网的通用体系结构如图5-1-18所示。

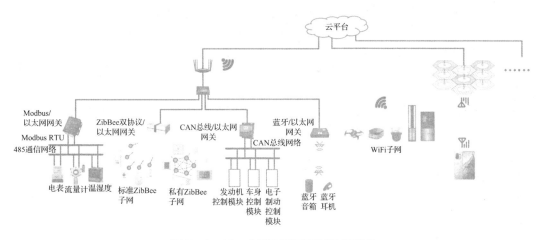

图5-1-17 典型物联网系统体系结构

图5-1-18 物联网的通用体系结构

物联网的应用领域涉及方方面面，在工业互联网、智慧农业、环境保护、智能交通、智慧物流、智能安保、智慧家居、汽车无人驾驶等领域的应用，有效地推动了相关领域的智能化发展，使得有限的资源得到了更加合理的分配，从而提高了效率和效益。在家居、医疗健康、教育、金融与服务业、旅游业等与生活息息相关的领域的应用，使其在服务范围、服务方式、服务质量等方面都有了极大的改进，大大提高了人们的生活质量。在国防军事领域方面，物联网技术的嵌入有效提升了军事智能化、信息化、精准化水平，极大提升了军事战斗力，是未来军事变革的关键。

本教材侧重物联网云平台系统的传感层及网络层的集成与设计。

知识点 25：大数据

大数据（big data）指的是在获取、存储、管理、分析方面大大超出了传统数据库软件工具能力范围的数据集合；是需要新的处理模式才能处理的海量、高增长率和多样化的信息资产。IBM 提出了大数据的 5V 特点：Volume（大量）、Velocity（高速）、Variety（多样）、Value（低价值密度）、Veracity（真实性）。即大数据的数据规模很大；数据的增长速度快；数据的类型不是唯一的，而是多种多样的；单条数据的价值低，但总体数据的价值高；数据来源于现实世界，数据是真实有效的，能反映真实情况。

从技术角度看大数据与云计算的关系，大数据无法用单台计算机来处理，只能采用分布式架构对海量数据进行分布式数据挖掘，必须依托云计算的分布式处理、分布式数据库和云存储、虚拟化等技术。

知识点 26：云平台

云计算平台也称为云平台，基于硬件资源和软件资源提供计算、网络和存储等服务。云计算平台可以划分为 3 类：以数据存储为主的存储型云平台，以数据处理为主的计算型云平台以及计算和数据存储处理兼顾的综合云计算平台。

云计算（Cloud Computing）是一种新兴的商业计算模型，它是由分布式计算（Distributed Computing）、并行处理（Parallel Computing）、网格计算（Grid Computing）逐步发展而来的。云计算在业内还没有权威的定义，人们对云计算的认识也在不断地变化。中国云计算专家曾给出下面的定义："云计算是把用户提交的任务分配到数据中心服务器集群所构成的资源池上，系统可以根据用户的需要来提供相应的计算能力、存储空间或者各类软件服务。"

云平台通常具备以下特征：

（1）硬件管理对使用者 / 购买者高度抽象：用户不会知道数据是由位于哪里的哪几台机器处理的，也不知道是怎样处理的。当用户需要某种应用时，向"云"发出指示即可，结果会很快呈现在计算机屏幕上。云计算分布式的资源向用户隐藏了实现细节，最终以整体的形式呈现给用户。

（2）使用者 / 购买者对基础设施的投入被转换为运营成本：企业和机构不再需要规划属于自己的数据中心，也不需要将精力耗费在与自己主营业务无关的 IT 管理上。他们只需要向"云"发出指示，就可以得到不同程度、不同类型的信息服务。节省下来的时间、精力、资金都可以投入企业的运营。对于个人用户而言，也不再需要投入大量费用购买软件。

（3）基础设施的计算能力的增或减具备高度的弹性：可以根据需要进行动态扩展和配置。

知识点 27：云平台的服务类型

现阶段所说的云服务是分布式计算、效用计算、负载均衡、并行计算、网络存储、热备份冗杂和虚拟化等计算机技术混合演进并跃升的结果。

从云平台商业供应者的角度看，是利用自己拥有的数据中心，通过互联网远程为客户提供服务。从客户的角度看，可以在不投入新硬件和软件的情况下获得新的功能，只需按照自己所用的资源向云供应商付费。这就是所谓的"公有云"模式。

云平台商业服务分为以下几类：

（1）软件即服务（Software as a Service，SaaS）。

这种类型的公有云在互联网上通过浏览器对应用程序进行交付。受欢迎的商务级 SaaS 应用程序有谷歌的 G Suite 和微软的 Office365 等；企业级应用中，Salesforce、Oracle 和 ERP 套件采用的都是 SaaS 模型。通常，SaaS 应用可提供丰富的配置选项以及开发环境，客户可以按照意愿对代码进行修改和添加。

（2）基础设施即服务（Infrastructure as a Service，IaaS）。

在基础设施服务提供层面，IaaS 公有云供应商主要提供存储和计算服务，包括高可伸缩数据库、虚拟专用网络、大数据分析、开发工具、机器学习、应用程序监控等。亚马逊云服务（Amazon Web Services，AWS）是第一个 IaaS 供应商，紧随其后的有微软 Azure、谷歌云平台和 IBM Cloud。

（3）平台即服务（Platform as a Service，PaaS）。

PaaS 的服务对象为开发人员，他们可以使用 PaaS 供应商提供的共享工具、流程和 API 来加速开发、测试和部署应用程序。PaaS 供应商则需保障底层基础设施的可靠运行。Salesforce 的 Heroku 和 Force.com 是非常受欢迎的公有云 PaaS 产品；Pivotal 的 Cloud Foundry 和红帽的 OpenShift 可以在本地部署，也可以通过公有云访问。

（4）功能即服务（Functions as a Service，FaaS）。

所有主要云平台都会在 IaaS 之上提供一层比较抽象的 FaaS 功能，它以功能代码块的形式存在，被某个事件触发时才能运行；事件发生之前，这些功能代码块不会使用 IaaS。应用 FaaS 的好处是可以通过降低资源使用率来减少公司支出的资源使用费。

（5）私有云（Private Clouds）。

某些拥有基础设施的公司客户，可以在此基础上独立构建和部署云处理应用程序，建成公司独有的私有云。私有云能对数据内容、数据安全性和服务质量提供更有效的控制。私有云可以部署在企业数据中心的防火墙内，也可以部署在一个安全的主机托管场所。私有云的核心属性是专有资源。

私有云可由公司自己的 IT 机构构建，也可由云提供商构建。在托管式专用模式中，类似 Sun、IBM 的云计算提供商可以安装、配置和运营基础设施，以支持一个公司企业数据中心内的专用云。

知识点 28：海尔智慧家居物联网云平台的总体集成步骤及功能特点

海尔智慧家居的物联网云平台控制系统支持私有 ZigBee 协议设备、标准 ZigBee

协议设备和 WiFi 协议设备等多种网络协议设备集成其中。3 种协议设备的集成步骤见表 5-1-4。

表 5-1-4　协议设备集成到海尔私有云平台的步骤

集成步骤 ＼ 协议类型	私有 ZigBee 协议设备	标准 ZigBee 协议设备	WiFi 协议设备
通过海尔智家 App 集成到海尔私有云平台	—	—	√
导入海尔智家 App	√	√	—
通过安住·家庭 App 集成到海尔私有云平台	√	√	—
集成到网关	√	√	—
上位机 SmartConfig 软件	√	—	—

海尔智慧家居的物联网云平台控制系统支持在上位机 SmartConfig 软件、手机 / 平板安住·家庭 App 与海尔智家 App 中设置联动场景，具体见表 5-1-5。

表 5-1-5　海尔智慧家居物联网云平台控制系统中联动场景的功能要点

联动场景	功能要点
智能面板中的场景	通过上位机 SmartConfig 软件进行集成设计，然后通过网关发布到智能面板
集成到安住·家庭 App 中的场景	通过安住·家庭 App 集成到海尔私有云平台的过程中会自动产生场景图标，该场景图标的功能与给智能面板配置的相同
通过安住·家庭 App 单独设置的场景	通过安住·家庭 App 单独设置的场景与现场传感层集成到海尔私有云平台过程中自动产生的场景无关，两者共存于海尔私有云平台中。 通过安住·家庭 App 单独设置的因果关系联动场景可以用于 SmartConfig 软件中设置的"场景"，作为"触发条件"或"执行结果"
集成到海尔智家 App 中的场景	现场传感层通过安住·家庭 App 集成到海尔私有云平台过程中自动生成的场景图标，以及通过安住·家庭 App 单独设置的场景，在导入海尔智家 App 时，都不会在海尔智家 App 中生成任何相关图标
通过海尔智家单独设置的场景	通过海尔智家 App 单独设置的场景与现场传感层集成到海尔私有云平台过程中自动生成的场景图标，以及通过安住·家庭 App 单独设置的场景无关，三者共存于海尔私有云平台中。 通过海尔智家 App 单独设置的场景分为"手动场景"和"自动场景"两大类。手动场景需要用户在海尔智家 App 中手动选择执行，执行的手动场景可以是已经集成到云平台的所有设备，也可以是已经在海尔智家 App 中设置好的自动场景。自动场景的执行"条件"不能是海尔智家 App 中前期设置的"场景"，但"动作"可以是已经集成到云平台的节点设备，也可以是海尔智家 App 中前期设置的"场景"。

任务二 智能照明的物联网云平台控制系统的集成设计与调试

任务目标

- 掌握 HW-WZ2JA-U 双模网关的工作原理以及将其集成到海尔私有云平台的步骤和方法。
- 掌握 37 系列智能面板的工作原理以及将其集成到海尔私有云平台的步骤和方法。
- 掌握 61 系列智能面板的工作原理以及将其集成到海尔私有云平台的步骤和方法。
- 掌握将 HSPK-X20UD 智能音箱集成到海尔私有云平台的步骤和方法。
- 掌握利用上位机 SmartConfig 软件集成设计私有 ZigBee 协议设备的步骤和方法。
- 掌握通过安住·家庭 App 在云平台上设计联动场景的步骤和方法。
- 理解本任务控制系统的信息流向。

主要设备器材清单

名称	型号	关键参数	数量
智能开关面板	37P1	1 个开关按键	1
智能开关面板	37P2	2 个开关按键	1
智能开关面板	37P4	4 个开关按键	1
智能开关面板	61P4	智能触控液晶面板，4 路继电器输出，可接开关型负载，单控，场景模式	1
智能开关面板	61Q6	智能触控液晶面板，4 路继电器输出，2 路可控硅输出负载，可接调光型负载，485 通信，单控，场景模式	1
网关	HW-WZ2JA-U	支持标准 ZigBee 协议和私有 ZigBee 协议的双模网关，支持 TCP/IP 协议	1
华为平板 Pad	AGS3-W00D	9.7 英寸，分辨率 1280 像素 ×800 像素，运行内存 3GB，内存容量 32GB，Android 系统	1
智能音箱	HSPK-X20UD	DC5V，1.5A，2.4GHz/BT4.0 及以上，扬声器 3W 全频，唤醒词"小优小优"	1
TP-LINK 路由器	TL-WTR9200	4 根 2.4GHz 高增益单频天线和 4 根双 5GHz 高增益单频天线，1 个千兆 WAN 口和 4 个千兆 LAN 口，2.4GHz 频段的无线速率为 800Mbps，2 个 5GHz 频段的无线速率为 867Mbps	1
上位机集成软件	SmartConfig V1.1.3.7	上位机集成设计，生成的配置文件下载到网关，设置的网络号和面板号发送至各智能面板	1

任务内容

（1）按照图 5-2-1 所示，对智能照明控制系统进行硬件连接。

（2）按照图 5-2-2 所示，集成设计智能照明控制系统的物联网云平台控制系统。

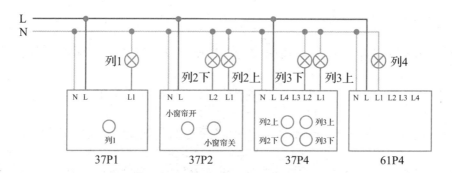

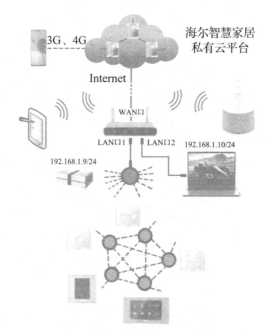

图 5-2-1　智能照明控制系统的硬件接线原理图

图 5-2-2　智能照明物联网云平台控制系统的网络拓扑结构

任务知识

知识点 1：私有 ZigBee 协议

ZigBee 是一种完全公开的无线自组网技术标准，由 ZigBee 联盟制定。该联盟有数百个成员公司，涉及半导体产业、软件开发者和原始设备生产商、安装商。ZigBee 联盟的主要工作是制定网络、安全和应用软件层；提供不同产品的协调性及互通性测试规格；在世界各地推广 ZigBee 品牌并争取市场的关注；管理技术的发展等。ZigBee 标准采用 IEEE 802.15.4 标准作为其物理层和 MAC 层协议。因此，遵循 ZigBee 标准的设备也同样遵循 IEEE 802.15.4 标准。符合联盟标准的协议也称为标准 ZigBee 协议。

与标准 ZigBee 协议不同的是，海尔智慧家居按需制定了不对外公开的私有 ZigBee 协议，使其智慧家居产品能够满足标准 ZigBee 协议无法提供的功能。内置私有 ZigBee 协议的节点设备能实现 mesh 组网，即使断开外网云平台或断开网关，各 ZigBee 终端设备间的互联通信依旧有效，报警系统仍然能够正常运行，确保智能家居系统的安全有效。

需要特别指出的是：在构建海尔智慧家居私有 ZigBee 协议的无线网络控制系统时，必须给系统中的每个面板设备分配一个网络号和面板号。同一个私有 ZigBee 子网中，每个面板设备的网络号应相同，面板号不能相同。

知识点 2：双模网关

HW-WZ2JA-U 双模网关如图 5-2-3 所示，集成有标准 ZigBee 协议、私有 ZigBee 协议和以太网协议。该双模网关整合了 ZigBee 协调器和 ZigBee 路由器两者的功能，以它为中心，可以构建私有 ZigBee 协议设备的、全连接的 mesh 网络控制系统。后续任务中介绍的多款标准 ZigBee 协议设备都是 RFD，这些设备之间不能直接互联通信，只能通过网关中转。以该网关为转接中心，也可以构建标准 ZigBee 协议设备的无线网络控制系统。将该网关的以太网接口连接到因特网，即可连接到海尔私有云平台，用户可通过云平台设置或操控标准 ZigBee 协议设备和私有 ZigBee 协议设备。

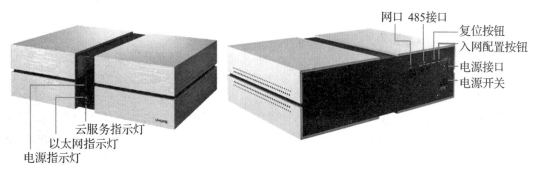

网口 485接口
复位按钮
入网配置按钮
电源接口
电源开关
云服务指示灯
以太网指示灯
电源指示灯

图 5-2-3　HW-WZ2JA-U 双模网关

HW-WZ2JA-U 双模网关需要经过以下步骤才能集成到海尔私有云平台控制系统中，更好地为现场各标准 / 私有 ZigBee 协议设备提供协调器和路由器功能：

（1）通过上位机 SmartConfig 软件集成到工程中。

（2）对其设置网络号和面板号。

（3）将上位机的配置文件发送到网关，使网关获得 ZigBee 协议子网的全部配置信息。

（4）通过手机 / 平板 App 在线集成到海尔私有云平台。

HW-WZ2JA-U 双模网关面板各部分功能见表 5-2-1。

表 5-2-1　HW-WZ2JA-U 双模网关面板各部分功能

面板位置	名称	功能
前面板	电源指示灯	显示黄色。设备上电时常亮，故障时闪烁
前面板	以太网指示灯	显示白色。网络连接正常时常亮，有数据通信时闪烁
前面板	云服务指示灯	显示白色。云服务器连接正常时常亮，有云服务器数据交换时闪烁
后背板	电源开关	系统电源开关
后背板	电源接口	DC12V 电源输入
后背板	入网配置 SET 键	长按此键，面板的以太网指示灯开始闪烁，直到它不再闪烁后 2 秒以上松手，网关即进入持续大约 2 分钟的 ZigBee 设备待入网配置的周期慢闪状态
后背板	复位按键	短按此键重启网关，长按 10s 以上则将网关恢复出厂设置
后背板	485 接口	连接 485 设备
后背板	LAN 口	接入网络接口

需要给 HW-WZ2JA-U 双模网关设置网络号和面板号，它才能与标准 / 私有 ZigBee 协议节点设备通信，进而完成与海尔私有云平台的数据交互。同一个私有 ZigBee 协议子网中，网关的网络号应与其他各面板的网络号相同，面板号不能相同。一个工程允许同时存在 1 ～ 8 个私有 ZigBee 协议子网络，网络号的取值范围为 1 ～ 199。每个子网络中允许最多添加 32 个面板，面板号的取值范围支持 0 ～ 1 000 000 000；但是为了顺利与第三方厂家系统（如企一调光系统）对接，面板号的取值范围最好设置为 0 ～ 31。

［方法 5-2-1］打开网关 ADB 调试工具。

ADB（Android Debug Bridge）是一个通过命令来管理安卓系统调试功能的工具。当需要更改网关（如升级网关、发送配置文件或通过网关集成到海尔私有云平台）时，需要手动打开网关的 ADB 功能。

打开网关 ADB 功能的具体方法：长按网关的入网配置 SET 键 10 ～ 15 秒，当网关面板上的两个指示灯重新亮起时，"重新检测"功能即可根据提示判断网关的 ADB 是否打开。

检测网关的 ADB 是否打开的方法如图 5-2-4 所示。在"发布"对话框中右击搜索到的网关，选择"检测 ADB"，观察状态栏的提示。

［方法 5-2-2］给双模网关设置网络号和面板号的步骤和方法。

第 1 步：在上位机 SmartConfig 软件的主界面打开"视图"菜单，选择"发布"选项，弹出"发布"对话框，如图 5-2-5 所示。

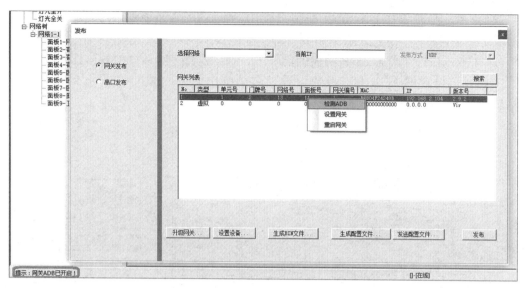

图 5-2-4　检测网关的 ADB 是否打开

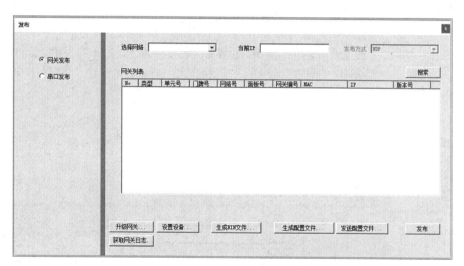

图 5-2-5　"发布"对话框

第 2 步：单击"搜索"按钮，弹出"多网卡选择"对话框，打开"网卡"下拉菜单，如果是有线连接，则选择"以太网"；如是无线 WiFi 连接，则选择"WLAN"，然后单击"确定"按钮，如图 5-2-6 所示。

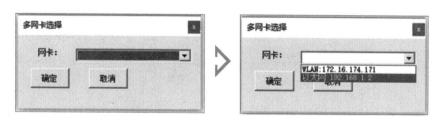

图 5-2-6　选择连接网关的通信方式

第3步：按照本任务－知识点2-［方法5-2-1］中介绍的方法，检测网关的ADB功能是否打开，如果没有则将其打开。

第4步：在打开网关ADB功能的前提下，在"发布"对话框中右击搜索到的"网关"，选择"设置网关"，在"参数设置"对话框中修改网关的"网络号"和"面板号"，如图5-2-7所示。

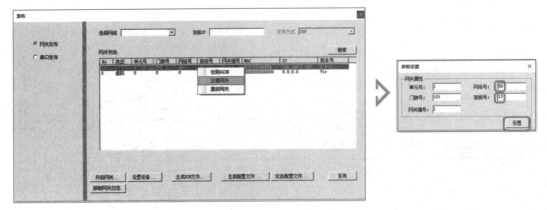

图 5-2-7　设置网关的网络号和面板号

第5步：单击"设置"按钮，直至主界面状态栏显示"网关设置成功！"，如图5-2-8所示。然后单击"搜索"按钮，"选择网络"和"当前IP"两栏中会自动显示网关的网络号和IP地址。

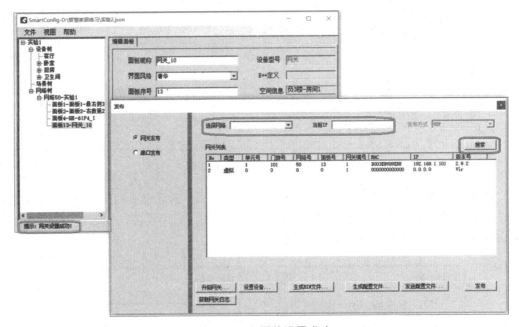

图 5-2-8　网关设置成功

上位机集成设计的相关数据需要发送给网关，网关获取该配置文件后，即获得了整个私有 ZigBee 子网中所有节点的配置信息，才拥有完成网关控制功能的基础。该配置文件是在执行“生成配置文件”命令后，以如图 5-2-9 所示的十六进制机器码 hex 文件形式采用 txt 文件格式存放在计算机中。

GWCfg_20210729_103614 - 记事本
文件(F) 编辑(E) 格式(O) 查看(V) 帮助(H)

```
1 102 102 17
FF FF 0E 00 00 00 00 00 00 BB BB 0A 00 00 00 00 8E
FF FF 0E 00 00 00 00 00 00 BB BB 02 00 00 00 00 86
FF FF 1E 00 00 00 00 00 00 BB BB 01 19 00 01 85 B7 BF BC E4 31 00 00 00 00 00 00 00 00 00 00 00 7B
FF FF 1E 00 00 00 00 00 00 BB BB 01 19 00 02 85 B7 BF BC E4 32 00 00 00 00 00 00 00 00 00 00 00 7D
FF FF 1E 00 00 00 00 00 00 BB BB 01 19 00 03 85 B7 BF BC E4 33 00 00 00 00 00 00 00 00 00 00 00 7F
FF FF 1E 00 00 00 00 00 00 BB BB 01 19 00 04 85 B7 BF BC E4 34 00 00 00 00 00 00 00 00 00 00 00 81
FF FF 1E 00 00 00 00 00 00 BB BB 01 19 00 05 85 B7 BF BC E4 35 00 00 00 00 00 00 00 00 00 00 00 83
FF FF 1E 00 00 00 00 00 00 BB BB 01 19 00 06 85 B7 BF BC E4 36 00 00 00 00 00 00 00 00 00 00 00 85
FF FF 8D 00 00 00 00 00 00 BB BB 01 1F 00 01 00 00 00 00 00 00 00 00 00 00 00 00 00 00 00 00 00 00 00 0
FF FF 25 00 00 00 00 00 00 BB BB 01 1A 00 01 00 10 08 00 00 00 00 00 00 00 00 00 00 00 00 00 00 00 00 00 0
FF FF 1D 00 00 00 00 00 00 BB BB 01 1C 00 01 FF 55 A1 B7 00 00 00 00 00 00 00 00 00 00 00 00 00 5D
FF FF 1D 00 00 00 00 00 00 BB BB 01 1C 00 02 FF 55 BF DD 00 00 00 00 00 00 00 00 00 00 00 00 00 A2
FF FF 1D 00 00 00 00 00 00 BB BB 01 1C 00 03 FF 55 A0 54 00 00 00 00 00 00 00 00 00 00 00 00 00 FB
FF FF 1D 00 00 00 00 00 00 BB BB 01 1C 00 04 9F 88 FF 55 00 00 00 00 00 00 00 00 00 00 00 00 00 2F
FF FF 1D 00 00 00 00 00 00 BB BB 01 1C 00 05 F7 E6 9F 00 00 00 00 00 00 00 00 00 00 00 00 00 31
FF FF 1D 00 00 00 00 00 00 BB BB 01 1C 00 06 FD FB EF 00 00 00 00 00 00 00 00 00 00 00 00 00 9D
FF FF 1D 00 00 00 00 00 00 BB BB 01 1C 00 07 C3 00 3F 00 00 00 00 00 00 00 00 00 00 00 00 00 B9
FF FF 1D 00 00 00 00 00 00 BB BB 01 1C 00 08 DE F8 FE 00 00 00 00 00 00 00 00 00 00 00 00 00 8C
FF FF 8D 00 00 00 00 00 00 BB BB 01 16 00 01 00 00 00 00 00 00 00 00 00 00 00 00 00 00 00 00 00 00 00 0
FF FF 29 00 00 00 00 00 00 BB BB 01 08 0F 01 02 01 01 00 00 00 00 00 00 00 00 00 07 00 00 00 00 00 00 0
FF FF 11 00 00 00 00 00 00 BB BB 01 09 0F 01 01 00 00 00 A2
FF FF 12 00 00 00 00 00 00 BB BB 01 0A 0F 01 00 05 03 00 01 AC
FF FF 12 00 00 00 00 00 00 BB BB 01 0B 0F 01 00 00 00 00 00 A4
FF FF 13 00 00 00 00 00 00 BB BB 01 0C 0F 01 01 00 04 06 00 00 B1
FF FF 18 00 00 00 00 00 00 BB BB 01 0D 0F 01 00 00 00 00 00 00 00 00 00 00 00 AC
FF FF 13 00 00 00 00 00 00 BB BB 01 0E 0F 01 00 00 00 00 00 00 A8
```

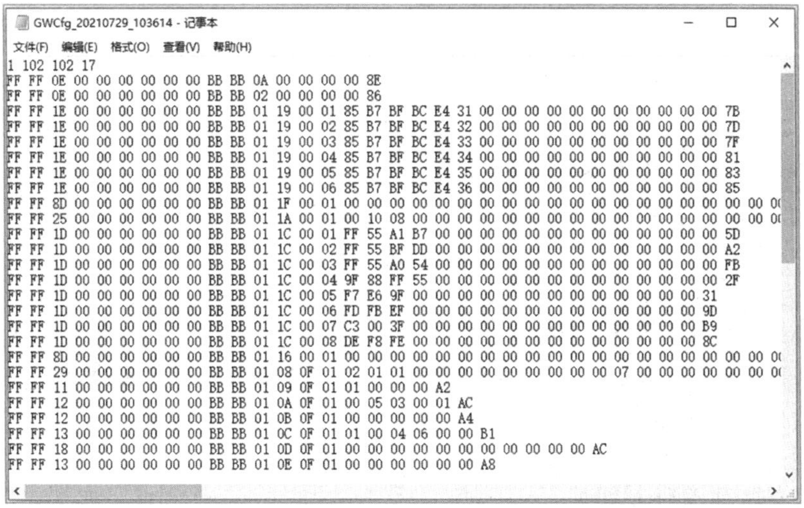

图 5-2-9　上位机配置文件

［方法 5-2-3］将上位机配置文件发送给网关的步骤和方法。

第 1 步：在上位机 SmartConfig 软件的主界面打开“视图”菜单，选择“发布”选项，单击“发布”对话框中的网关，“选择网络”和“当前 IP”栏会自动显示该网关所在私有 ZigBee 子网的网络名称和网关 IP。然后单击“生成配置文件”按钮，直至状态栏显示“执行成功”，配置文件即保存在前期设置好的工程的保存路径中，如图 5-2-10 所示。

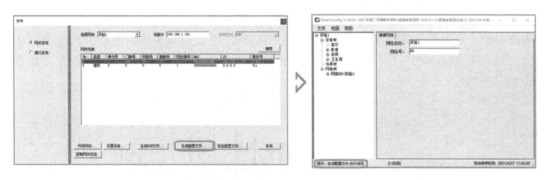

图 5-2-10　生成配置文件

第 2 步：按照本任务 - 知识点 2-［方法 5-2-1］中介绍的方法，检测网关的 ADB 功能是否打开，如果没有则将其打开。

第 3 步：在打开网关 ADB 功能的前提下，单击“发布”对话框中的“发送配置文件”按钮，在前期设置的保存路径的 config 文件夹下找到新生成的 txt 配置文件，单击“打开”按钮即开始发送，在此期间没有任何状态提示，等待数十秒，直至主界面状态栏显示“发送配置文件成功!”，如图 5-2-11 所示。

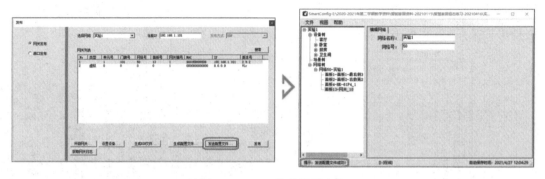

图 5 - 2 - 11　发送配置文件

知识点 3：37 系列智能面板

37 系列智能面板是私有 ZigBee 协议的按键操作面板设备，需要经过以下步骤才能集成到海尔私有云平台控制系统中：

（1）通过上位机 SmartConfig 软件集成到工程中。

（2）发送配置文件到网关。

（3）设置 37 系列智能面板的网络号和面板号。

（4）发布配置信息到面板中。

（5）通过手机 / 平板的安住·家庭 App 集成到海尔私有云平台。

37 系列智能面板安装在 86mm×86mm 的 86 型标准底盒，有 1 个按键的 37P1、2 个按键的 37P2、3 个按键的 37P3 及 4 个按键的 37P4 共 4 种规格的面板。37P1 只能带 1 个开关型负载，37P2 能带 2 个开关型负载，37P3 能带 3 个开关型负载，37P4 能带 4 个开关型负载。37P2 智能面板如图 5 - 2 - 12 所示。为了有效降低制作成本，37 系列智能面板的塑料壳体接线盒采用通用的模具制作，不论什么规格，接线盒都会标注电源接口 L 和 N，负载接口 L1、L2、L3、L4 和 L5 等信息。对于 37P1 智能面板，只有 L2 接口有效，其他负载接口无效；37P2 智能面板中只有 L2 和 L3 接口有效，其他接口无效；37P3 智能面板中只有 L2、L3 和 L4 接口有效，其他接口无效；37P4 智能面板中的 L1 接口是无效的。

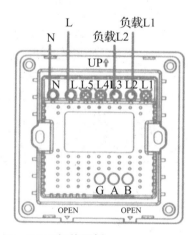

图 5 - 2 - 12　37P2 智能面板

从 37 系列智能面板的工作原理来看，负载接口 L2 ～ L5 为可控火线输出端，该端应该连接负载的火线端，负载的另一端直连零线即可。

37 系列智能面板之间可以组建成私有 ZigBee 协议的 mesh 客户端网络，即使断开外网或断开网关的情况下，各智能面板之间依然可以保持通信畅通。

必须给 37 系列智能面板设置网络号和面板号，它才能在私有 ZigBee 协议网络中实现通信。同一个私有 ZigBee 协议子网中，参与通信的 37 系列智能面板的网络号必须与其他面板的网络号相同，面板号则不能相同。37 系列智能面板的网络号和面板号的取值范围与网关相同。

37 系列智能面板的按键周围配置有一圈呼吸灯，可以显示白色，也可以显示蓝色。通过白色和蓝色不同闪烁次数的组合，可以表示该面板的面板号。37 系列智能面板的面板号与指示灯表示见表 5-2-2。

表 5-2-2　37 系列智能面板的面板号与指示灯表示

面板号	白色	蓝色	面板号	白色	蓝色	面板号	白色	蓝色	面板号	白色	蓝色
1		闪 1 下	9	闪 1 下	闪 4 下	17	闪 3 下	闪 2 下	25	闪 5 下	
2		闪 2 下	10	闪 2 下		18	闪 3 下	闪 3 下	26	闪 5 下	闪 1 下
3		闪 3 下	11	闪 2 下	闪 1 下	19	闪 3 下	闪 4 下	27	闪 5 下	闪 2 下
4		闪 4 下	12	闪 2 下	闪 2 下	20	闪 4 下		28	闪 5 下	闪 3 下
5	闪 1 下		13	闪 2 下	闪 3 下	21	闪 4 下	闪 1 下	29	闪 5 下	闪 4 下
6	闪 1 下	闪 1 下	14	闪 2 下	闪 4 下	22	闪 4 下	闪 2 下	30	闪 6 下	
7	闪 1 下	闪 2 下	15	闪 3 下		23	闪 4 下	闪 3 下	31	闪 6 下	闪 1 下
8	闪 1 下	闪 3 下	16	闪 3 下	闪 1 下	24	闪 4 下	闪 4 下	32	闪 6 下	闪 2 下

［方法 5-2-4］为 37 系列智能面板设置网络号和面板号的步骤和方法。

第 1 步：根据下述情况将 37 系列智能面板置于"显示当前面板号"状态，此时按键背景指示灯周期循环显示该面板当前的面板号。

（1）如果至少有 1 个按键被定义过"负载开关"，在按键显示白色呼吸灯的前提下，长按任意一个负载开关按键 8 秒。

（2）如果至少有 2 个按键被定义过"场景开关"，同时按住 2 个场景按键 8 秒。

（3）如果有 1 个按键被定义过"场景开关"，按住该场景按键 8 秒。

第 2 步：第 1 步操作完成后，再次长按相应按键 3 秒，使 37 系列智能面板置于"待配置"状态，此时按键蓝白呼吸灯周期循环交替闪烁。

［注］第 2 步操作完成后，如果再次长按相应按键 8 秒，则面板恢复为出厂设置。

第 3 步：如图 5-2-13 所示，在 37 系列智能面板处于"待配置"状态下，通过上位机软件发送面板设备的网络号和面板号，直至成功。

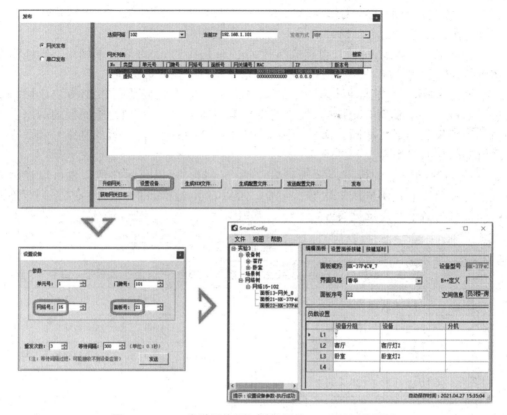

图 5-2-13　发送网络号和面板号给 37 系列智能面板

[方法 5-2-5] 将配置数据发布给 37 系列智能面板的步骤和方法。

如图 5-2-14 所示，在 37 系列智能面板已经完成网络号和面板号设置的前提下，且处于"正常"状态而非"待配置"状态，使用上位机软件将生成的配置数据通过网关一次性发布到包括 37 系列智能面板在内的所有面板设备中。

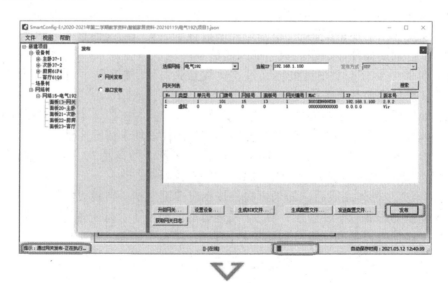

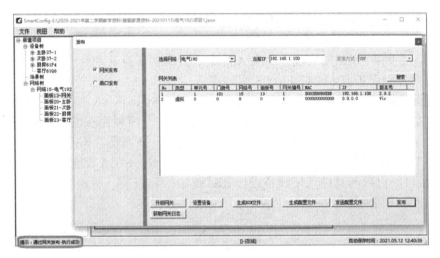

图 5 - 2 - 14　发布配置文件至各面板设备

　　37 系列智能面板获取上位机集成设计的配置数据后，才具备完成相关控制功能的基础。需要注意的是，发布到 37 系列智能面板的配置数据是以 bin 文件形式传递的。

　　[注] hex 文件和 bin 文件的区别：hex 文件中同时包含数据和地址信息，在烧录或下载 hex 文件时，一般不需要用户指定地址。bin 文件只包含纯粹的数据（代码）信息，并不包含地址，所以烧录 bin 时需要指定烧录地址。

　　[方法 5 - 2 - 6] 通过安住·家庭 App 将 37 系列智能面板集成到海尔私有云平台的步骤和方法。

　　在将上位机的配置文件下载到网关、37 系列智能面板的网络号和面板号设置完成、工程配置信息发布到面板之后，还需要通过对网关和安住·家庭 App 进行设置，37 系列智能面板才能集成到海尔私有云平台。

　　第 1 步：单击手机 / 平板上的"设置"图标，再单击"WLAN"，将手机连接到和网关处于同一个局域网的 WiFi 子网上。

　　第 2 步：长按网关背部的"SET"键 3 ～ 5 秒，直至网关的网络指示灯停止闪烁后再持续按"SET"键 2 秒。此时，网络指示灯处于"待入网"的持续慢闪状态，网关进入持续大约 2 分钟的待入网模式。

　　第 3 步：在已经打开网关的 ADB 功能，且网关处于"待入网"模式的前提下，打开安住·家庭 App，在主界面选择"设备"选项卡，单击右上角的"+"，进入"添加设备"界面，通过自动搜索到的"附近设备"选项卡选择添加网关和 37 系列智能面板的被控负载设备，或者通过"手动添加"选项卡根据设备分类目录和设备型号进行选择和添加。

　　知识点 4：61 系列智能面板

　　61 系列智能面板是基于私有 ZigBee 协议的液晶触控操作面板设备，需要经过以下步骤才能集成到海尔私有云平台控制系统中：

　　（1）通过上位机 SmartConfig 软件集成到工程中。

　　（2）发送配置文件到网关。

（3）设置 61 系列智能面板的网络号和面板号。

（4）发布配置信息到面板。

（5）通过手机 / 平板的安住·家庭 App 集成到海尔私有云平台。

61 系列智能面板有 61P4 和 61Q6 两种规格，如图 5-2-15、图 5-2-16 所示，均为液晶型触控面板。61P4 智能面板安装在 86mm×86mm 的 86 型标准底盒上，61Q6 智能面板安装在 146mm×86mm 的 146 型标准底盒上。两种面板的 L、N 为电源接入端，L1～L4 为继电器型输出端，连接开关型灯光、插座等。对于 61Q6 智能面板，还有 T1、T2 两路可控硅型输出端，接调光型灯光负载。61Q6 智能面板的 A、B 端为 485 通信接口，可以与其他网络设备进行 RS485 通信。目前，两种规格面板的 S1、S2 接口没有定义任何功能。

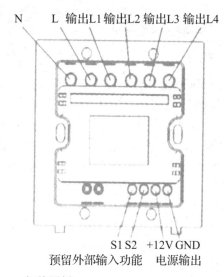

图 5-2-15　61P4 智能面板

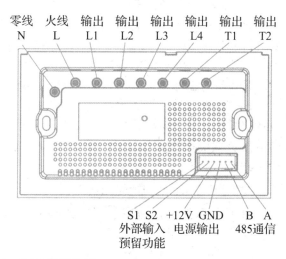

图 5-2-16　61Q6 智能面板

从 61 系列智能面板的工作原理上看，其负载接口 L1 ～ L4、T1、T2 为可控火线输出端，该端应该连接负载的火线端，负载的另一端直连零线即可。

61 系列智能面板之间，以及 61 系列与 37 系列智能面板之间也可以组建基于私有 ZigBee 协议的 mesh 客户端网络。即使断开外网或断开网关的情况下，各智能面板之间依然可以保持通信畅通。

必须给 61 系列智能面板设置网络号和面板号，它才能在私有 ZigBee 协议网络中实现通信。同一个私有 ZigBee 协议子网中，参与通信的 61 系列智能面板的网络号必须与其他面板的网络号相同，面板号则不能相同。61 系列智能面板的网络号和面板号的取值范围与网关相同。

［方法 5 - 2 - 7］为 61 系列智能面板设置网络号和面板号的步骤和方法。

61 系列智能面板的网络号和面板号的设置不同于 37 系列智能面板，不需要使用上位机软件通过网关进行更改，在液晶触控面板上手动设置即可。

61Q6 智能面板的主界面如图 5 - 2 - 17 所示，61P4 与其差别不大。

图 5 - 2 - 17　61Q6 智能面板的主界面

61 系列智能面板的网络号和面板号的设置步骤和方法如图 5 - 2 - 18 所示，按照标号①②③顺序操作。

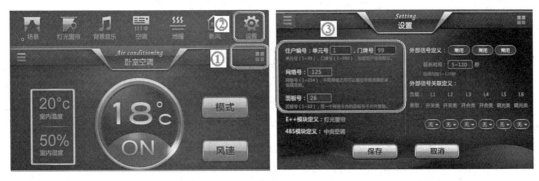

图 5 - 2 - 18　设置 61Q6 智能面板的网络号和面板号

［方法 5 - 2 - 8］将配置数据发布给 61 系列智能面板的步骤和方法。

如图 5 - 2 - 14 所示，在 61 系列智能面板已经正确设置网络号和面板号的前提下，使用上位机软件将生成的配置数据通过网关一次性发布到包括 61 系列智能面板在内的所有面板设备。

61 系列智能面板获取上位机集成设计的配置数据后，才具备完成相关控制功能的基础。配置数据以 bin 文件形式发布给 61 系列智能面板。

［方法 5 - 2 - 9］通过安住·家庭 App 将 61 系列智能面板集成到海尔私有云平台的步骤和方法。

在将上位机的配置文件下载到网关、61 系列智能面板的网络号和面板号设置完成、工程配置信息发布到面板之后，还需要通过对网关和安住·家庭 App 进行设置，61 系列智能面板才能集成到海尔私有云平台。

61 系列智能面板集成到海尔私有云平台的方法与本任务 - 知识点 3 -［方法 5 - 2 - 6］介绍的 37 系列智能面板的集成方法相同。打开安住·家庭 App 主界面，自动搜索"附近设备"，选择网关和 61 系列智能面板的被控负载设备，或者通过"手动添加"选项卡根据设备分类目录和设备型号进行选择和添加。

知识点 5：智能音箱

HSPK - X20UD 智能音箱如图 5 - 2 - 19 所示，它是 WiFi 协议设备，无须经过上位机软件 SmartConfig 的集成设计，也不用网关，只需通过手机 / 平板 App 进行在线绑定就能集成到海尔私有云平台控制系统。

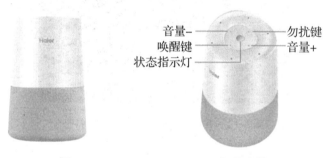

图 5 - 2 - 19 HSPK - X20UD 智能音箱

HSPK - X20UD 智能音箱顶端按键和指示灯的功能如下：

（1）唤醒键：单击开始语音交互。

（2）无扰键：单击开启无扰模式，关闭麦克、喇叭和拾音功能。

（3）音量 +/ 音量 -：单击增大 / 减小音量。

（4）状态指示灯：智能音箱未连接因特网，橙色灯常亮；进入配网模式，橙色灯闪烁；连接因特网成功，蓝色灯常亮。

［方法 5 - 2 - 10］通过海尔智家 App 将智能音箱集成到云平台的步骤和方法。

第 1 步：按照项目三 - 知识点 21 -［方法 3 - 1 - 9］介绍的步骤和方法，组建由路由器、计算机组成的有线局域网，开启路由器的无线 WiFi 功能，将手机 / 平板连接到无线路由器的 WiFi。

第 2 步：登录海尔智家 App 账号，如图 5 - 2 - 20 所示，在相应的居室界面选择"智家"，再选择"设备"，然后单击右上角的"+"添加设备；选择"手动添加"选项卡，在"智能硬件"目录中选择"智能音箱"，通过"添加设备向导"完成添加；音箱通电后，长按唤醒键，灯光变为橙色并闪烁，进入配网模式。

第 3 步：在"手动添加"界面选择"HSPK－X20UD（白灰）"。

第 4 步：在"添加设备向导"界面按照提示长按智能音箱唤醒键，直至音箱进入联网模式，勾选"已完成上述操作"，单击"下一步"。

第 5 步：输入 WiFi 账号及密码，然后单击"下一步"，进入较长时间的连接过程。

第 6 步：绑定成功，选择设备所在的房间。

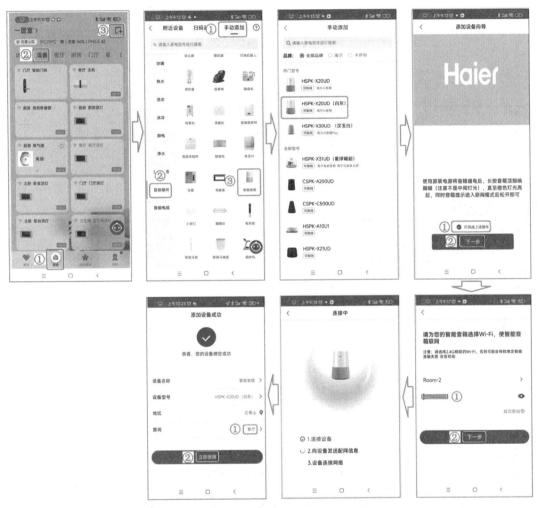

图 5－2－20　HSPK－X20UD 智能音箱集成到海尔私有云平台的步骤和方法

知识点 6：上位机软件集成设计的步骤和方法

将私有 ZigBee 协议的面板设备集成到海尔智慧家居物联网云平台控制系统中，需要经过上位机软件 SmartConfig 的集成设计，具体步骤如图 5－2－21 所示。

［方法 5－2－11］新建工程的步骤和方法。

如图 5－2－22 所示，打开上位机 SmartConfig 集成设计软件，新建工程后必须修改其在磁盘中的存储位置，以便后期寻找配置文件，因为默认存储文件夹在系统中是隐藏的。

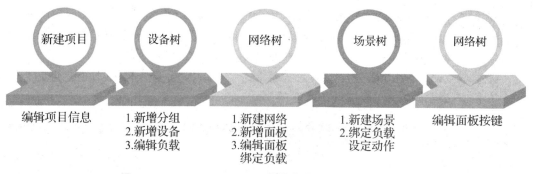

图5-2-21　SmartConfig软件集成设计的步骤和方法

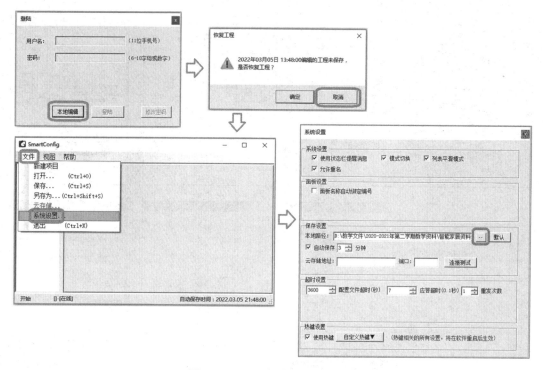

图5-2-22　新建工程并存储

[方法5-2-12]在工程中添加被控负载设备的步骤和方法。

按照图5-2-23所示的顺序在设备树中新建分组，然后添加被控负载设备。被控负载设备为开关型负载时，设备类型应选择"负载型"；若面板设备通过RS485通信方式控制被控设备，应选择"485型"。每个工程最多可创建32个分组。每个子网络只允许添加1个网关设备。

[方法5-2-13]添加面板设备及绑定负载端设备的步骤和方法。

按照图5-2-24所示的顺序在网络树中新建网络和添加面板。网络号的取值范围为1～199，一个工程允许存在1～8个子网络。每个子网络中最多允许添加32个面板。

依据智能面板各输出端与不同负载的实际物理连接关系，按照图5-2-25所示的顺序为各面板绑定负载。

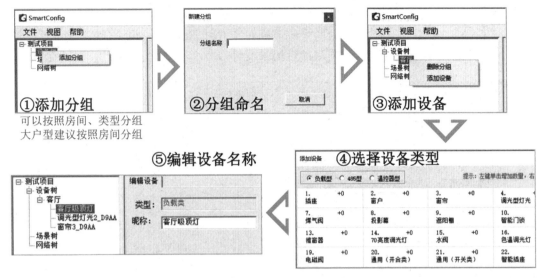

图 5 - 2 - 23　添加被控负载设备的步骤和方法

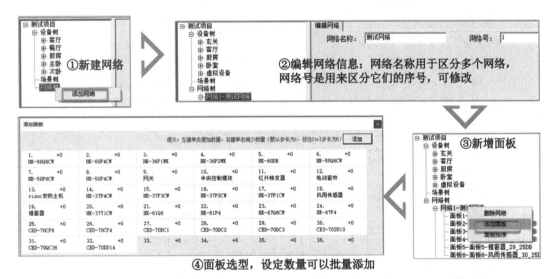

图 5 - 2 - 24　添加面板设备的步骤和方法

图 5 - 2 - 25　为面板绑定负载

［方法 5－2－14］设计 37/61 系列智能面板场景的步骤和方法。

37 系列和 61 系列智能面板的场景应该通过上位机 SmartConfig 软件集成设计。在场景树中按照图 5-2-26 所示的顺序进行场景设计。一个工程允许存在 0 ～ 32 个场景。

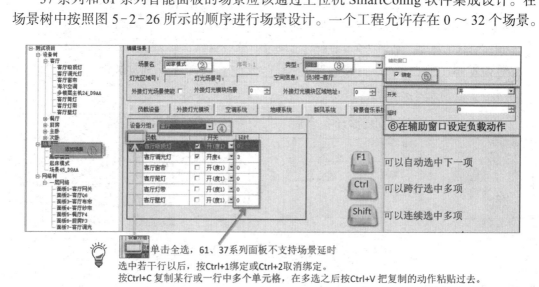

图 5－2－26　场景设计的步骤和方法

［方法 5－2－15］通过安住·家庭 App 在云平台上设计联动场景的步骤和方法。

在所有私有/标准 ZigBee 协议节点设备都已经集成到云平台的前提下，借助安住·家庭 App 在云平台上设置节点设备之间的联动场景。详细步骤和方法如图 5-2-27 所示。

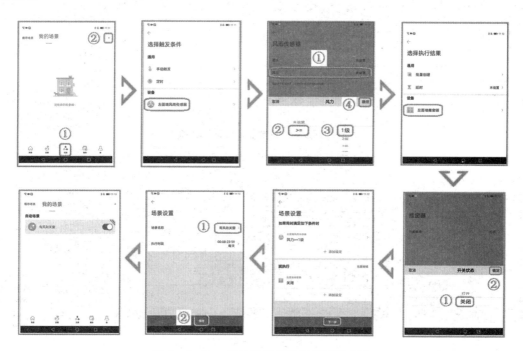

图 5－2－27　设计联动场景的步骤和方法

［方法5-2-16］编辑智能面板按键功能的步骤和方法。

在网络树中按照图5-2-28所示的顺序，编辑智能面板中每个按键的功能。需要特别注意的是，按键的绑定必须严格遵循从小到大的原则，不能跳过数字较小的按键而使用数字较大的按键去绑定负载或场景。例如，如图5-2-28所示的标号为"5"的"起床模式"按键功能无效，因为前面的3号和4号按键没有定义功能，所以5号按键的功能自动被系统忽略。

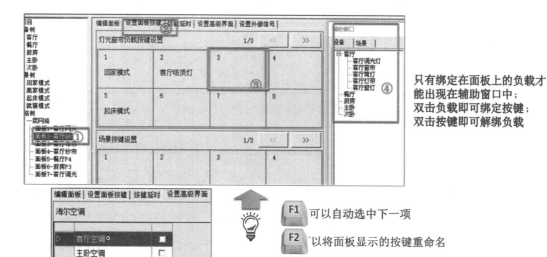

图5-2-28　编辑面板按键的功能

任务实施

步骤1：按照图5-2-1所示，在遵守电气设备布线规范和工艺要求的前提下，对智能面板与被控负载进行硬件连线。

步骤2：按照图5-2-2所示，以TP-LINK无线路由器TL-WTR9200为中心，搭建包含上位机、网关控制器和平板Pad在内的以太网的局域网硬件系统，并连接到因特网。

步骤3：按照项目三［任务实施］中步骤2至步骤4介绍的方法配置拥有WiFi子网和以太网的局域网络系统，开启路由器的DHCP服务器功能。

步骤4：按照本任务-知识点6-［方法5-2-11］介绍的方法，创建新工程。

步骤5：按照本任务-知识点6-［方法5-2-12］介绍的方法，在设备树中添加被控负载设备，如图5-2-29所示。

步骤6：按照本任务-知识点6-［方法5-2-13］介绍的方法，在网络树中添加网络，然后添加面板设备并规划面板号，如图5-2-30所示。

图 5 - 2 - 29　在设备树中添加被控负载设备

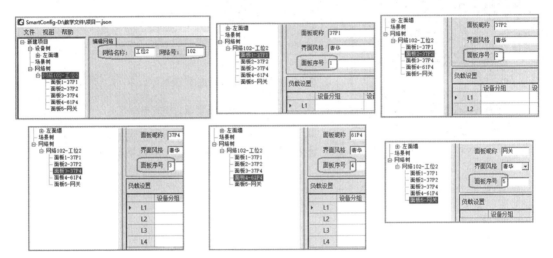

图 5 - 2 - 30　在网络树中添加面板设备

步骤 7：按照本任务 - 知识点 6 - ［方法 5 - 2 - 13］介绍的方法，在网络树中为各面板绑定物理上一一对应的设备，如图 5 - 2 - 31 所示。

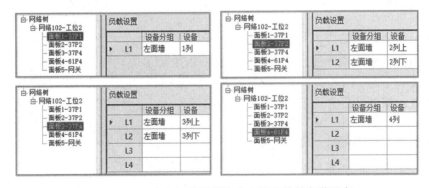

图 5 - 2 - 31　为各智能面板绑定实际连接的负载设备

步骤 8：按照本任务 - 知识点 6 - ［方法 5-2-16］介绍的方法，在网络树中编辑各面板的按键功能，如图 5-2-32 所示。

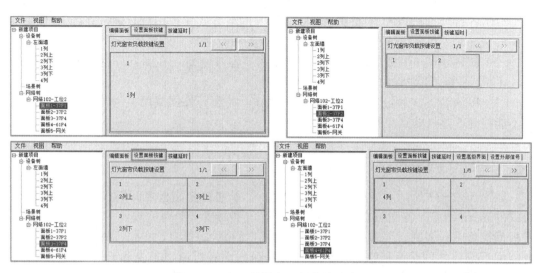

图 5-2-32　编辑各面板的按键功能

［注］由于各智能面板之间组成了私有 ZigBee 协议的 mesh 网络，因此按键控制的负载不一定必须是自己负载端口连接的设备，也可以控制其他智能面板负载端口连接的设备。

步骤 9：在已经打开网关的 ADB 功能的前提下，按照本任务 - 知识点 2 - ［方法 5-2-2］介绍的方法，给网关设置网络号为 102、面板号为 5。

步骤 10：在已经打开网关的 ADB 功能的前提下，按照本任务 - 知识点 2 - ［方法 5-2-3］介绍的方法，将上位机配置的 hex 文件发送给网关。

步骤 11：按照本任务 - 知识点 3 - ［方法 5-2-4］介绍的方法，先后 3 次分别给 37P1、37P2 和 37P4 智能面板设置网络号为 102，面板号分别为 1、2 和 3。

步骤 12：按照本任务 - 知识点 4 - ［方法 5-2-7］介绍的方法，给 61P4 智能面板设置网络号为 102、面板号为 4。

步骤 13：按照本任务 - 知识点 3 - ［方法 5-2-5］和知识点 4 - ［方法 5-2-8］介绍的方法，通过网关将上位机的配置数据以 bin 文件形式发布给各私有 ZigBee 协议设备。

步骤 14：单击手机 / 平板上的"设置"图标，再单击" WLAN"，选择步骤 3 设置的 WiFi 名称进行 WiFi 连接，将手机 / 平板连接到无线路由器的 AP 上，并通过路由器的 DHCP 功能获取 100 ～ 199 范围内的一个唯一的主机地址，使其与上位机处于同一个局域网，该局域网内可以进行有线以太网连接，也可以进行无线 WiFi 连接。

步骤 15：在已经打开网关的 ADB 功能的前提下，按照本任务 - 知识点 3 - ［方法 5-2-6］和知识点 4 - ［方法 5-2-9］介绍的方法，将 3 块 37 系列智能面板和 2 块 61 系列智能面板所带的负载设备全部集成到海尔云平台控制系统中。

步骤 16：按照本任务 - 知识点 5 - ［方法 5-2-10］介绍的方法，将智能音箱集成到云平台控制系统中。

⭐ 功能验证

通过以下 3 种方式控制 5 盏白炽灯的点亮和熄灭：

（1）各智能面板以私有 ZigBee 协议 mesh 网络方式实现信息互通，在断开外网和网关的情况下，按键也能正常控制 5 盏灯的点亮和熄灭。

（2）使用手机 / 平板通过海尔私有云平台控制 5 盏灯。在断开外网或网关的情况下，手机 / 平板不能控制 5 盏灯的点亮和熄灭。

（3）以语音方式通过智能音箱控制 5 盏灯。在断开外网或网关的情况下，语音方式不能控制 5 盏灯的点亮和熄灭。

✒ 任务总结与反思

如图 5-2-33 所示。37 系列智能面板和 61 系列智能面板之间组成了私有 ZigBee 协议的 mesh 网络，各面板之间可以直接通信，不需要借助网关或云平台。使用手机 / 平板操控负载设备时，先和云平台交互控制信息和状态信息，再借助网关在云平台和智能面板设备之间交互信息。同样，智能音箱的语音控制也是先和云平台交互信息，再在云平台和负载设备之间交互信息。从信息流向的角度看，后两种控制方式需要外网云平台和网关的参与，否则，相关功能不能实现。

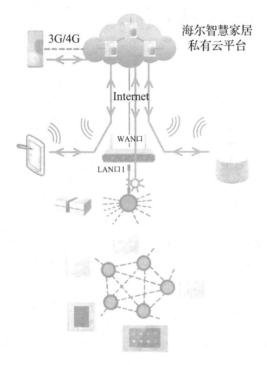

图 5-2-33 智能照明物联网云平台控制系统的信息流

任务三 智慧窗户的物联网云平台控制系统的集成设计与调试

任务目标

- 掌握风雨传感器的工作原理以及将其集成到海尔私有云平台的步骤和方法。
- 掌握线控推窗器的工作原理以及将其集成到海尔私有云平台的步骤和方法。
- 掌握利用上位机 SmartConfig 软件集成设计私有 ZigBee 协议设备的步骤和方法。
- 掌握利用安住·家庭 App 在云平台上设计联动场景的步骤和方法。
- 理解本任务控制系统的信息流向。

主要设备器材清单

名称	型号	关键参数	数量
风雨传感器	AW-1	DC12V，私有 ZigBee 协议通信，防护等级 IP45	1
线控推窗器	DWR-CM-A200-A220-400N	AC220V，0.15A，三线电缆，最大推力 400N，最大行程 200mm	1
智能开关面板	61P4	智能触控液晶面板，4 路继电器输出，可接开关型负载，单控，场景模式	1
网关	HW-WZ2JA-U	支持标准 ZigBee 协议和私有 ZigBee 协议的双模网关，支持 TCP/IP 协议	1
华为平板 Pad	AGS3-W00D	9.7 英寸，分辨率 1280 像素 ×800 像素，运行内存 3GB，内存容量 32GB，Android 系统	1
TP-LINK 路由器	TL-WTR9200	4 根 2.4GHz 高增益单频天线和 4 根双 5GHz 高增益单频天线，1 个千兆 WAN 口和 4 个千兆 LAN 口，2.4GHz 频段的无线速率为 800Mbps，2 个 5GHz 频段的无线速率为 867Mbps	1
上位机集成软件	SmartConfig V1.1.3.7	上位机集成设计，生成的配置文件下载到网关，设置的网络号和面板号发送至各智能面板	1
海尔平板 App	安住·家庭 V5.13.0	通过 App 将所有兼容的 ZigBee 协议设备和 WiFi 协议设备集成到海尔私有云平台	1

任务内容

（1）按照图 5-3-1 所示，对智能面板和被控负载进行硬件连接。

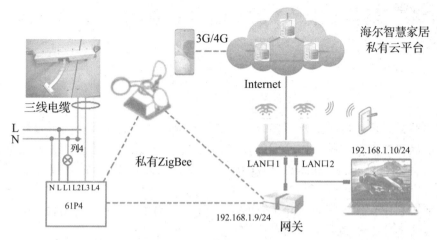

图 5-3-1　智慧窗户物联网云平台控制系统的硬件接线原理图及网络拓扑结构

（2）集成设计智慧窗户物联网云平台控制系统。

（3）通过安住·家庭 App 设计"有风即关闭窗户"场景。

🎓 任务知识

知识点 1：风雨传感器

风雨传感器既能够测量风力的大小，也能够探测到是否下雨。AW-1 风雨传感器是私有 ZigBee 协议的面板设备，如图 5-3-2 所示，需要经过以下步骤才能集成到海尔私有云平台控制系统：

（1）通过上位机 SmartConfig 软件集成到工程中。

（2）发送配置文件到网关。

（3）设置风雨传感器的网络号和面板号。

（4）发布配置信息到风雨传感器中。

（5）通过安住·家庭 App 集成到海尔私有云平台。

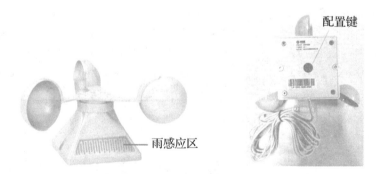

图 5-3-2　AW-1 风雨传感器

风雨传感器不是标准的测量设备，测量的风力等级不完全符合国家标准对风力等级的标定，不能作为风力大小的计量标准，只用于参考。风雨传感器探测的风力等级见表 5-3-1。

表 5-3-1　风雨传感器探测的风力等级

等级	名称	陆地地面物体特征	风速（米/秒）	等级	名称	陆地地面物体特征	风速（米/秒）
0	无风	静，烟直上	0~0.2	7	疾风	全树摇动，大树枝下弯，迎风步行感觉不便	13.9~17.1
1	软风	烟能表示风向，树叶略有摇动	0.3~1.5	8	大风	可折毁小树枝，人迎风前行感觉阻力很大	17.2~20.7
2	清风	人面感觉有风，树叶摇动	1.6~3.3	9	烈风	草房遭受破坏，屋瓦被掀起，可折断大树枝	20.8~24.4
3	微风	树叶及小枝摇动不息，旗子展开，高草呈波浪状起伏	3.4~5.4	10	狂风	小树可被吹倒，一般建筑物遭破坏	24.5~28.4
4	和风	能吹起地面灰尘和纸张，树枝摇动，高草呈波浪状起伏	5.5~7.9	11	暴风	大树可被吹倒，一般建筑物遭严重破坏	28.5~32.6
5	清劲风	有叶的小树摇摆，内陆的水面有小波，高草波浪状起伏明显	8.0~10.7	12	飓风	陆上绝少见到，其摧毁力极大	>32.6
6	强风	大树枝摇动，电线呼呼有声，撑伞困难，高草不时倒伏于地	10.8~13.8				

　　AW-1 风雨传感器基座里有一个红色背景指示灯和一个蓝色背景指示灯。红色和蓝色指示灯不同闪烁次数的组合，能够表示风雨传感器当前的面板号。风雨传感器的面板号与指示灯的关系见表 5-3-2。

表 5-3-2　AW-1 风雨传感器的面板号与指示灯的关系

面板号	红色	蓝色	面板号	红色	蓝色	面板号	红色	蓝色	面板号	红色	蓝色
1		闪1下	9	闪1下	闪4下	17	闪3下	闪2下	25	闪5下	
2		闪2下	10	闪2下		18	闪3下	闪3下	26	闪5下	闪1下
3		闪3下	11	闪2下	闪1下	19	闪3下	闪4下	27	闪5下	闪2下
4		闪4下	12	闪2下	闪2下	20	闪4下		28	闪5下	闪3下
5	闪1下		13	闪2下	闪3下	21	闪4下	闪1下	29	闪5下	闪4下
6	闪1下	闪1下	14	闪2下	闪4下	22	闪4下	闪2下	30	闪6下	
7	闪1下	闪2下	15	闪3下		23	闪4下	闪3下	31	闪6下	闪1下
8	闪1下	闪3下	16	闪3下	闪1下	24	闪4下	闪4下	32	闪6下	闪2下

　　[方法 5-3-1] 为风雨传感器设置网络号和面板号的步骤和方法。

第 1 步：长按风雨传感器底部的配置键 3 秒以上，风雨传感器处于"显示当前面板号"状态，此时基座背景指示灯周期循环显示该面板当前的面板号。

第 2 步：在"显示当前面板号"状态下，再次长按风雨传感器的配置键 3 秒以上，基座背景红、蓝指示灯交替闪烁，风雨传感器处于"接收配置信息"状态。

第 3 步：在"接收配置信息"状态下，按照项目五 - 任务二 - 知识点 3 - [方法 5 - 2 - 4] 中图 5 - 2 - 13 介绍的方法，通过上位机软件 SmartConfig 将规划好的网络号和面板号发送给风雨传感器。接收到上位机下发的地址后，指示灯循环显示面板号 5 次，然后自动回到正常工作模式。

[方法 5 - 3 - 2] 将配置数据发布给风雨传感器的步骤和方法。

在风雨传感器已经完成网络号和面板号设置且处于"正常"状态而非"待配置"状态的前提下，按照项目五 - 任务二 - 知识点 3 - [方法 5 - 2 - 5] 中图 5 - 2 - 14 介绍的方法，使用上位机软件将生成的配置数据通过网关一次性发布到包括风雨传感器在内的所有面板设备中。

[方法 5 - 3 - 3] 将风雨传感器集成到海尔私有云平台的步骤和方法。

在将上位机的配置文件下载到网关、风雨传感器完成网络号和面板号的设置、工程配置信息发布到面板之后，还需要通过对网关和安住·家庭 App 进行设置，风雨传感器才能集成到海尔私有云平台中。

将风雨传感器集成到海尔私有云平台的方法与项目五 - 任务二 - 知识点 3 - [方法 5 - 2 - 6] 介绍的 37 系列智能面板的集成方法相同，打开安住·家庭 App 主界面，自动搜索"附近设备"，选择"风雨传感器"进行添加。

知识点 2：线控推窗器

DWR - CM - A200 - A220 - 400N 线控推窗器如图 5 - 3 - 3 所示，其内部没有集成 ZigBee 协议。线控推窗器不是面板设备，需要连接到 37 系列或者 61 系列智能面板的负载端，作为智能面板的负载设备，且需占据以 L1 或 L3 打头的 2 个连续的输出端，比如 L1 和 L2、L3 和 L4，不能是 L2 和 L3，且选择的智能面板只能有偶数个负载输出端。线控推窗器配有一根 3 芯电缆线，其中包括棕色的伸出控制线、黄色的缩回控制线和蓝色的零线，错时分别给两根控制线通电，即可完成窗户的打开或关闭等操作。

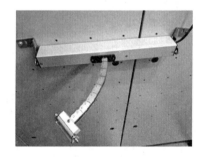

图 5 - 3 - 3 　DWR - CM - A200 - A220 - 400N 线控推窗器

线控推窗器需要经过以下步骤才能集成到海尔私有云平台控制系统中：

（1）通过上位机 SmartConfig 软件将 37 系列或 61 系列智能面板的负载设备集成到工程中。

（2）发送配置文件到网关。

（3）设置 37 系列或 61 系列智能面板的网络号和面板号。

（4）发布配置信息到 37 系列或 61 系列智能面板。

（5）通过安住·家庭 App 将被控设备集成到海尔私有云平台。

与照明灯具一样，DWR-CM-A200-A220-400N 线控推窗器作为智能面板的被控负载，不需要配置网络号和面板号。打开安住·家庭 App 主界面，自动搜索"附近设备"，选择被控负载设备"推窗器"即可进行添加。

任务实施

步骤 1：按照图 5-3-1 所示，在遵守电气设备布线规范和工艺要求的前提下，对智能面板与被控负载进行硬件连线。

步骤 2：按照图 5-3-1 所示，以 TP-LINK 无线路由器 TL-WTR9200 为中心，搭建包含上位机、网关控制器和平板 Pad 在内的以太网的局域网络系统，并连接到因特网。

步骤 3：按照项目三［任务实施］中步骤 2 至步骤 4 介绍的方法配置拥有 WiFi 子网和以太网的局域网络系统，开启路由器的 DHCP 服务器功能。

步骤 4：按照项目五 - 任务二 - 知识点 6-［方法 5-2-11］介绍的方法，创建新工程。

步骤 5：按照项目五 - 任务二 - 知识点 6-［方法 5-2-12］介绍的方法，在设备树中添加被控负载设备，如图 5-3-4 所示。

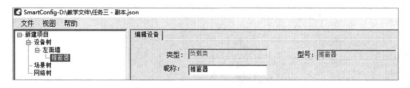

图 5-3-4　在设备树中添加被控负载设备

步骤 6：按照项目五 - 任务二 - 知识点 6-［方法 5-2-13］介绍的方法，在网络树中添加网络，然后添加面板设备并规划面板号，如图 5-3-5 所示。

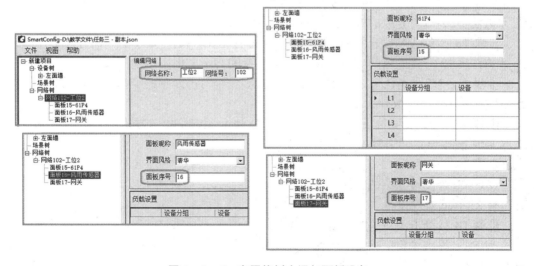

图 5-3-5　在网络树中添加面板设备

步骤 7：按照项目五－任务二－知识点 6-［方法 5-2-13］介绍的方法，依据智能面板的负载端实际对应连接的负载，在网络树中对各面板进行对应绑定，如图 5-3-6 所示。

图 5-3-6　为各智能面板绑定实际连接的负载设备

步骤 8：按照项目五－任务二－知识点 6-［方法 5-2-16］介绍的方法，在网络树中编辑各面板的按键功能，如图 5-3-7 所示。

图 5-3-7　编辑各面板的按键功能

步骤 9：在已经打开网关的 ADB 功能的前提下，按照项目五－任务二－知识点 2-［方法 5-2-2］介绍的方法，给网关设置网络号为 102，面板号为 17。

步骤 10：在已经打开网关的 ADB 功能的前提下，按照项目五－任务二－知识点 2-［方法 5-2-3］介绍的方法，将上位机配置的 hex 文件发送给网关。

步骤 11：按照本任务－知识点 1-［方法 5-3-1］介绍的方法，给风雨传感器设置网络号为 102，面板号为 16。

步骤 12：按照项目五－任务二－知识点 4-［方法 5-2-7］介绍的方法，给 61P4 智能面板设置网络号为 102、面板号为 15。

步骤 13：按照项目五－任务二－知识点 4-［方法 5-2-8］和本任务－知识点 1-［方法 5-3-2］介绍的方法，将上位机的配置数据通过网关以 bin 文件形式发布给各私有 ZigBee 协议设备。

步骤 14：单击手机/平板上的"设置"图标，再单击"WLAN"，选择步骤 3 设置的 WiFi 名称将手机/平板连接到无线路由器的 AP 上，并通过路由器的 DHCP 功能获取 100～199 范围内的一个唯一的主机地址，使其与上位机处于同一个局域网，该局域网内可以进行有线以太网连接，也可以进行无线 WiFi 连接。

步骤 15：在已经打开网关的 ADB 功能的前提下，按照项目五 - 任务二 - 知识点 4 - ［方法 5-2-9］和本任务 - 知识点 1 - ［方法 5-3-3］介绍的方法，将 61P4 智能面板所带的推窗器和风雨传感器集成到海尔私有云平台控制系统中。

步骤 16：打开安住·家庭 App，按照项目五 - 任务二 - 知识点 6 - ［方法 5-2-15］介绍的方法设计"有风则关闭窗户"应用场景。

功能验证

通过以下 3 种方式控制推窗器的伸出或缩回：

（1）通过 61P4 智能面板上的推窗器图标，控制其开关动作。由于这种控制无须任何通信，在断开外网或网关的情况下仍然有效。

（2）通过安住·家庭 App 进行云平台控制。由于这种控制方式需要用到云平台，并且现场的私有 ZigBee 协议设备与云平台的交互需要借助网关转接，所以在断开外网或网关的情况下，手机 / 平板不能控制推窗器的动作。

（3）通过 61P4 智能面板或者安住·家庭 App，手动控制使推窗器伸出并打开窗户。模拟刮风场景，使风雨传感器罩杯旋转，推窗器会自动缩回并关闭窗户。由于这种控制方式需要用到云平台，并且私有 ZigBee 协议设备与云平台的交互需要借助网关转接，所以在断开外网或网关的情况下，该场景控制无效。

任务总结与反思

如图 5-3-8 所示。61P4 智能面板、风雨传感器和网关之间组成了私有 ZigBee 协议的 mesh 网络，各面板之间可以直接通信，不需要借助网关。

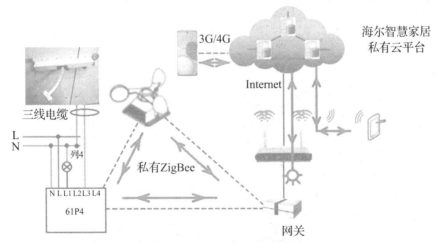

图 5-3-8　智慧窗户物联网云平台控制系统的信息流

通过 61P4 智能面板控制推窗器的开关动作，无须任何通信。

通过手机 / 平板 App 控制推窗器时，推窗器先与云平台交互信息，云平台再借助网关与智能面板设备交互信息。

"有风则关闭窗户"联动场景控制不能通过上位机软件 SmartConfig 进行集成设计，只能通过安住·家庭 App 基于云平台进行配置。当风雨传感器检测到风力大于等于 1 级时，该信息并不是借助私有 ZigBee 网络传递给 61P4 智能面板，直接控制推窗器动作，而是先通过私有 ZigBee 网络传递给网关，再上传至海尔私有云平台，云平台在"有风则关闭窗户"这种逻辑关系的作用下发出控制信息，通过网关命令 61P4 智能面板关闭推窗器。

从信息流向的角度看，后两种控制方式需要外网云平台和网关的参与，否则相关功能不能实现。

任务四　智慧窗帘的物联网云平台控制系统的集成设计与调试

任务目标

- 掌握线控窗帘电机的工作原理以及将其集成到海尔私有云平台的步骤和方法。
- 掌握无线窗帘电机的工作原理以及将其集成到海尔私有云平台的步骤和方法。
- 掌握利用上位机 SmartConfig 软件集成设计私有 ZigBee 协议设备的步骤和方法。
- 理解本任务控制系统的信息流向。

主要设备器材清单

名称	型号	关键参数	数量
线控窗帘电机	HK-55DX-U	AC220V，45W，防护等级 IP20，电子行程限位，遇阻即停	1
无线窗帘电机	UCE-60DR-U5	AC220V，16W，额定扭矩 12N·m，打开/关闭速度 14cm/s	1
智能开关面板	61Q6	智能触控液晶面板，4 路继电器输出，2 路可控硅输出负载，可接调光型负载，485 通信，单控，场景模式	1
网关	HW-WZ2JA-U	支持标准 ZigBee 协议和私有 ZigBee 协议的双模网关，支持 TCP/IP 协议	1
华为平板 Pad	AGS3-W00D	9.7 英寸，分辨率 1280 像素 ×800 像素，运行内存 3GB，内存容量 32GB，Android 系统	1
TP-LINK 路由器	TL-WTR9200	4 根 2.4GHz 高增益单频天线和 4 根双 5GHz 高增益单频天线，1 个千兆 WAN 口和 4 个千兆 LAN 口，2.4GHz 频段的无线速率为 800Mbps，2 个 5GHz 频段的无线速率为 867Mbps	1
上位机集成软件	SmartConfig V1.1.3.7	上位机集成设计，生成的配置文件下载到网关，设置的网络号和面板号发送至各智能面板	1

任务内容

（1）按照图 5-4-1 所示对智慧窗帘控制系统进行硬件连接。

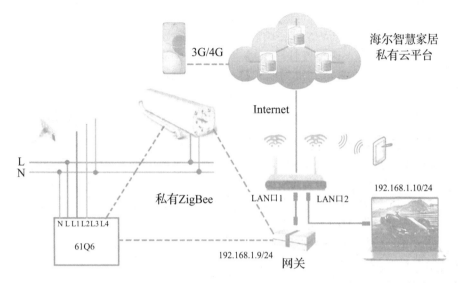

图 5-4-1　智慧窗帘物联网云平台控制系统的硬件接线原理图及网络拓扑结构

（2）集成设计智慧窗帘的物联网云平台控制系统。

任务知识

知识点 1：线控窗帘电机

HK-55DX-U 线控窗帘电机如图 5-4-2 所示，其内部没有集成 ZigBee 协议。线控窗帘电机不是面板设备，需要连接到 37 系列或 61 系列智能面板的负载端，作为智能面板的负载设备，且需占据以 L1 或 L3 打头的 2 个连续的输出端，比如 L1 和 L2、L3 和 L4，不能是 L2 和 L3，且选择的智能面板只能有偶数个负载输出端。线控窗帘电机配有一根 4 芯电缆线，其中包括棕色的正转控制线、黑色的反转控制线、蓝色的零线和黄绿色的接地线，错时分别给两根控制线通电，即可实现对窗帘的打开或关闭操作。

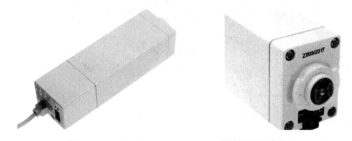

图 5-4-2　HK-55DX-U 线控窗帘电机

HK-55DX-U 线控窗帘电机需要经过以下步骤才能集成到海尔私有云平台控制系统中：

（1）通过上位机 SmartConfig 软件将其作为 37 系列或 61 系列智能面板的负载设备集成到工程中。

（2）发送配置文件到网关。

（3）设置 37 系列或 61 系列智能面板的网络号和面板号。

（4）发布配置信息到 37 系列或 61 系列智能面板。

（5）作为被控设备，通过安住·家庭 App 集成到海尔私有云平台。

HK-55DX-U 线控窗帘电机与照明灯具一样，作为智能面板的被控负载，不需要配置网络号和面板号。安住·家庭 App 主界面，选择"手动添加"选项卡，在"家居安防"目录的"窗帘"子目录中选择"窗帘电机 HK-55DX-U"进行添加。

知识点 2：无线窗帘电机

UCE-60DR-U5 无线窗帘电机是私有 ZigBee 协议的面板设备，需要经过以下步骤才能集成到海尔私有云平台控制系统中：

（1）通过上位机 SmartConfig 软件集成到工程中。

（2）发送配置文件到网关。

（3）设置无线窗帘电机的网络号和面板号。

（4）发布配置信息到无线窗帘电机。

（5）通过安住·家庭 App 集成到海尔私有云平台。

UCE-60DR-U5 无线窗帘电机及其配套遥控器如图 5-4-3、图 5-4-4 所示。

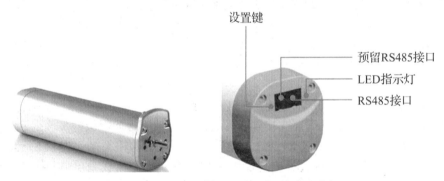

图 5-4-3　UCE-60DR-U5 无线窗帘电机

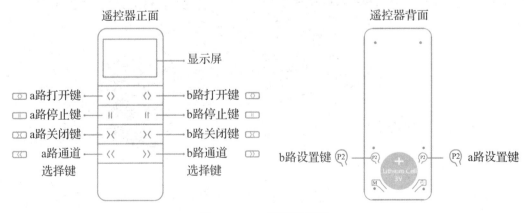

图 5-4-4　配套遥控器

UCE-60DR-U5 无线窗帘电机底部有一个 LED 指示灯，可以显示红色，也可以显示绿色。通过红色和绿色指示灯不同闪烁次数的组合，能够表示窗帘电机当前的面板号。UCE-60DR-U5 无线窗帘电机的面板号与指示灯的关系见表 5-4-1。

表 5-4-1　UCE-60DR-U5 无线窗帘电机的面板号与指示灯的关系

面板号	红色	绿色	面板号	红色	绿色	面板号	红色	绿色	面板号	红色	绿色
1		闪1下	9	闪1下	闪4下	17	闪3下	闪2下	25	闪5下	
2		闪2下	10	闪2下		18	闪3下	闪3下	26	闪5下	闪1下
3		闪3下	11	闪2下	闪1下	19	闪3下	闪4下	27	闪5下	闪2下
4		闪4下	12	闪2下	闪2下	20	闪4下		28	闪5下	闪3下
5	闪1下		13	闪2下	闪3下	21	闪4下	闪1下	29	闪5下	闪4下
6	闪1下	闪1下	14	闪2下	闪4下	22	闪4下	闪2下	30	闪6下	
7	闪1下	闪2下	15	闪3下		23	闪4下	闪3下	31	闪6下	闪1下
8	闪1下	闪3下	16	闪3下	闪1下	24	闪4下	闪4下	32	闪6下	闪2下

［方法 5-4-1］为无线窗帘电机设置网络号和面板号的步骤和方法。

第 1 步：长按无线窗帘电机底部的配置键 3 秒，无线窗帘电机底部的绿灯闪 1 次。

第 2 步：再次长按配置键 3 秒，无线窗帘电机将循环闪烁当前的面板号。

第 3 步：在"显示当前面板号"状态下，再次长按配置键 3 秒，红、绿灯交替闪烁，无线窗帘电机即处于待配置状态。

第 4 步：在"待配置"状态下，通过上位机软件 SmartConfig，按照项目五-任务二-知识点 3-［方法 5-2-4］中图 5-2-13 介绍的方法，将规划好的网络号和面板号发送给无线窗帘电机。无线窗帘电机接收到上位机下发的地址之后，指示灯熄灭，自动回到正常工作模式。

［方法 5-4-2］将配置数据发布给无线窗帘电机的步骤和方法。

在无线窗帘电机已经完成网络号和面板号的设置，且处于"正常"状态而非"待配置"状态下，按照项目五-任务二-知识点 3-［方法 5-2-5］中图 5-2-14 介绍的方法，使用上位机软件将生成的配置数据通过网关一次性发布到包括无线窗帘电机在内的所有面板设备中。

［方法 5-4-3］将无线窗帘电机集成到海尔私有云平台的步骤和方法。

在将上位机的配置文件下载到网关、无线窗帘电机完成网络号和面板号的设置、工程配置信息发布到面板后，还需要通过对网关和安住·家庭 App 进行设置，无线窗帘电机才能集成到海尔私有云平台中。

将无线窗帘电机集成到海尔私有云平台的方法与项目五-任务二-知识点 3-［方法 5-2-6］介绍的 37 系列智能面板的集成方法相同。打开安住·家庭 App 主界面，选择"手动添加"选项卡，在"家居安防"目录的"窗帘"子目录中选择"窗帘电机 HK-60DB-U"进行添加。

［方法 5-4-4］通过遥控器对无线窗帘电机进行设置的步骤和方法。

（1）对码操作。对遥控器与无线窗帘电机进行对码操作是进行后续设置的前提，对码操作的步骤和方法如图 5-4-5 所示。

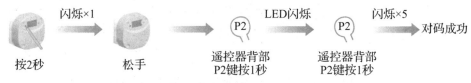

图 5-4-5　对码操作的步骤和方法

（2）换向设置。如果无线窗帘电机的实际运行方向与预期方向相反，则对其和遥控器进行如图 5-4-6 所示的操作。

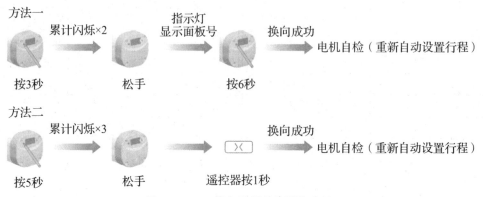

图 5-4-6　换向设置的步骤和方法

（3）手动设置边界。手动将窗帘运行到指定的打开位置或关闭位置，即可将该位置设置为自动运行时打开和关闭的边界位置，如图 5-4-7 所示。

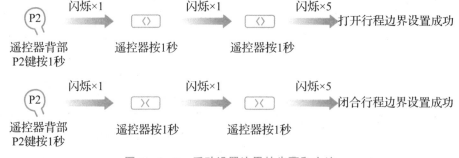

图 5-4-7　手动设置边界的步骤和方法

（4）设置第三行程点。除了可以设置窗帘的打开位置和关闭位置，还可以设置第三行程点。手动将窗帘运行到某一位置，即可将该位置设置为第三行程点，如图 5-4-8 所示。

图 5-4-8　设置第三行程点的步骤和方法

（5）清除行程。通过如图5-4-9所示的操作，可以清除行程边界和第三行程点等位置信息。

图5-4-9　清除行程的步骤和方法

（6）手拉启动功能。UCE-60DR-U5无线窗帘电机具有手拉一下，便能启动窗帘自动打开或关闭的功能，如图5-4-10所示。

图5-4-10　打开/关闭手拉启动功能的步骤和方法

任务实施

步骤1：按照图5-4-1所示，在遵守电气设备布线规范和工艺要求的前提下，对智能面板与线控窗帘电机进行硬件连线。

步骤2：按照图5-4-1所示，以TP-LINK无线路由器TL-WTR9200为中心，搭建包含上位机、网关控制器和平板Pad在内的以太网的局域网络系统，并连接到因特网。

步骤3：按照项目三［任务实施］的步骤2至步骤4介绍的方法配置拥有WiFi子网和以太网的局域网络系统，开启路由器的DHCP服务器功能。

步骤4：按照项目五-任务二-知识点6-［方法5-2-11］介绍的方法，创建新工程。

步骤5：按照项目五-任务二-知识点6-［方法5-2-12］介绍的方法，在设备树中添加被控负载设备，如图5-4-11所示。

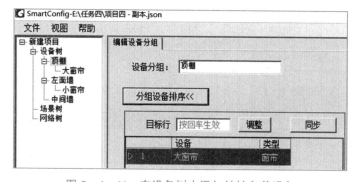

图5-4-11　在设备树中添加被控负载设备

步骤 6：按照项目五－任务二－知识点 6-［方法 5-2-13］介绍的方法，在网络树中添加网络，然后添加面板设备并规划面板号，如图 5-4-12 所示。

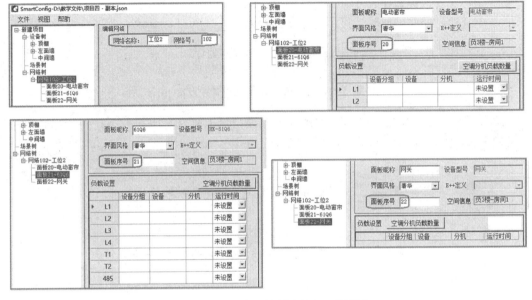

图 5-4-12　在网络树中添加面板设备

步骤 7：按照项目五－任务二－知识点 6-［方法 5-2-13］介绍的方法，在网络树中，以各负载端口的实际连接设备为准为各面板绑定负载设备，如图 5-4-13 所示。

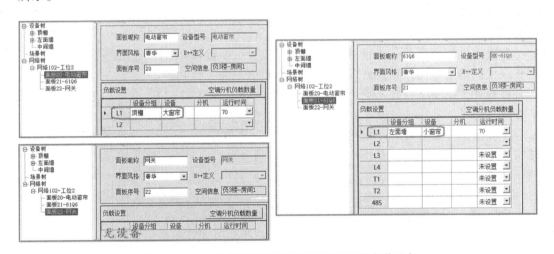

图 5-4-13　为各智能面板绑定实际连接的负载设备

步骤 8：按照项目五－任务二－知识点 6-［方法 5-2-16］介绍的方法，在网络树中编辑各面板的按键功能，如图 5-4-14 所示。

步骤 9：在已经打开网关的 ADB 功能的前提下，按照项目五－任务二－知识点 2-［方法 5-2-2］介绍的方法，给网关设置网络号为 102、面板号为 22。

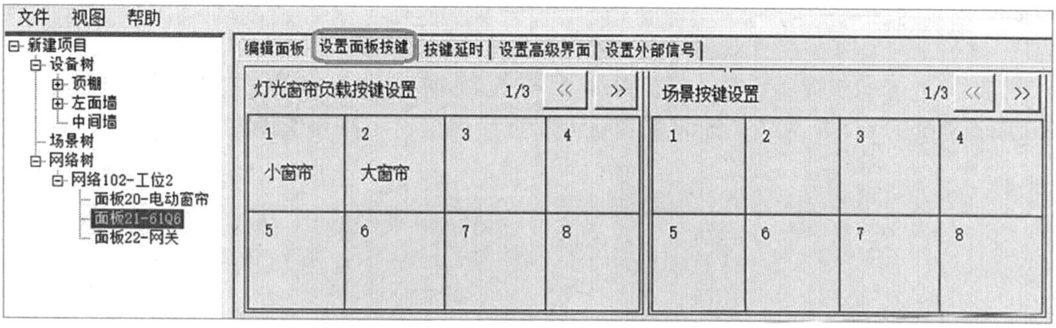

图 5-4-14 编辑各面板的按键功能

步骤 10：在已经打开网关的 ADB 功能的前提下，按照项目五－任务二－知识点 2－〔方法 5-2-3〕介绍的方法，将上位机配置的 hex 文件发送给网关。

步骤 11：按照本任务－知识点 2－〔方法 5-4-1〕介绍的方法，给无线窗帘电机设置网络号为 102、面板号为 20。

步骤 12：按照项目五－任务二－知识点 4－〔方法 5-2-7〕介绍的方法，给 61Q6 智能面板设置网络号为 102、面板号为 21。

步骤 13：按照项目五－任务二－知识点 4－〔方法 5-2-8〕和本任务－知识点 2－〔方法 5-4-2〕介绍的方法，将上位机的配置数据通过网关以 bin 文件形式发布给各私有 ZigBee 协议设备。

步骤 14：单击手机/平板上的"设置"图标，再单击"WLAN"，选择步骤 3 设置的 WiFi 名称进行 WiFi 连接，将手机/平板连接到无线路由器的 AP 上，并通过路由器的 DHCP 功能获取 100～199 范围内的一个唯一的主机地址，使其与上位机处于同一个局域网，该局域网内既可以进行有线以太网连接，也可以进行无线 WiFi 连接。

步骤 15：在已经打开网关的 ADB 功能的前提下，按照项目五－任务二－知识点 4－〔方法 5-2-9〕和本任务－知识点 2－〔方法 5-4-3〕介绍的方法，将 61Q6 智能面板所带的线控窗帘电机和无线窗帘电机集成到海尔私有云平台控制系统。

步骤 16：按照本任务－知识点 2－〔方法 5-4-4〕介绍的方法，对遥控器与无线窗帘电机进行对码操作和手拉启动功能设置等。

🏅 **功能验证**

通过以下 3 种方式控制两扇窗帘的打开和关闭：

（1）通过 61Q6 智能面板上的两个窗帘图标控制两扇窗帘的开关动作。由于这种控制需要的通信是在私有 ZigBee 协议组建的 mesh 网络中进行的，所以在断开外网和网关的情况下，这种控制方式仍然有效。

（2）通过安住·家庭 App 进行云平台控制。由于这种控制方式需要用到云平台，并且现场的私有 ZigBee 协议设备与云平台的交互需要借助网关转接，所以，在断开外网或网关的情况下，不能通过安住·家庭 App 控制两扇窗帘的开关动作。

（3）通过遥控器控制无线窗帘电机来驱动窗帘。这种方式属于本地无线控制，无须互联网和网关的参与。

✎ 任务总结与反思

如图 5-4-15 所示，61Q6 智能面板与无线窗帘电机和网关之间组成了私有 ZigBee 协议的 mesh 网络，各面板之间可以直接通信，不需要借助网关。

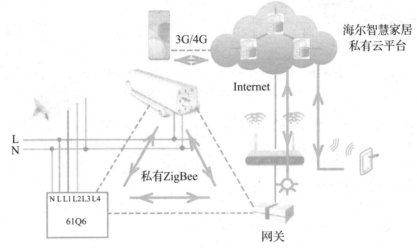

图 5-4-15　智慧窗帘物联网云平台控制系统的信息流

通过 61Q6 智能面板可控制线控窗帘电机的开关动作，无须任何通信。

通过安住·家庭 App 操控线控窗帘和无线窗帘电机时，系统先和云平台交互信息，云平台再借助网关与智能面板设备之间交互信息。

通过遥控器操控无线窗帘电机时，它们之间借助无线红外技术传输信息，与互联网和网关无关。

从信息流向的角度看，通过手机／平板 App 操控线控窗帘和无线窗帘电机时，需要外网云平台和网关的参与，否则相关功能不能实现。

任务五　红外监控报警的物联网云平台控制系统的集成设计与调试

🎯 任务目标

- 了解私有 ZigBee 协议设备与标准 ZigBee 协议设备集成方法的异同。
- 掌握红外探测器的工作原理以及将其集成到海尔私有云平台的步骤和方法。
- 掌握紧急按钮的工作原理以及将其集成到海尔私有云平台的步骤和方法。
- 掌握声光报警器的工作原理以及将其集成到海尔私有云平台的步骤和方法。
- 掌握 61 系列智能面板的工作原理以及将其集成到海尔私有云平台的步骤和方法。
- 掌握通过安住·家庭 App 在云平台上设计联动场景的步骤和方法。
- 理解本任务控制系统的信息流向。

主要设备器材清单

名称	型号	关键参数	数量
红外探测器	HS-21ZH	DC3V（1节CR123A电池），2.4GHz频段，标准ZigBee协议，工作电流<35mA，待机电流<15uA，待机时间1年以上，探测距离12米，探测角度110°，通信距离80米	1
紧急按钮	HS-21ZJ-U	DC3V（1节CR2032电池），2.4GHz频段，标准ZigBee协议，工作电流<30mA，待机电流<5uA，待机时间1年以上，通信距离40米	1
声光报警器	HS-21ZA-U	DC5V（1节3.7V锂电池），待机时间24小时以上，5V电源适配器，2.4GHz频段，标准ZigBee协议，通信距离80米	1
网关	HW-WZ2JA-U	支持标准ZigBee协议和私有ZigBee协议的双模网关，支持TCP/IP协议	1
华为平板Pad	AGS3-W00D	9.7英寸，分辨率1280像素×800像素，运行内存3GB，内存容量32GB，Android系统	1
TP-LINK路由器	TL-WTR9200	4根2.4GHz高增益单频天线和4根双5GHz高增益单频天线，1个千兆WAN口和4个千兆LAN口，2.4GHz频段的无线速率为800Mbps，2个5GHz频段的无线速率为867Mbps	1

任务内容

（1）按照图5-5-1所示，对红外探测器和声光报警器进行布局和硬件连接。

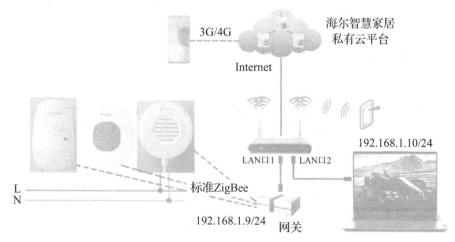

图5-5-1　红外监控报警的物联网云平台控制系统的接线原理图及网络拓扑结构

（2）集成设计红外监控报警的物联网云平台控制系统。

> 🎓 任务知识

知识点 1：红外探测器

HS-21ZH 红外探测器如图 5-5-2 所示，它是应用标准 ZigBee 协议的面板设备，与私有 ZigBee 协议面板设备不同，它不需要经过上位机 SmartConfig 软件的集成，只需按照规律操作设备上的相关按键就能集成到网关，然后通过安住·家庭 App 集成到海尔私有云平台控制系统。

LED指示灯/
测试键

防拆开关

图 5-5-2　HS-21ZH 红外探测器

[方法 5-5-1] 将红外探测器集成到网关的步骤和方法。

第 1 步：在已经打开网关的 ADB 功能的前提下，长按网关背部的"SET"键至面板的以太网指示灯不再闪烁，再持续按压 2 秒，网关进入持续大约 2 分钟的待入网配置的周期慢闪状态。

第 2 步：在网关处于"待配置"状态下，长按 HS-21ZH 红外探测器的"SET"键 7 秒，然后连续两次单击该配置键，红外探测器即启动入网操作，红色指示灯闪烁。

第 3 步：红色指示灯闪烁后常亮约 5 秒，则表示入网成功；红色指示灯闪烁后立即熄灭，则表示入网失败。

[方法 5-5-2] 将红外探测器退出网关的步骤和方法。

在已经打开网关的 ADB 功能、网关处于"待配置"状态、且红外探测器已经入网的情况下，长按 HS-21ZH 红外探测器的"SET"键 7 秒，然后连续两次单击该配置键，即可退网。

[方法 5-5-3] 将红外探测器集成到海尔私有云平台的步骤和方法。

第 1 步：单击手机/平板上的"设置"图标，再单击"WLAN"，将手机连接到和网关处于同一个局域网的 WiFi 子网。

第 2 步：在已经打开网关的 ADB 功能的前提下，长按网关背部的"SET"键 3 ~ 5 秒，网络指示灯停止闪烁后再持续按压 2 秒，网关进入持续大约 2 分钟的待入网模式，网络指示灯处于持续慢闪状态。

第 3 步：在网关处于"待入网"模式的前提下，打开安住·家庭 App，在主界面选择"设备"选项卡，单击右上角的"+"，进入"添加设备"界面，通过自动搜索到的"附近设备"选项卡添加网关和红外探测器，或者通过"手动添加"选项卡根据设备分类目录和设备型号进行添加。

知识点 2：紧急按钮

HS－21ZJ－U 紧急按钮如图 5－5－3 所示，它是应用标准 ZigBee 协议的面板设备。与红外探测器的集成方法类似，不需要经过上位机软件，只需按照规律操作设备上的相关按键就能将其集成到网关，然后通过安住·家庭 App 集成到海尔私有云平台控制系统中。

图 5－5－3　HS－21ZJ－U 紧急按钮

［方法 5－5－4］将紧急按钮集成到网关的步骤和方法。

将 HS－21ZJ－U 紧急按钮集成到网关的步骤和方法与集成 HS－21ZH 红外探测器相同。

［方法 5－5－5］将紧急按钮退出网关的步骤和方法。

将 HS－21ZJ－U 紧急按钮退出网关的步骤和方法与退出 HS－21ZH 红外探测器相同。

［方法 5－5－6］将紧急按钮集成到海尔私有云平台的步骤和方法。

将 HS－21ZJ－U 紧急按钮集成到海尔私有云平台的步骤和方法与集成 HS－21ZH 红外探测器相似，此处不再赘述。

知识点 3：声光报警器

HS－21ZA－U 声光报警器如图 5－5－4 所示，它是应用标准 ZigBee 协议的面板设备。与红外探测器的集成方法类似，不需要经过上位机软件，只需按照规律操作设备上的相关按键就能将其集成到网关，然后通过安住·家庭 App 集成到海尔私有云平台控制系统。

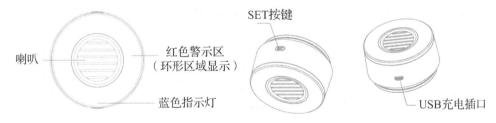

图 5－5－4　HS－21ZA－U 声光报警器

［方法 5－5－7］将声光报警器集成到网关的步骤和方法。

将 HS－21ZA－U 声光报警器集成到网关的步骤和方法与集成 HS－21ZH 红外探测器相同。

［方法 5－5－8］将声光报警器退出网关的步骤和方法。

将 HS－21ZA－U 声光报警器退出网关的步骤和方法与退出 HS－21ZH 红外探测器

相同。

[方法 5-5-9] 将声光报警器集成到海尔私有云平台的步骤和方法。

将 HS-21ZA-U 声光报警器集成到海尔私有云平台的步骤和方法与集成 HS-21ZH 红外探测器相似，此处不再赘述。

📻 **任务实施**

步骤 1：按照图 5-5-1 所示，在遵守电气设备布线规范和工艺要求的前提下，对声光报警器进行配电连线。

步骤 2：按照图 5-5-1 所示，以 TP-LINK 无线路由器 TL-WTR9200 为中心，搭建包含上位机、网关控制器和平板 Pad 在内的以太网的局域网硬件系统，并连接到因特网。

步骤 3：按照项目三 [任务实施] 的步骤 2 至步骤 4 介绍的方法配置拥有 WiFi 子网和以太网的局域网络系统，开启路由器的 DHCP 服务器功能。

步骤 4：在已经打开网关的 ADB 功能的前提下，按照本任务 - 知识点 1-[方法 5-5-1] 介绍的方法，将 HS-21ZH 红外探测器集成到网关。

步骤 5：在已经打开网关的 ADB 功能的前提下，按照本任务 - 知识点 2-[方法 5-5-4] 介绍的方法，将 HS-21ZJ-U 紧急按钮集成到网关。

步骤 6：在已经打开网关的 ADB 功能的前提下，按照本任务 - 知识点 3-[方法 5-5-7] 介绍的方法，将 HS-21ZA-U 声光报警器集成到网关。

步骤 7：在已经打开网关的 ADB 功能的前提下，按照本任务 - 知识点 1-[方法 5-5-3] 介绍的方法，将 HS-21ZH 红外探测器集成到海尔私有云平台。

步骤 8：在已经打开网关的 ADB 功能的前提下，按照本任务 - 知识点 2-[方法 5-5-6] 介绍的方法，将 HS-21ZJ-U 紧急按钮集成到海尔私有云平台。

步骤 9：在已经打开网关的 ADB 功能的前提下，按照本任务 - 知识点 3-[方法 5-5-9] 介绍的方法，将 HS-21ZA-U 声光报警器集成到海尔私有云平台。

步骤 10：打开安住·家庭 App，按照项目五 - 任务二 - 知识点 6-[方法 5-2-15] 介绍的方法，设计"红外探测器探测到有人即报警"和"紧急按钮按下即报警"联动报警场景。

🏅 **功能验证**

声光报警器在以下两种情况下均可以发出报警声：
（1）红外探测器探测到有人。
（2）手动按下紧急按钮。

✏️ **任务总结与反思**

如图 5-5-5 所示，红外探测器、紧急按钮、声光报警器与网关之间采用标准 ZigBee 协议进行网络通信，由于它们均为 RFD 精简功能设备，因此 3 个设备之间是不可以直接通信的，需要借助网关，而且它们与海尔私有云平台之间的通信也需要借助网关。

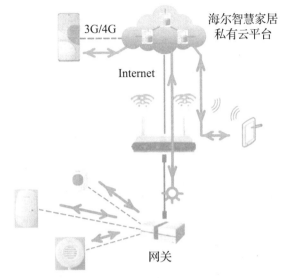

图 5-5-5　红外监控报警物联网云平台控制系统的信息流

按下紧急按钮后，报警信号首先传送给网关，网关将报警信号传送给声光报警器完成报警。同理，当红外探测器探测到有人时，也是先将信号传送给网关，网关再将信号传送给声光报警器完成报警。从信息流向的角度看，手机 / 平板与 3 个设备交互信息时，首先要与海尔私有云平台互通信息，再通过网关进行转交。手机 / 平板与 3 个节点设备之间的通信不仅需要网关参与，还需要云平台参与，否则相关功能不能实现。

任务六　Keeybus 系统的物联网云平台控制系统的集成设计与调试

任务目标

- 掌握 Keeybus 总线最小系统的构成。
- 掌握 Keeybus 通信网关的工作原理。
- 掌握 Keeybus 总线电源的工作原理。
- 掌握宽色温射灯及配套寻址设备的工作原理以及将其集成到海尔私有云平台的步骤和方法。
- 掌握宽色温灯带及配套寻址设备的工作原理以及将其集成到海尔私有云平台的步骤和方法。
- 掌握利用上位机 SmartConfig 软件设计 Keeybus 总线系统联动场景的步骤和方法。
- 理解本任务控制系统的信息流向。

📚 主要设备器材清单

名称	型号	关键参数	数量
Keeybus 通信网关	QYDL485MT	DC12V，支持有线以太网协议、无线 WiFi 协议、IEC62386-101（DALI 协议标准），无线 MAC 地址过滤，无线安全功能开关、64/128/152 位 WEP 加密、WPA-PSK/WPA2-PSK、WPA/WPA2 安全机制，2 个以太网口、2 个 KEEY-BUS 接口、1 个 USB 口（host/slave），保护等级 IP20	1
Keeybus 总线电源	QY-KXT101001	AC220V，2 路功能完全相同的 Keeybus 信号通道，1 路受控于 Keeybus 总线"广播-OFF"信号的继电器常开触点输出	1
筒（射）灯	QYHE0065	DC24V，200mA，光照 590lm，24° 光束角，色温中性光	5
灯带	QYHE3528D	DC24V，14.4W/m，光照 1000lm/m，120° 光束角，双色温	1
筒（射）灯寻址设备	QYDLCC15	输入 AC220V，输出 DC5～50V，150～360mA，最大 15W 输出，内置有源 PFC 功能，CLED-（3000K 色温 LED 的负极），WLED-/LED-（6000K 色温 LED 的负极）	5
灯带寻址设备	QYDL15024	输入 AC220V，输出 DC24V，PWM 输出，最大 150W 输出，调光范围：0.1%～100%	1
智能开关面板	61Q6	智能触控液晶面板，4 路继电器输出，2 路可控硅输出负载，可接调光型负载，485 通信，单控，场景模式	1
网关	HW-WZ2JA-U	支持标准 ZigBee 协议和私有 ZigBee 协议的双模网关，支持 TCP/IP 协议	1
华为平板 Pad	AGS3-W00D	9.7 英寸，分辨率 1280 像素 ×800 像素，运行内存 3GB，内存容量 32GB，Android 系统	1
TP-LINK 路由器	TL-WTR9200	4 根 2.4GHz 高增益单频天线和 4 根双 5GHz 高增益单频天线，1 个千兆 WAN 口和 4 个千兆 LAN 口，2.4GHz 频段的无线速率为 800Mbps，2 个 5GHz 频段的无线速率为 867Mbps	1
上位机集成软件	SmartConfig V1.I.3.7	上位机集成设计，生成的配置文件下载到网关，设置的网络号和面板号发送至各智能面板	1

📦 任务内容

（1）按照图 5-6-1 所示，对 Keeybus 总线系统进行硬件连接。

（2）按照图 5-6-2 所示，利用上位机 SmartConfig 软件将 Keeybus 智能照明系统作为 61Q6 智能面板的 485 型负载进行集成设计，设置回家模式和离家模式场景，将上位机配置文件发送至网关。

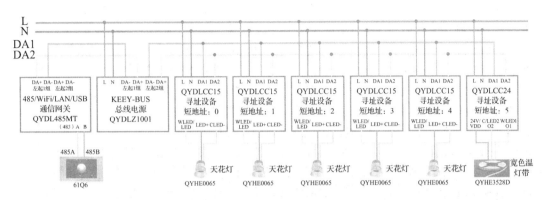

图 5-6-1　Keeybus 总线系统硬件接线原理图

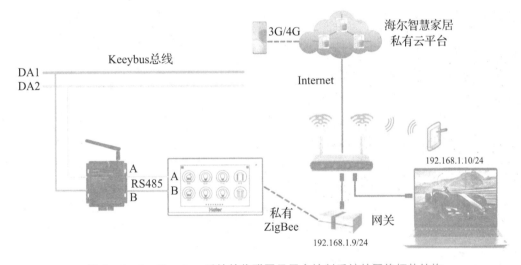

图 5-6-2　**Keeybus** 系统的物联网云平台控制系统的网络拓扑结构

（3）利用安住·家庭 App 将 Keeybus 智能照明系统集成到海尔私有云平台控制系统。

🎓 | **任务知识**

知识点 1：Keeybus 总线系统

IEC 62386-101/102 标准是一种在国际智能照明调光灯具领域主流的总线通信协议之一，又称为 DALI 通信协议。KEEY-BUS 协议由企一集团研发，可全面兼容 DALI 通信协议及市场上现有的 DALI 接口设备，并对 DALI 协议进行了有效扩充，使用户可以灵活地配置电动窗帘驱动器、可编程照明控制按键、传感器或总线耦合器等设备。

Keeybus 总线系统采用曼彻斯特编码的双线差分信号，借助总线电源模块提供的 DC16V 电源，在 DA1、DA2 总线上进行各总线设备间的半双工、异步串行通信。

如图 5-6-3 所示为 Keeybus 总线最小系统，该系统中至少需要包含 1 个总线电源、1 个控制主机和 1 个总线寻址设备。其中，总线电源为 DALI 总线提供 DC16V、0～250mA 的直流电源。控制主机在 Keeybus 总线控制系统中作为控制主体，实现对被控设备的控制，还能反馈被控设备的实时状态。实际控制系统中，控制主机可以是该系统中的传感器，也可以是其他相同协议类型或者不同协议类型的人机操控界面。集成不同通信协议的第三方厂家的网络设备需要借助网关才能与另外一种通信协议设备相互通信。如图 5-6-3 所示，控制主机演变为网关与智能面板的组合，海尔 61Q6 智能面板与 Keeybus 通信网关采用 485 通信方式，Keeybus 通信网关则在 485 通信与 Keeybus 协议间进行协议转换。Keeybus 总线系统中的被控负载设备如宽色温筒灯不能直接挂接在 Keeybus 总线上，必须借助寻址设备才能与总线交互信息，其状态会通过寻址设备实时反馈到总线上的控制主机。

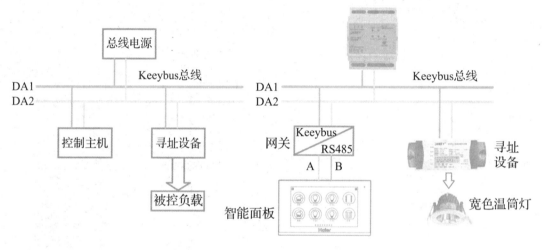

图 5-6-3　Keeybus 总线最小系统

单个 KEEY-BUS 系统为每个寻址设备指定了一个唯一的地址，称为短地址，短地址需要通过上位机 Keeybus 软件在线分配和编辑。KEEY-BUS 系统规定，单个 KEEY-BUS 系统最多允许存在 64 个短地址设备，因此寻址设备的短地址的取值范围是 0～63。由于每个寻址设备控制驱动 1 个被控灯具，因此，常常把寻址设备的短地址称为被控灯具的短地址，实际上，被控灯具是不能直接挂接在 Keeybus 总线上的。

KEEY-BUS 系统允许将多个同类型的灯具划分为一个组进行统一操控，这样可以实现多个同类型的灯具同开同关，且具有同样的亮度和色温。单个 KEEY-BUS 系统最多允许存在 16 个组，组编号的取值范围为 0～15，SmartConfig 软件将 Keeybus 软件中的组号称为组地址。一般情况下，同一个组的多个灯具的短地址可以是连续的，也可以是不连续的。具有唯一短地址的多个灯具中，数值最小的短地址即为本组的首地址。例如，短地址分别为 3、6、7 的 3 个灯具构成组 0，这个组的首地址就为 3。

Keeybus 通信网关 Keeybus 总线通信接口以下的控制系统在 Keeybus 总线系统中拥有 1 个唯一的区域地址，它由网关中的 5 位区域地址拨码开关通过 8421 码制设定。区域地址的取值范围是 0 ～ 15，也就是说，拨码开关的第 5 位无效。1 个智能调光系统可以包含多个 Keeybus 通信网关连接的多个 Keeybus 总线系统。例如，海尔的 70 系列智能面板最多允许接入 2 个 Keeybus 通信网关，也就是说，它可以同时控制 2 个 Keeybus 调光子系统，且这 2 个 Keeybus 调光子系统的区域地址不能相同。

KEEY-BUS 系统允许通过上位机 Keeybus 软件设置 16 个场景。通过不同场景的设计，可以指定不同的亮度和色温，场景编号的取值范围为 0 ～ 15。Keeybus 软件中定义的场景号就是 SmartConfig 软件中的"外接灯光模块场景号"。

知识点 2：Keeybus 通信网关

QYDL485MT 通信网关如图 5-6-4 所示，其顶部上方有 2 盏指示灯和 3 组按钮开关。2 盏指示灯分别是数据通信指示灯和电源指示灯。当网关中发生数据通信时，数据通信指示灯会闪烁。当网关正常通电时，电源指示灯会常亮。EXT（Extension）开关是无线桥接开关，按下该开关即开启了网关的无线桥接功能。WPS（WiFi Protected Setup）开关是无线保护开关，按下该开关即开启了网关的无线安全加密功能。网关顶部还有一组 5 个采用 8421 编码方式的白色拨码开关，用于设置网关的区域地址，区域地址最大可设置为 15，即 1 ～ 4 号拨码开关均拨到 ON。QYDL485MT 通信网关底部下方有 7 个接线端和 1 个 LAN 口，左边 4 个接线端同属 1 个 Keeybus 总线网络的 2 组 Keeybus 信号接口，右边 3 个接线端是 RS485 通信接口。QYDL485MT 通信网关面板各部分功能见表 5-6-1。

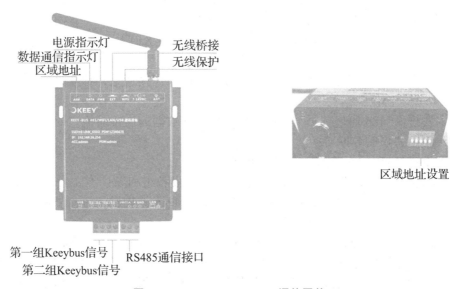

图 5-6-4　QYDL485MT 通信网关

表 5-6-1　QYDL485MT 通信网关面板各部分功能

面板位置	名称	功能	功能描述
正面上方	Add	区域地址	一般情况下，一个通信网关设置一个与其他网关不同的区域地址
正面上方	DATA	数据通信指示灯	网关中存在数据交换时，该指示灯闪烁
正面上方	PWR	电源指示灯	网关通电时，电源指示灯常亮
正面上方	EXT	无线桥接开关	按下该开关，该网关与相邻的其他网关建立无线桥接
正面上方	WPS	无线保护开关	按下该开关，该网关启用无线 WiFi 安全加密功能
正面下方	USB	上位机连接口	该 USB 口用于与上位机连接，对 KEEY-BUS 系统进行相关设置
正面下方	DA+	第 1 组 Keybus 信号	连接 Keybus 总线，与第 2 组 Keybus 信号同属 1 个调光系统，即区域地址相同
正面下方	DA-		
正面下方	DA+	第 2 组 Keybus 信号	连接 Keybus 总线，与第 1 组 Keybus 信号同属 1 个调光系统，即区域地址相同
正面下方	DA-		
正面下方	A	RS485 通信信号 A	RS485 通信信号
正面下方	B	RS485 通信信号 B	
正面下方	GND	RS485 通信屏蔽地	RS485 通信信号屏蔽
顶部	拨码开关	区域地址	设置 Keybus 总线系统的区域地址

QYDL485MT 通信网关可以实现以下功能：

（1）配合上位机 Keybus 软件，通过 USB 口对 KEEY-BUS 系统设备进行测试、寻址和配置，实现 USB 数据与 Keybus 协议数据的转换。

（2）实现手机 / 平板等移动设备通过 WiFi 网络与 KEEY-BUS 系统的数据通信，即实现 WiFi 与 Keybus 协议的协议数据转换。

（3）实现以太网数据与 KEEY-BUS 系统数据的连接通信，即实现以太网协议与 Keybus 协议的协议数据转换。

（4）实现 RS485 通信数据与 KEEY-BUS 系统数据的连接通信，即实现 RS485 通信与 Keybus 协议的数据转换。

（5）设定 KEEY-BUS 子系统的区域地址。

（6）为各 Keybus 总线寻址设备设置短地址、设备组和场景等。

（7）作为 61 系列或 70 系列智能面板的 485 型负载，集成到海尔私有云平台控制系统。

［方法 5-6-1］通过 Keybus 软件为寻址设备设置短地址的步骤和方法。

使用专用连接电缆将上位机连接到 QYDL485MT 通信网关，通过 Keybus 软件为寻址设备设置短地址的步骤和方法如图 5-6-5 所示，必须确保每个寻址设备的短地址不相同，且取值范围为 0 ～ 63。

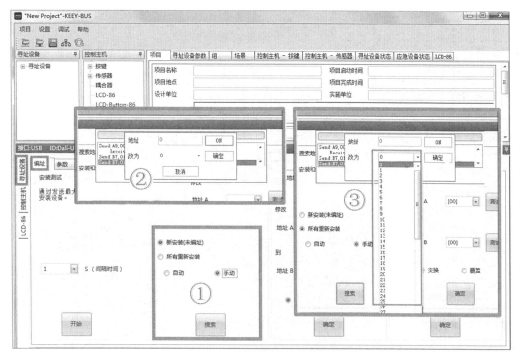

图 5－6－5　通过 Keeybus 软件为寻址设备设置短地址

［方法 5－6－2］通过 Keeybus 软件设置设备组的步骤和方法。

使用专用连接电缆将上位机连接到 QYDL485MT 通信网关，通过 Keeybus 软件设置设备组的方法如图 5－6－6 所示。设备组的组号（0 ～ 15）即为 SmartConfig 软件中的组地址，设备组的成员设备可根据需求任意选择，它们的短地址不要求一定连续，可以有间隔。

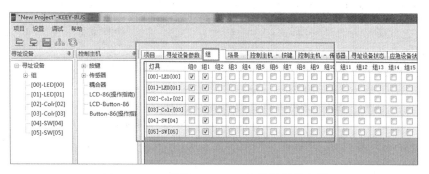

图 5－6－6　通过 Keeybus 软件设置设备组

［方法 5－6－3］通过 Keeybus 软件设置场景的步骤和方法。

使用专用连接电缆将上位机连接到 QYDL485MT 通信网关，通过 Keeybus 软件设置场景的方法如图 5－6－7 所示。Keeybus 软件中的场景号（0 ～ 16）即为 SmartConfig 软件集成时的外接灯光模块的场景号，某个寻址设备是否执行某个设定的场景取决于 SmartConfig 软件中的相关设置。

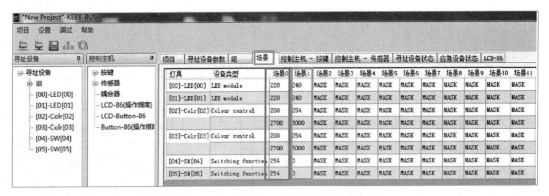

图 5-6-7　通过 Keeybus 软件设置场景

知识点 3：Keeybus 总线电源

QY-KXT101001 总线电源如图 5-6-8 所示，它可以为 DALI 总线提供 DC16V、0 ~ 250mA 的直流电源，供各总线模块使用。如图 5-6-1 所示，右侧的 6 个寻址设备构成了一个 Keeybus 总线子系统，通信网关与总线电源构成了另外一个 Keeybus 总线子系统，两个 Keeybus 总线子系统通过总线电源模块耦合成了 1 个 KEEY-BUS 系统。模块右侧的按钮用于手动强制接通继电器输出的常开触点。

QY-KXT101001 总线电源模块面板各部分的功能见表 5-6-2。

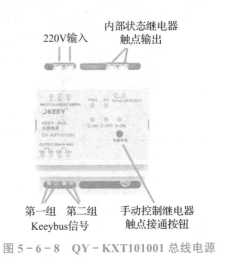

图 5-6-8　QY-KXT101001 总线电源

表 5-6-2　QY-KXT101001 总线电源模块面板各部分的功能

面板位置	名称	功能	功能描述
正面上方	L	220V 输入电源	总线电源模块的工作电源
正面上方	N		
正面上方	触点 1	内部状态继电器输出常开触点	当电源模块出现过载或者总线短路时，该继电器输出触点会接通；否则，该触点会断开
正面上方	触点 2		
正面中部	手控开关	接通触点	手动强制接通内部继电器输出常开触点
正面下方	DA-	第 1 组 Keeybus 信号	总线电源的两组 Keeybus 信号同属 1 个调光系统，即区域地址相同。两组 Keeybus 信号的接入端可以实现将两段独立的 Keeybus 总线网络融合成一个 Keeybus 总线网络
正面下方	DA+		
正面下方	DA-	第 2 组 Keeybus 信号	
正面下方	DA+		

知识点 4：宽色温射灯及配套寻址设备

QYHE0065 射灯不是 Keeybus 总线设备，不能直接挂接在 Keeybus 总线上，需要配套一个 QYDLCC15 寻址设备。QYHE0065 射灯配有一根 3 芯电缆，其中白色线为 LED 冷光控制端 CLED-，黄色线为 LED 暖光控制端 WLED-，红色线为 LED 电源正极。QYHE0065 射灯及 QYDLCC15 恒流调光调色寻址设备如图 5-6-9 所示。

图 5-6-9　QYHE0065 射灯及 QYDLCC15 恒流调光调色寻址设备

与 QYHE0065 射灯配套的寻址设备是 QYDLCC15 恒流调光调色寻址设备，它的短地址需要借助 QYDL485MT 通信网关通过上位机 Keeybus 软件进行在线分配和编辑。如图 5-6-10 所示，其左侧有 5 个接线端子，其中 DA1 和 DA2 连接 Keeybus 总线，L 和 N 连接 220V 交流市电。其右侧有 3 个接线端子和一组 4 个拨码开关，其中 3 个接线端子分别是 CLED- 连接射灯的白色线，LED+ 连接射灯的红色线，WLED- 连接射灯的黄色线。根据射灯的额定电流值和拨码开关设置图，1～3 号拨码开关用于设定寻址设备的输出电流，需满足寻址设备的输出电流大于等于且接近于射灯的额定电流。4 号拨码开关用于设定射灯是单色灯还是双色灯。

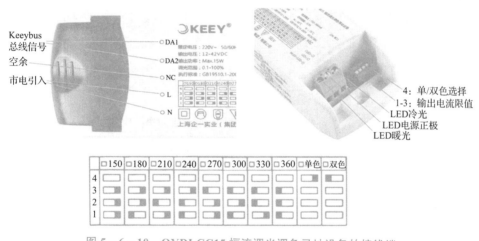

图 5-6-10　QYDLCC15 恒流调光调色寻址设备的接线端

给 QYDLCC15 寻址设备设定短地址的步骤和方法参见本任务 - 知识点 2-［方法 5-6-1］。

知识点 5：宽色温灯带及配套寻址设备

QYHE3528D 宽色温灯带不是 Keeybus 总线设备，不能直接挂接在 Keeybus 总线上，需要配套一个 QYDL15024 寻址设备。QYHE3528D 宽色温灯带配有一根 3 芯电缆，其中白色线为 LED 冷光控制端 CLED2，黄色线为 LED 暖光控制端 WLED1，棕色线为 24V 电源正极。QYHE3528D 宽色温灯带及 QYDL15024 恒流调光调色寻址设备如图 5-6-11 所示。

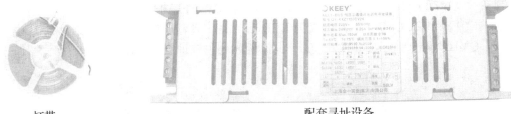

灯带　　　　　　　　　　　　　　　　配套寻址设备

图 5-6-11　QYHE3528D 宽色温灯带及 QYDL15024 恒流调光调色寻址设备

与 QYHE3528D 宽色温灯带配套的寻址设备是 QYDL15024 恒压调光调色寻址设备，它的短地址需要借助 QYDL485MT 通信网关，通过上位机 Keeybus 软件进行在线分配和编辑。如图 5-6-12 所示，其左侧有 5 个接线端子，Keeybus 总线连接到上面两个端子，电源地连接到第三个端子，220V 交流市电连接到最下面两个接线端子。其右侧有 5 个接线端子，上面两个端子依次连接灯带的黄色暖光控制线和白色冷光控制线，最下面的端子是 24V 电源正极，连接灯带棕色线。打开寻址设备的盒盖，右上角有一组 2 个拨码开关，由于灯带是冷光 / 暖光双色控制型负载，因此应将两个拨码开关拨到 OFF 位置。

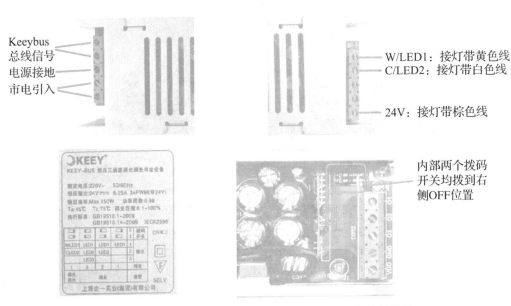

Keeybus 总线信号
电源接地
市电引入

W/LED1：接灯带黄色线
C/LED2：接灯带白色线

24V：接灯带棕色线

内部两个拨码开关均拨到右侧OFF位置

图 5-6-12　QYDL15024 恒压调光调色寻址设备的接线端

给 QYDL15024 寻址设备设定短地址的步骤和方法参见本任务 [方法 5-6-1]。

　知识点 6：将企一 Keeybus 总线系统集成到海尔私有云平台

KEEY-BUS 系统作为 61 系列或 70 系列智能面板的 485 型负载，需要经过以下步骤才能集成到海尔私有云平台控制系统中：

（1）通过上位机 SmartConfig 软件集成到工程中。

（2）发送配置文件到网关。

（3）设置 61 系列或 70 系列智能面板的网络号和面板号。

（4）发布配置信息到 61 系列或 70 系列智能面板。

（5）作为"外接灯光控制模块"，通过安住·家庭 App 集成到海尔私有云平台。

［方法 5-6-4］将 Keeybus 总线系统集成到 SmartConfig 工程中的设备树的步骤和方法。

第 1 步：如图 5-6-13 所示，在新建工程中添加"客厅"分组，选择"485 型"设备，单击"外接灯光控制模块"，单击"添加"按钮。

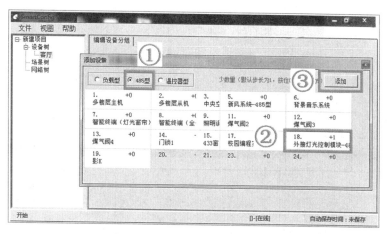

图 5-6-13　添加分组和设备

第 2 步：如图 5-6-14 所示，在"编辑设备"选项卡中，"厂商"一栏选择第三方厂商"企一"，在"添加"按钮左侧选择需要添加的企一 KEEY-BUS 系统中寻址设备的数量，单击"添加"按钮，单击"分机 1"左侧栏，在出现的"辅助窗口"中的"灯类型"栏选择"色温调光灯"，即可完成分机 1 的添加操作。

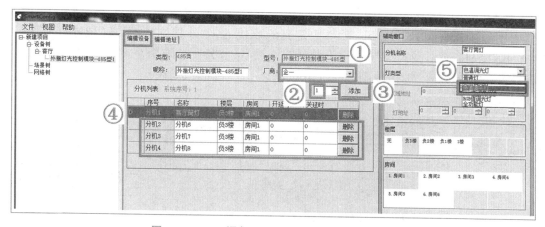

图 5-6-14　添加 Keeybus 系统中的寻址设备

［注］上位机 SmartConfig 软件中的"分机"即为企一 KEEY-BUS 系统中的"寻址设备／短地址设备"，有多少个寻址设备，就应该在上位机 SmartConfig 软件集成设计时添加多少个分机。

第 3 步：按照图 5-6-15 所示，在"编辑地址"选项卡中给每个分机填写

Keeybus 系统中规划的区域地址。如果这些分机设备没有在 Keeybus 软件中分组，则将该寻址设备的短地址填写到"灯地址 1"栏。如果这些分机设备在 Keeybus 软件中已设置分组，则将该组的"组号"和"首地址"填写到所有参与分组的分机的"组地址"和"首地址"中。

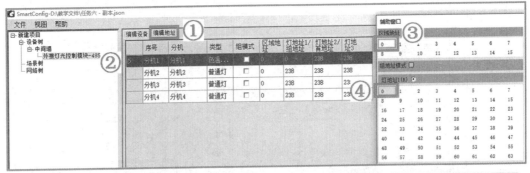

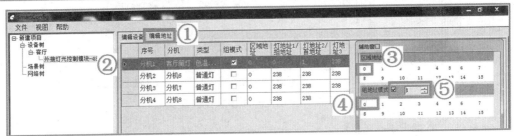

图 5 - 6 - 15　给每个寻址设备填写 Keeybus 系统中的规划地址

［方法 5 - 6 - 5］在 SmartConfig 工程中给 Keeybus 总线系统设置场景的步骤和方法。

如图 5 - 6 - 16 所示，在场景树中创建回家场景，修改场景名等参数。其中"外接灯光模块场景号"是 Keeybus 软件中定义的场景号，"外接灯光模块区域地址号"是 QYDL485MT 通信网关中拨码开关设置的区域号，"亮度"取值范围为 0 ～ 7（7 为最高亮度），"色温值"取值范围为 0 ～ 100（100 表示色温值最高）。

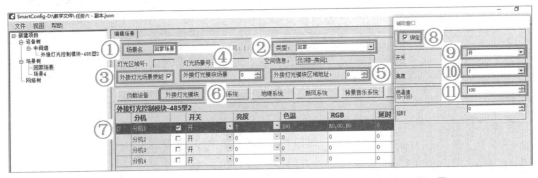

图 5 - 6 - 16　在 SmartConfig 工程中给 Keeybus 总线系统设置场景

［方法 5 - 6 - 6］将 KEEY - BUS 系统集成到海尔私有云平台的步骤和方法。

第 1 步：如图 5 - 6 - 17 所示，在新建工程的网络树中添加网络，然后添加一个带有 485 通信接口的 61Q6 智能面板，由于 KEEY-BUS 系统是通过 485 接口与 61Q6 智能面板通信并接入海尔智慧家居系统中的，因此 KEEY-BUS 系统的"外接灯光控制模块"实际上是连接到 61Q6 智能面板的 485 负载端。

图 5-6-17　将 KEEY-BUS 系统添加到 61Q6 智能面板

第 2 步：与项目五-任务二-知识点 4 介绍的方法相同，通过手机/平板 App 将系统集成到海尔私有云平台时，自动搜索"附近设备"，选择 61Q6 智能面板所带的负载设备"分机 x"或"60 场景"进行添加。

任务实施

步骤 1：在遵守机电产品装配规范和工艺要求的前提下，对图 5-6-1 所示的各模块进行布局、安装和固定。

步骤 2：在遵守电气设备布线规范和工艺要求的前提下，按照图 5-6-1 对 Keybus 总线设备进行连接。

步骤 3：按照图 5-6-2 所示，以 TP-LINK 无线路由器 TL-WTR9200 为中心，搭建包含上位机、网关控制器和平板 Pad 在内的以太网的局域网硬件系统，并连接到因特网。

步骤 4：按照项目三〔任务实施〕的步骤 2 至步骤 4 介绍的方法配置拥有 WiFi 子网和以太网的局域网络系统，开启路由器的 DHCP 服务器功能。

步骤 5：按照本任务-知识点 2-〔方法 5-6-1〕介绍的方法，利用 Keybus 软件为图 5-6-1 所示的 6 个寻址设备分别设置短地址为 0、1、2、3、4 和 5。

步骤 6：按照本任务-知识点 2-〔方法 5-6-2〕介绍的方法，利用 Keybus 软件将图 5-6-18 所示的 6 个寻址设备设置为 1 个组，组号为 0。

步骤 7：如图 5-6-19 所示，按照本任务-知识点 2-〔方法 5-6-3〕介绍的方法，利用 Keybus 软件为 6 个寻址设备设置为 2 个场景：回家场景为场景 0，离家场景为场景 1。回家场景中，5 盏射灯和 1 个灯带的亮度设置为 254，即最亮；色温均设置为 6000，即冷光最大值。离家场景中，5 盏射灯和 1 个灯带的亮度设置为 0，即熄灭；色温采用默认值 MASK。

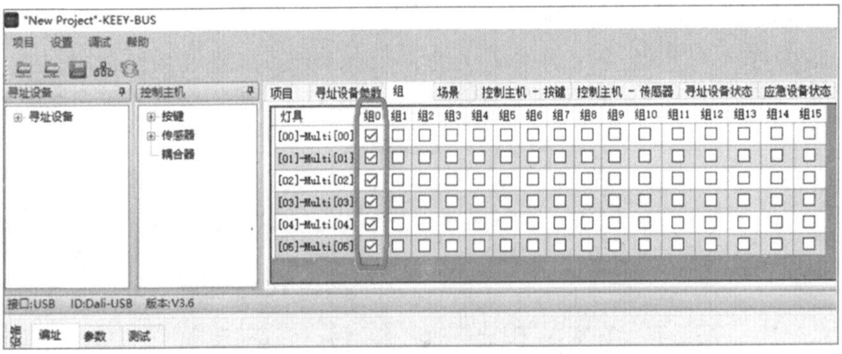

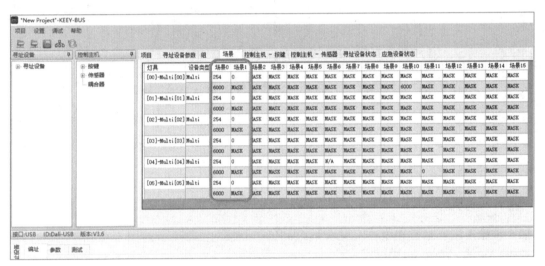

图 5-6-18　在 Keeybus 软件中设置组 0

图 5-6-19　在 Keeybus 软件中设置 2 个场景

步骤 8：按照项目五-任务二-知识点 6-［方法 5-2-11］介绍的方法创建新工程。

步骤 9：按照本任务-知识点 6-［方法 5-6-4］介绍的方法，将 Keeybus 总线系统添加到 SmartConfig 工程的设备树中，如图 5-6-20 所示。

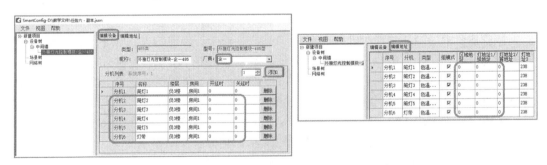

图 5-6-20　在设备树中添加 Keeybus 系统

步骤 10：按照本任务-知识点 6-［方法 5-6-5］介绍的方法，在 SmartConfig

工程的场景树中设置回家模式和离家模式，如图 5-6-21、图 5-6-22 所示。

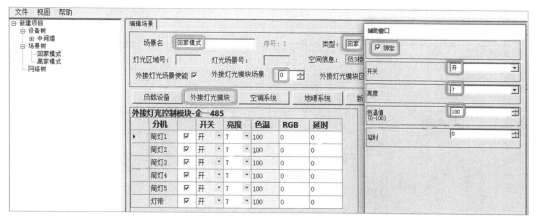

图 5-6-21　设置回家模式

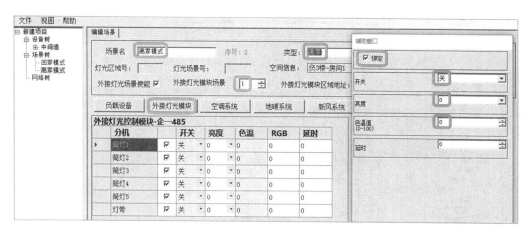

图 5-6-22　设置离家模式

步骤 11：按照项目五-任务二-知识点 6-［方法 5-2-13］介绍的方法，在网络树中添加网络，然后添加面板设备并规划网络号和面板号，如图 5-6-23 所示。

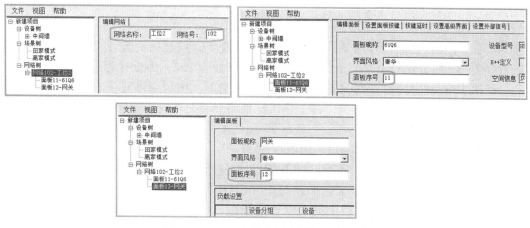

图 5-6-23　在网络树中添加面板设备

步骤 12：按照项目五－任务二－知识点 6-［方法 5-2-13］介绍的方法，在网络树中为 61Q6 智能面板绑定 485 型负载企一系统，如图 5-6-24 所示。

图 5-6-24　为 61Q6 智能面板的 485 端口绑定 Keeybus 系统

步骤 13：按照项目五－任务二－知识点 6-［方法 5-2-16］介绍的方法，在网络树中编辑智能面板的按键功能，如图 5-6-25 所示。

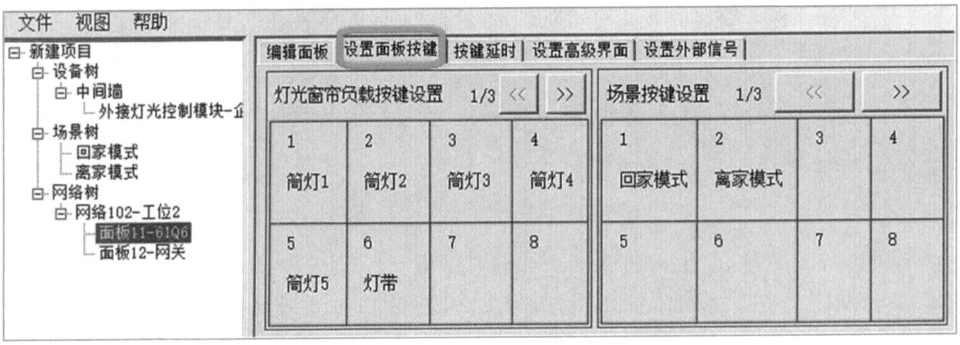

图 5-6-25　编辑 61Q6 智能面板的按键功能

步骤 14：在已经打开网关的 ADB 功能的前提下，按照项目五－任务二－知识点 2-［方法 5-2-2］介绍的方法，给网关设置网络号为 102、面板号为 12。

步骤 15：在已经打开网关的 ADB 功能的前提下，按照项目五－任务二－知识点 2-［方法 5-2-3］介绍的方法，将上位机配置的 hex 文件发送给网关。

步骤 16：按照项目五－任务二－知识点 4-［方法 5-2-7］介绍的方法，给 61Q6 智能面板设置网络号为 102、面板号为 11。

步骤 17：按照项目五－任务二－知识点 4-［方法 5-2-8］介绍的方法，将上位机的配置数据通过网关以 bin 文件形式发布给 61Q6 智能面板。

步骤 18：单击手机/平板上的"设置"图标，再单击"WLAN"，选择步骤 4 设置的 WiFi 名称进行 WiFi 连接，将手机/平板连接到无线路由器的 AP 上，并通过路由器的 DHCP 功能获取 100 ～ 199 范围内的一个唯一的主机地址，使其与上位机处于同一个局域网，该局域网内可以进行有线以太网连接，也可以进行无线 WiFi 连接。

步骤 19：在已经打开网关的 ADB 功能的前提下，按照本任务 - 知识点 6-［方法 5-6-6］介绍的方法，将 Keeybus 总线系统集成到海尔私有云平台控制系统。

❂ 功能验证

企一 Keeybus 总线照明系统中的每盏灯的点亮与熄灭都有以下两种方式：

（1）单击 61Q6 智能面板上的任意一个筒灯（射灯）图标，5 盏筒灯（射灯）同时点亮、同时熄灭、同步调节亮度和色温。

（2）单击 61Q6 智能面板上的回家 / 离家模式图标，5 盏筒灯（射灯）也是同时点亮、同时熄灭、同步调节亮度和色温。

✑ 任务总结与反思

如图 5-6-26 所示，61Q6 智能面板与 Keeybus 总线设备通过 Keeybus 通信网关实现信息互通，61Q6 智能面板与 HW-WZ2JA-U 双协议网关之间采用私有 ZigBee 协议进行通信，HW-WZ2JA-U 双协议网关再通过路由器连接到海尔私有云平台。手机 / 平板与 Keeybus 总线设备之间的信息交互是通过云平台，经由 HW-WZ2JA-U 双协议网关、61Q6 智能面板、Keeybus 通信网关，最终通过 Keeybus 总线实现的。

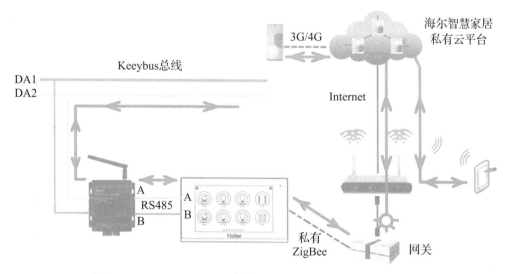

图 5-6-26　Keeybus 系统的物联网云平台控制系统的信息流

使用 61Q6 智能面板操控 Keeybus 总线设备时，通过 Keeybus 通信网关直接交互信息，不需要网关的参与。使用手机 / 平板操控 Keeybus 总线设备时，则需要外网云平台和网关的参与，否则相关功能不能实现。

任务七 燃气套装的物联网云平台控制系统的集成设计与调试

任务目标

- 掌握中央控制模块的工作原理。
- 掌握燃气探测器的工作原理。
- 掌握燃气报警切断器的工作原理。
- 掌握燃气管道机械手的工作原理。
- 掌握将燃气套装集成到海尔私有云平台的步骤和方法。
- 理解本任务控制系统的信息流向。

主要设备器材清单

名称		型号	关键参数	数量
中央控制模块		HR-01KJ	DC12V，小于 0.5A，支持 16 个 RS485 设备级联通信，支持 RS485、私有 ZigBee 协议通信，RS485 通信距离 500 米，私有 ZigBee 协议通信距离 50 米，可以监控中央空调和霍尼韦尔协议煤气阀等	1
燃气套装	燃气探测器	GAS-EYE-102A	DC12V，输出给切断器的报警信号，报警输出一对无源触点	1
	燃气报警切断器	GSV-102T	AC220V、DC12V 输出，探测器控制输入端，机械手控制输出端	1
	管道机械手	JA-A	DC12V，接收燃气报警切断器的控制信号	1
网关		HW-WZ2JA-U	支持标准 ZigBee 协议和私有 ZigBee 协议的双模网关，支持 TCP/IP 协议	1
华为平板 Pad		AGS3-W00D	9.7 英寸，分辨率 1280 像素 × 800 像素，运行内存 3GB，内存容量 32GB，Android 系统	1
TP-LINK 路由器		TL-WTR9200	4 根 2.4GHz 高增益单频天线和 4 根双 5GHz 高增益单频天线，1 个千兆 WAN 口和 4 个千兆 LAN 口，2.4GHz 频段的无线速率为 800Mbps，2 个 5GHz 频段的无线速率为 867Mbps	1
上位机集成软件		SmartConfig V1.1.3.7	上位机集成设计，生成的配置文件下载到网关，设置的网络号和面板号发送至各智能面板	1

任务内容

（1）按照图 5-7-1 所示，对燃气套装控制系统进行硬件连接。

（2）按照图5-7-2所示，将燃气套装集成设计到海尔私有云平台控制系统。

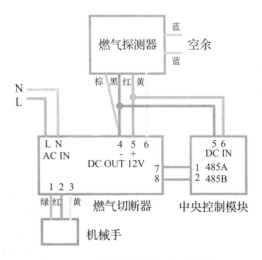

图 5-7-1　燃气套装的硬件连线原理图

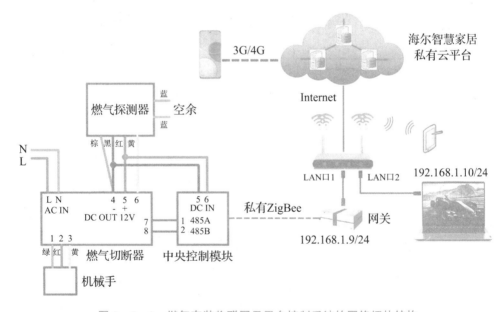

图 5-7-2　燃气套装物联网云平台控制系统的网络拓扑结构

📖 任务知识

知识点1：中央控制模块

HR-01KJ中央控制模块如图5-7-3所示，它是应用私有ZigBee协议的面板设备，它以485通信方式与燃气套装中的燃气报警切断器连接，以私有ZigBee协议方式与网关互联，在网关与燃气报警切断器之间充当协议转换的角色，作为信息交互的桥梁。HR-01KJ 中央控制模块需要经过以下步骤才能集成到海尔私有云平台控制系统中：

（1）通过上位机 SmartConfig 软件集成到工程中。

（2）发送配置文件到网关。

（3）设置中央控制模块的网络号和面板号。

（4）发布配置信息到中央控制模块。

（5）燃气套装整体作为"煤气阀"，通过安住·家庭 App 集成到海尔私有云平台。

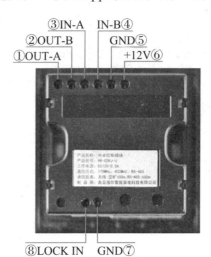

图 5-7-3　HR-01KJ 中央控制模块

HR-01KJ 中央控制模块面板各部分功能见表 5-7-1。HR-01KJ 中央控制模块内部指示灯与当前面板号的关系见表 5-7-2。

表 5-7-1　HR-01KJ 中央控制模块面板各部分功能

面板位置	名称	功能描述
背面下方	OUT-A	中央控制模块通过该 485 输出口与被控 485 型负载设备的连接端口，以 RS485 通信方式与燃气报警切断器通信
背面下方	OUT-B	
背面下方	IN-A	输入中央控制模块的控制信号，需对应连接到智能控制终端相应的端子上
背面下方	IN-B	
背面下方	GND	中央控制模块需要引入的 DC12V 工作电源负极，需连接到燃气报警切断器输出 DC12V 电源的负极端
背面下方	+12V	中央控制模块需要引入的 DC12V 工作电源正极，需连接到燃气报警切断器输出 DC12V 电源的正极端
背面上方	LOCK IN	驱动门口机中电磁门吸动作信号的 UL+
背面上方	GND	驱动门口机中电磁门吸动作信号的 UL-

表 5-7-2　HR-01KJ 中央控制模块内部指示灯与当前面板号的关系

面板号	红色	绿色	面板号	红色	绿色	面板号	红色	绿色	面板号	红色	绿色
1		闪1下	9	闪1下	闪4下	17	闪3下	闪2下	25	闪4下	闪5下
2		闪2下	10	闪1下	闪5下	18	闪3下	闪3下	26	闪5下	闪1下
3		闪3下	11	闪2下	闪1下	19	闪3下	闪4下	27	闪5下	闪2下
4		闪4下	12	闪2下	闪2下	20	闪3下	闪5下	28	闪5下	闪3下
5		闪5下	13	闪2下	闪3下	21	闪4下	闪1下	29	闪5下	闪4下
6	闪1下	闪1下	14	闪2下	闪4下	22	闪4下	闪2下	30	闪5下	闪5下
7	闪1下	闪2下	15	闪2下	闪5下	23	闪4下	闪3下	31	闪6下	闪1下
8	闪1下	闪3下	16	闪3下	闪1下	24	闪4下	闪4下	32	闪6下	闪2下

［方法 5-7-1］将中央控制模块集成到 SmartConfig 工程的步骤和方法。

如图 5-7-4 所示，在上位机 SmartConfig 软件的新建工程中新建网络，然后添加中央控制模块即可。

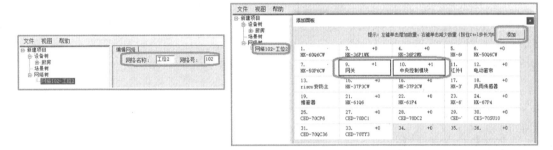

图 5-7-4　在工程中添加中央控制模块

［方法 5-7-2］给中央控制模块设置网络号和面板号的步骤和方法。

第 1 步：如图 5-7-5 所示，将 1 号拨码开关从下往上依次拨动 4 次，红灯和绿灯均按照相同的频率周期闪烁，此时 HR-01KJ 中央控制模块处于"待配置"状态。

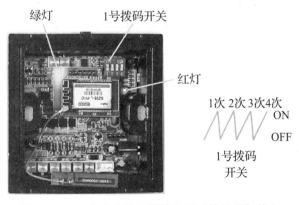

图 5-7-5　将中央控制模块置于"待配置"状态

第 2 步：在 HR－01KJ 中央控制模块处于待配置状态的前提下，按照项目五－任务二－知识点 3－［方法 5-2-5］中图 5-2-13 介绍的方法，给 HR－01KJ 中央控制模块设置网络号和面板号。设定的面板号会按照表 5-7-2 所示以不同组合方式进行周期闪烁。

［方法 5-7-3］将配置数据发布给中央控制模块的步骤和方法。

HR－01KJ 中央控制模块获取上位机集成设计的配置数据后，才具备完成相关控制功能的基础，配置数据是以 bin 文件形式发布给中央控制模块的。

在 HR－01KJ 中央控制模块已经完成网络号和面板号的设置，且处于"正常"状态而非"待配置"状态的前提下，按照项目五－任务二－知识点 3－［方法 5-2-5］中图 5-2-14 介绍的方法，使用上位机软件将生成的配置数据通过网关一次性发布到包括 HR－01KJ 中央控制模块在内的所有面板设备中。

［方法 5-7-4］将中央控制模块集成到海尔私有云平台的步骤和方法。

在将上位机的配置文件下载到网关、HR－01KJ 中央控制模块的网络号和面板号设置完成、工程配置信息发布到中央控制模块后，还需要通过对网关和安住·家庭 App 进行设置，才能将中央控制模块集成到海尔私有云平台。

将 HR－01KJ 中央控制模块集成到海尔私有云平台的方法与项目五－任务二－知识点 3－［方法 5-2-6］介绍的 37 系列智能面板的集成方法相同，打开安住·家庭 App 主界面，自动搜索"附近设备"，选择中央控制模块带有的负载设备"煤气阀"进行添加。

知识点 2：燃气探测器

GAS－EYE－102A 燃气探测器如图 5-7-6 所示，作为燃气套装的成员设备之一，直接传递探测信号给燃气报警切断器。燃气探测器不是 ZigBee 协议的面板设备，也不能作为任何面板设备的负载参与上位机 SmartConfig 软件的集成设计。燃气探测器有 6 根引出线，与燃气报警切断器进行硬件连接。GAS－EYE－102A 燃气探测器面板各部分功能见表 5-7-3。

图 5-7-6 GAS－EYE－102A 燃气探测器

表 5-7-3 GAS－EYE－102A 燃气探测器面板各部分功能

部件	名称	功能描述
红色线	DC12V+	燃气探测器需要的工作电源 DC12V 正极，需连接到燃气报警切断器输出 DC12V 电源的正极端
黑色线	DC12V-	燃气探测器需要的工作电源 DC12V 负极，需连接到燃气报警切断器输出 DC12V 电源的负极端
绿色线	NO1	燃气探测器输出的无源常开触点的一端
绿色线	NO2	燃气探测器输出的无源常开触点的另一端

续表

部件	名称	功能描述
黄色线	ALARM+	燃气探测器输出的报警信号正极，需连接到燃气报警切断器的报警信号正极端
棕色线	ALARM-	燃气探测器输出的报警信号负极，需连接到燃气报警切断器的报警信号负极端
指示灯	POWER	燃气探测器电源指示灯
指示灯	ALARM	燃气探测器报警信号指示灯
按钮	手动	按下该按钮，模拟产生燃气探测报警信号，通过燃气报警切断器驱动机械手动作，关闭煤气阀

知识点 3：燃气报警切断器

GSV-102T 燃气报警切断器如图 5-7-7 所示，它不是应用 ZigBee 协议的面板设备，作为 HR-01KJ 中央控制器面板设备的 485 型负载设备参与上位机 SmartConfig 软件的集成设计。燃气报警切断器有 8 个接线端，与燃气探测器和燃气管道机械手等配套设备进行硬件连接。GSV-102T 燃气报警切断器面板各部分功能见表 5-7-4。

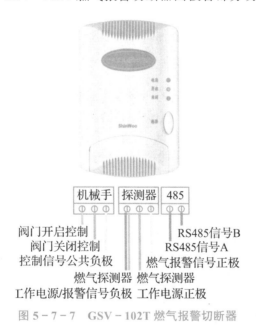

图 5-7-7　GSV-102T 燃气报警切断器

表 5-7-4　GSV-102T 燃气报警切断器面板各部分功能

序号	名称	功能描述
1	管道阀门开启控制	提供给机械手的开启管道阀门的控制信号，需连接机械手的绿色线
2	管道阀门关闭控制	提供给机械手的关闭管道阀门的控制信号，需连接机械手的红色线
3	管道阀门控制公共负极	管道阀门控制信号的公共负极，需连接机械手的黄色线
4	燃气探测器电源 / 报警信号负极	提供给燃气探测器的工作电源负极以及燃气探测器报警信号的负极，需连接燃气探测器的黑色线和棕色线

续表

序号	名称	功能描述
5	燃气探测器工作电源正极	提供给燃气探测器的工作电源 DC12V 正极，需连接燃气探测器的红色线
6	燃气探测器报警信号正极	燃气探测器提供给燃气报警切断器的报警信号正极，需连接探测器的黄色线
7	RS485A	燃气报警切断器与 HR-01KJ 中央控制器的 485 通信口 A
8	RS485B	燃气报警切断器与 HR-01KJ 中央控制器的 485 通信口 B
–	"电源"指示灯	如果燃气报警切断器有电，则该指示灯常亮
–	"开启"指示灯	如果管道处于开启状态，则该指示灯常亮
–	"关闭"指示灯	如果管道处于关闭状态，则该指示灯常亮
–	"选择"键	单击"选择"键，手动关闭燃气管道阀门；再次单击该键，手动开启燃气管道阀门，如此周期循环

GSV-102T 燃气报警切断器需要经过以下步骤才能集成到海尔私有云平台控制系统中：

（1）通过上位机 SmartConfig 软件将作为 HR-01KJ 中央控制器面板的 485 型负载设备"煤气阀"集成到工程中。

（2）发送配置文件到网关。

（3）设置 HR-01KJ 中央控制器的网络号和面板号。

（4）发布配置信息到 HR-01KJ 中央控制器。

（5）将燃气套装整体作为"煤气阀"，通过安住·家庭 App 进行集成设计。

GSV-102T 燃气报警切断器与照明灯具一样，作为中央控制器面板的 485 型负载，不需要配置网络号和面板号。通过安住·家庭 App 集成到海尔私有云平台时，自动搜索"附近设备"，选择"煤气阀"进行添加，或者通过"手动添加"选项卡，查找"煤气阀"进行添加。

［方法 5-7-5］将燃气套装添加到设备树的步骤和方法。

将包括 GSV-102T 燃气报警切断器在内的燃气套装作为一个 485 负载设备，在上位机 SmartConfig 软件新建工程的设备树中按照图 5-7-8 所示进行选择和添加。

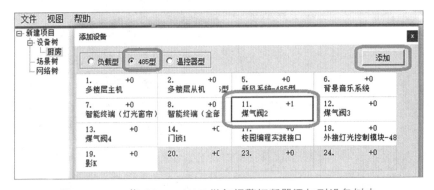

图 5-7-8 将 GSV-102T 燃气报警切断器添加到设备树中

知识点 4：线控燃气管道机械手

JA-A 燃气管道机械手如图 5-7-9 所示，作为燃气套装的成员设备之一，它与燃气报警切断器之间采用硬件连线，直接受控于燃气报警切断器的控制信号。燃气管道机械手不是 ZigBee 协议的面板设备，也不能作为任何面板设备的负载参与上位机 SmartConfig 软件的集成设计。JA-A 燃气管道机械手配有一根 3 芯电缆线，绿色线是管道阀门开启控制端，红色线是管道阀门关闭控制端，黄色线是控制信号的公共负极，错时分别给两个控制端输出控制信号，即可完成对管道阀门的开启或关闭等操作。

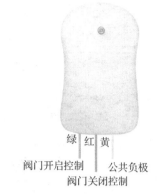

绿 红 黄

阀门开启控制 公共负极
阀门关闭控制

图 5-7-9　JA-A 燃气管道机械手

由燃气报警切断器、燃气探测器和燃气管道机械手组成的燃气套装设备在集成到海尔私有云平台控制系统的过程中，中央控制模块作为私有 ZigBee 协议设备，拥有网络号和面板号，需要集成到工程的网络树中；燃气套装整体称为"煤气阀"，作为中央控制模块的 485 负载设备需要集成到工程的设备树中。

任务实施

步骤 1：按照图 5-7-1 所示，在遵守电气设备布线规范和工艺要求的前提下，对燃气套装设备进行硬件连线。

步骤 2：按照图 5-7-2 所示，以 TP-LINK 无线路由器 TL-WTR9200 为中心，搭建包含上位机、网关控制器和无线路由器在内的以太网的局域网硬件系统，并连接到因特网。

步骤 3：按照项目三［任务实施］的步骤 2 至步骤 4 介绍的方法配置拥有 WiFi 子网和以太网的局域网络系统，开启路由器的 DHCP 服务器功能。

步骤 4：按照项目五 - 任务二 - 知识点 6-［方法 5-2-11］介绍的方法，创建新工程。

步骤 5：按照本任务 - 知识点 3-［方法 5-7-5］介绍的方法，在设备树中添加被控负载设备，如图 5-7-10 所示。

图 5-7-10　在设备树中添加被控负载设备

步骤 6：按照本任务 - 知识点 1-［方法 5-7-1］介绍的方法，在网络树中添加网络，然后添加面板设备并规划面板号，如图 5-7-11 所示。

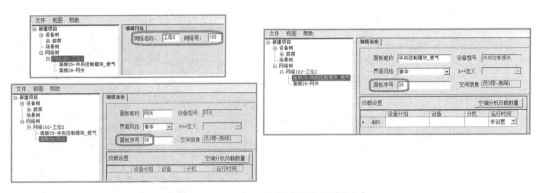

图 5-7-11　在网络树中添加面板设备

步骤 7：按照项目五 - 任务二 - 知识点 6-［方法 5-2-13］介绍的方法，在网络树中为中央控制器绑定 485 型负载"煤气阀"，如图 5-7-12 所示。

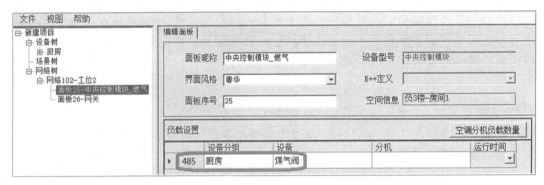

图 5-7-12　为中央控制模块绑定 485 负载设备

步骤 8：在已经打开网关的 ADB 功能的前提下，按照项目五 - 任务二 - 知识点 2-［方法 5-2-2］介绍的方法，给网关设置网络号为 102、面板号为 26。

步骤 9：在已经打开网关的 ADB 功能的前提下，按照项目五 - 任务二 - 知识点 2-［方法 5-2-3］介绍的方法，将上位机配置的 hex 文件发送给网关。

步骤 10：按照本任务 - 知识点 1-［方法 5-7-2］介绍的方法，给中央控制模块设置网络号为 102、面板号为 25。

步骤 11：按照本任务 - 知识点 1-［方法 5-7-3］介绍的方法，通过网关，将上位机的配置数据以 bin 文件形式发布给中央控制模块。

步骤 12：单击手机 / 平板上的"设置"图标，再单击"WLAN"，选择步骤 3 设置的 WiFi 名称进行 WiFi 连接，将手机 / 平板连接到无线路由器的 AP 上，并通过路由器的 DHCP 功能获取 100～199 范围内的一个唯一的主机地址，使其与上位机处于同一个局域网，该局域网内可以进行有线以太网连接，也可以进行无线 WiFi 连接。

步骤 13：在已经打开网关的 ADB 功能的前提下，按照本任务 - 知识点 1-［方法 5-7-4］介绍的方法，将中央控制模块所带的煤气阀负载设备集成到海尔私有云平台控制系统。

◆ | 功能验证

本任务中煤气阀的打开只能通过燃气报警切断器面板上的"选择"键进行，而煤气阀的关闭则可以通过以下 4 种方式进行：

（1）燃气探测器探测到燃气泄漏时，燃气报警切断器会接收到燃气报警信号，自动发出关闭机械手的命令。

（2）单击燃气探测器面板上的燃气报警测试按钮，模拟发生燃气泄漏事件，燃气报警切断器接收到燃气报警信号后，会自动发出关闭机械手的命令。

（3）单击燃气报警切断器面板上的"选择"键进行关闭。

（4）使用安住·家庭 App 通过海尔私有云平台进行关闭。

✎ | 任务总结与反思

如图 5-7-13 所示，中央控制模块与网关之间组成了私有 ZigBee 协议的无线网络，可以互通信息，燃气套装作为中央控制模块的 485 负载设备，与中央控制模块互通信息。

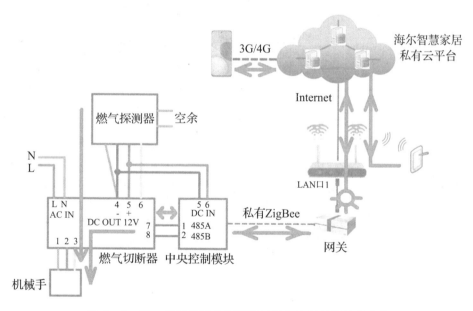

图 5-7-13　燃气套装的物联网云平台控制系统的信息流

通过手机/平板操控煤气阀时，先与云平台交互信息，再与网关和中央控制模块交互信息，然后通过中央控制模块与燃气报警切断器交互信息。从信息流向的角度看，手机/平板的操控方式需要外网云平台和网关参与，否则相关功能不能实现。

燃气探测器检测到燃气泄漏时，会把报警信号直接传递给燃气报警切断器，燃气报警切断器直接驱动机械手关闭煤气阀，不用经过中央控制器和其他设备。

任务八 背景音乐的物联网云平台控制系统的集成设计与调试

任务目标

- 了解噪声扰民方面的法律法规。
- 掌握背景音乐主机的工作原理及与61Q6智能面板的连接方法。
- 掌握将背景音乐主机集成到海尔私有云平台的步骤和方法。
- 理解本任务控制系统的信息流向。

主要设备器材清单

名称	型号	关键参数	数量
Uhome 背景音乐主机	UM60Z-60Z6	AC220V，最大功率600W，带云音乐，内置FM电台、MP3模块，6通道，最多支持4台主机级联，支持多通道独立推送和PARTY推送	1
智能开关面板	61Q6	智能触控液晶面板，4路继电器输出，2路可控硅输出负载，可接调光型负载，485通信，单控，场景模式	1
网关	HW-WZ2JA-U	支持标准ZigBee协议和私有ZigBee协议的双模网关，支持TCP/IP协议	1
华为平板Pad	AGS3-W00D	9.7英寸，分辨率1280像素×800像素，运行内存3GB，内存容量32GB，Android系统	1
TP-LINK 路由器	TL-WTR9200	4根2.4GHz高增益单频天线和4根双5GHz高增益单频天线，1个千兆WAN口和4个千兆LAN口，2.4GHz频段的无线速率为800Mbps，2个5GHz频段的无线速率为867Mbps	1
上位机集成软件	SmartConfig V1.1.3.7	上位机集成设计，生成的配置文件下载到网关，设置的网络号和面板号发送至各智能面板	1

任务内容

（1）按照图5-8-1所示，将背景音乐主机与61Q6智能面板通过485口连接起来。

图5-8-1 背景音乐主机与61Q6智能面板的485通信连接原理图

（2）按照图5-8-2所示，将背景音乐控制系统集成设计到海尔物联网云平台控制系统。

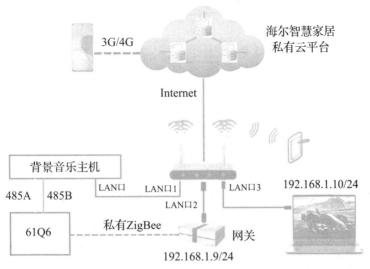

图 5-8-2　背景音乐的物联网云平台控制系统的网络拓扑结构

任务知识

知识点 1：噪声扰民方面的法律法规

《中华人民共和国噪声污染防治法》第六十五条　使用家用电器、乐器或者进行其他家庭场所活动，应当控制音量或者采取其他有效措施，防止噪声污染。

《中华人民共和国治安管理处罚法》第五十八条　违反关于社会生活噪声污染防治的法律规定，制造噪声干扰他人正常生活的，处警告；警告后不改正的，处二百元以上五百元以下罚款。

《中华人民共和国民法典》第二百九十四条　不动产权利人不得违反国家规定弃置固体废物，排放大气污染物、水污染物、土壤污染物、噪声、光辐射、电磁辐射等有害物质。

知识点 2：背景音乐主机

UM-60Z6 背景音乐主机如图 5-8-3 所示，其面板各部分功能见表 5-8-1。

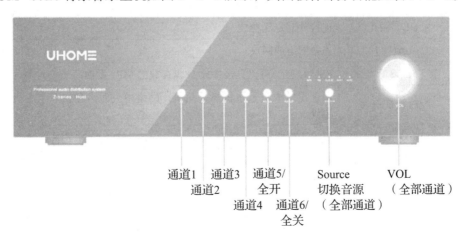

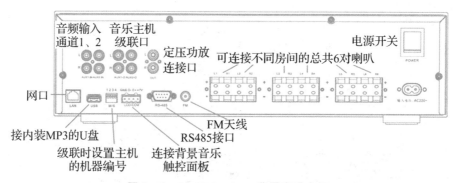

图 5-8-3   UM-60Z6 背景音乐主机

表 5-8-1   UM-60Z6 背景音乐主机面板各部分功能

位置	名称	功能描述
正面	A1 键	开启 / 关闭通道 1 的音乐输出
正面	A2 键	开启 / 关闭通道 2 的音乐输出
正面	A3 键	开启 / 关闭通道 3 的音乐输出
正面	A4 键	开启 / 关闭通道 4 的音乐输出
正面	A5 键	短按该键，开启 / 关闭通道 5 的音乐输出；长按该键，开启全部 6 个通道的音乐输出
正面	A6 键	短按该键，开启 / 关闭通道 6 的音乐输出；长按该键，关闭全部 6 个通道的音乐输出
正面	Source 键	在 MP3/FM/CLOUD/AUX1/AUX2 间循环切换音乐源，对所有 6 个通道同时有效
正面	VOL 旋钮	调节音量大小，对所有 6 个通道同时有效
背面	AUX1 IN 插孔	外部音频信号输入通道 1
背面	AUX2 IN 插孔	外部音频信号输入通道 2
背面	AUX1-O 插孔	多音乐主机间级联口 1
背面	AUX2-O 插孔	多音乐主机间级联口 2
背面	OUT 插孔	连接外部定压功放
背面	LAN 口	连接网络的网口
背面	USB 口	连接 U 盘，可以直接播放 U 盘存放的 MP3 歌曲
背面	M/S 拨码开关	用于设定本机是主机还是从机。网络中只允许存在一个主机或没有主机
背面	LCD-COM	用于连接背景音乐触摸面板
背面	RS-485 接口	485 通信接口，用于连接 61 系列或 70 系列智能面板
背面	FM 接口	调频 FM 天线接口
背面	L1、R1 ~ L6、R6	6 个分区（通道）左右声道喇叭的接口

［方法 5-8-1］连接背景音乐主机与 61Q6 智能面板的步骤和方法。

已知 485 通信对物理层接口没有进行强制规范，各厂家可以自行采用合适的插接口。UM-60Z6 背景音乐主机的 RS485 口采用的是 DB9 公头，其 9 针管脚的定义如图 5-8-4 所示，其中第 7 脚是 485A，第 5 脚是 485B；用户需要自行购置一个 DB9 母头，从其 7 脚和 5 脚分别引出 485 通信用的 A、B 信号线，通过焊接方式连接，如图 5-8-5 所示。

背景音乐主机
485接口DB9公头

1:+9V   5:485-(485B)
2:GND   6:GND
3:GND   7:485+(485A)
4:Fire Alarm 8:+9V

图 5-8-4　UM-60Z6 背景音乐主机 RS485 口 DB9 公头管脚定义

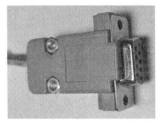

图 5-8-5　DB9 母头制作

DB9 母头制作完毕后，接插到 UM-60Z6 背景音乐主机的 RS485 口公头上即可。引出的 2 根 485 信号线连接到 61 系列或 70 系列智能面板的 485 接口上，背景音乐主机与智能面板之间的硬件连线即告完成。

UM-60Z6 背景音乐系统最多允许 3 台音乐主机级联，形成具有 18 个分区 18 个通道的音箱，多台背景音乐主机进行级联的主 / 从机设置方法如图 5-8-6 所示。

设置为主机　　　　　　　　　　设置为从机

图 5-8-6　UM-60Z6 背景音乐主机的主 / 从机设置方法

UM-60Z6 背景音乐主机不是 ZigBee 协议的面板设备，应该作为 61 系列或 70 系列面板的 485 型负载设备参与上位机 SmartConfig 软件的集成设计。需要经过以下步骤才能集成到海尔私有云平台控制系统：

（1）通过上位机 SmartConfig 软件，将其作为 61 系列或 70 系列智能面板的 485 型负载设备"背景音乐系统"集成到工程中。

（2）发送配置文件到网关。

（3）设置 61 系列或 70 系列智能面板的网络号和面板号。

（4）发布配置信息到 61 系列或 70 系列智能面板中。

（5）作为被控设备"分机"，通过安住·家庭 App 集成到海尔私有云平台。

［方法 5-8-2］将背景音乐主机添加到设备树的步骤和方法。

作为 485 负载设备，UM-60Z6 背景音乐主机在上位机 SmartConfig 软件工程的设备树中的集成方法如图 5-8-7 所示。

图 5-8-7　将 UM-60Z6 背景音乐主机添加到工程的设备树中

［方法 5-8-3］将背景音乐主机集成到海尔私有云平台的步骤和方法。

在将上位机的配置文件下载到网关、61 系列或 70 系列智能面板完成网络号和面板号的设置、工程配置信息发布到 61 系列或 70 系列智能面板后，还需要通过对网关和安住·家庭 App 进行设置，背景音乐主机才能集成到海尔私有云平台。

将背景音乐主机集成到海尔私有云平台的方法与项目五-任务二-知识点 3-［方法 5-2-6］介绍的 37 系列智能面板的集成方法相同，打开安住·家庭 App 主界面，自动搜索"附近设备"，选择"分机 x"进行添加即可。

📻 **任务实施**

步骤 1：按照本任务-知识点 2-［方法 5-8-1］介绍的方法，在遵守电子产品制作工艺规范的前提下，制作 DB9 母头的 485 通信线，通过它将背景音乐主机与 61Q6 智能面板连接起来。

步骤 2：按照图 5-8-2 所示，以 TP-LINK 无线路由器 TL-WTR9200 为中心，搭建包含上位机、网关控制器、无线路由器和背景音乐主机在内的以太网的局域网硬件系统，并连接到因特网。

步骤 3：按照项目三［任务实施］的步骤 2 至步骤 4 介绍的方法配置拥有 WiFi 子网和以太网的局域网络系统，开启路由器的 DHCP 服务器功能。

步骤 4：按照项目五-任务二-知识点 6-［方法 5-2-11］介绍的方法，创建新工程。

步骤 5：按照本任务-知识点 2-［方法 5-8-2］介绍的方法，在设备树中添加被控负载设备，如图 5-8-7 所示。

步骤 6：按照项目五-任务二-知识点 6-［方法 5-2-13］介绍的方法，在网络树中添加网络，然后添加面板设备并规划面板号，如图 5-8-8 所示。

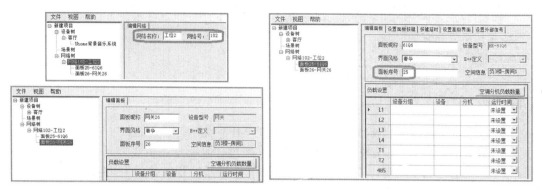

图 5-8-8　在网络树中添加面板设备

步骤 7：按照项目五-任务二-知识点 6-［方法 5-2-13］介绍的方法，在网络树中为 61Q6 智能面板绑定 485 型负载 Uhome 背景音乐系统，如图 5-8-9 所示。

图 5-8-9　为 61Q6 智能面板绑定 485 负载设备

步骤 8：在已经打开网关的 ADB 功能的前提下，按照项目五-任务二-知识点 2-［方法 5-2-2］介绍的方法，给网关设置网络号为 102、面板号为 26。

步骤 9：在已经打开网关的 ADB 功能的前提下，按照项目五-任务二-知识点 2-［方法 5-2-3］介绍的方法，将上位机配置的 hex 文件发送给网关。

步骤 10：按照项目五-任务二-知识点 4-［方法 5-2-7］介绍的方法，给 61Q6 智能面板设置网络号为 102、面板号为 25。

步骤 11：按照项目五-任务二-知识点 4-［方法 5-2-8］介绍的方法，将上位机的配置数据通过网关以 bin 文件形式发布给 61Q6 智能面板。

步骤 12：单击手机/平板上的"设置"图标，再单击"WLAN"，选择步骤 3 设置的 WiFi 名称进行 WiFi 连接，将手机/平板连接到无线路由器的 AP 上，并通过路由器的 DHCP 功能获取 100～199 范围内的一个唯一的主机地址，使其与上位机处于同一个局域网，该局域网内可以进行有线以太网连接，也可以进行无线 WiFi 通信。

步骤 13：在已经打开网关的 ADB 功能的前提下，按照本任务 – 知识点 2 –［方法 5-8-3］介绍的方法，将 61Q6 智能面板所带的"分机 1"负载设备集成到海尔私有云平台控制系统。

功能验证

背景音乐主机可以直接播放本地 U 盘中的 MP3 或者本地 AUX IN 输入的音乐，无须网关和外网的支持，可以采用以下两种方式通过背景音乐主机播放云端音乐：

（1）在网关和外网支持下，通过 61Q6 智能面板操控背景音乐主机播放音乐。

（2）在网关和外网支持下，通过手机 / 平板 App 操控背景音乐主机播放音乐。

任务总结与反思

如图 5-8-10 所示。61Q6 智能面板与背景音乐主机之间以 485 方式通信，61Q6 智能面板与网关之间以私有 ZigBee 协议方式交换信息。61Q6 智能面板把操控信息发送给云端，请求传送相关音乐，云端收到请求后，把所需音乐资源通过路由器与背景音乐主机之间的以太网发送给背景音乐主机。

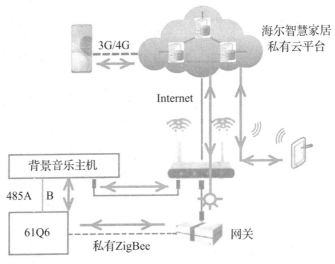

图 5-8-10　背景音乐的物联网云平台控制系统的信息流

使用手机 / 平板操控背景音乐主机播放云端音乐时，先与云平台交互信息，再经路由器与背景音乐主机交换信息。

播放本地 U 盘中的 MP3 或者本地 AUX IN 输入的音乐时，它会直接以 485 方式与背景音乐主机进行信息交换，不需要外网和网关的支持。

从信息流向的角度看，播放云端音乐时都需要外网云平台的参与，否则相关功能不能实现。

网络视频监控的物联网云平台控制系统的集成设计与调试

任务目标

- 掌握无线网络摄像头的工作原理以及将其集成到海尔私有云平台的步骤和方法。
- 理解本任务控制系统的信息流向。

主要设备器材清单

名称	型号	关键参数	数量
无线网络摄像头	HCC-22AI-W	DC5V，分辨率1 920像素×1080像素，无线WiFi连接，支持802.11b/g/n，镜头角度95°，云台水平转动345°，云台垂直转动90°	1
华为平板Pad	AGS3-W00D	9.7英寸，分辨率1 280像素×800像素，运行内存3GB，内存容量32GB，Android系统	1
TP-LINK路由器	TL-WTR9200	4根2.4GHz高增益单频天线和4根双5GHz高增益单频天线，1个千兆WAN口和4个千兆LAN口，2.4GHz频段的无线速率为800Mbps，2个5GHz频段的无线速率为867Mbps	1

任务内容

按照图5-9-1所示，将网络视频监控系统集成设计到海尔物联网云平台控制系统中。

图5-9-1 网络视频监控系统网络拓扑结构

🎓 | 任务知识

知识点：无线网络摄像头

HCC-22AI-W 无线网络摄像头如图 5-9-2 所示，它是 WiFi 设备，无须通过上位机软件 SmartConfig 进行集成设计，也与网关无关，通过手机/平板 App 在线操作即可集成到海尔私有云平台控制系统。

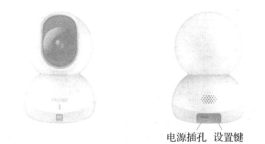

电源插孔　设置键

图 5-9-2　HCC-22AI-W 无线网络摄像头

[方法 5-9-1] 通过海尔智家 App 将无线网络摄像头集成到云平台的步骤和方法。

第 1 步：按照项目三 - 知识点 21-[方法 3-1-9]介绍的方法，组建包括路由器、计算机的有线局域网，开启路由器的无线 WiFi 功能，将手机/平板连接到无线路由器的 WiFi 上。

第 2 步：按照图 5-9-3 所示，将 HCC-22AI-W 无线网络摄像头集成到海尔私有云平台。

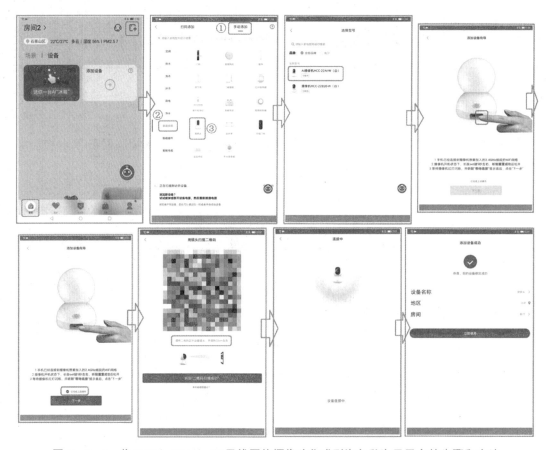

图 5-9-3　将 HCC-22AI-W 无线网络摄像头集成到海尔私有云平台的步骤和方法

第3步：在相应房间界面选择"智家"，然后单击右上角的"+"添加设备；选择"手动添加"选项卡，在"家居安防"目录中选择"摄像头"，再选择"AI摄像机HCC-22AI-W（白）"，进入"添加设备向导"。

第4步：按照摄像头提示，长按无线网络摄像头的"设置"键，使摄像头进入"等待连接"状态，勾选"已完成上述操作"，单击"下一步"。

第5步：海尔智家App会自动生成一个二维码，用摄像头扫描该二维码，按照提示进行操作。

任务实施

步骤1：按照项目三-知识点21-［方法3-1-9］介绍的方法，组建包括路由器、计算机的有线局域网，开启路由器的无线WiFi功能，将手机/平板连接到无线路由器的WiFi上。

步骤2：按照本任务-知识点1-［方法5-9-1］介绍的方法，将无线网络摄像头集成到海尔私有云平台控制系统。

功能验证

手机/平板只能在无线路由器和外网的支持下对无线网络摄像头进行操控。

任务总结与反思

如图5-9-4所示，无线网络摄像头借助无线路由器与海尔私有云平台交换数据，手机/平板也是经过无线路由器与海尔私有云平台交互数据。使用手机/平板操控无线网络摄像头时，需要借助云平台的中转功能来交互信息。从信息流向的角度看，手机/平板需要外网云平台的参与才能操控无线网络摄像头，否则相关功能不能实现。

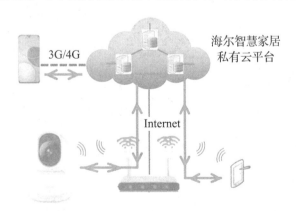

图5-9-4 网络视频监控的物联网云平台控制系统的信息流

任务十　扫地机器人的物联网云平台控制系统的集成设计与调试

任务目标

- 掌握扫地机器人的工作原理以及将其集成到海尔私有云平台的步骤和方法。
- 理解本任务控制系统的信息流向。

主要设备器材清单

名称	型号	关键参数	数量
扫地机器人	P50U1	充电座 DC20V/0.5A，机器人主机 DC14.8V/65W	1
华为平板 Pad	AGS3－W00D	9.7 英寸，分辨率 1280 像素 ×800 像素，运行内存 3GB，内存容量 32GB，Android 系统	1
TP－LINK 路由器	TL－WTR9200	4 根 2.4GHz 高增益单频天线和 4 根双 5GHz 高增益单频天线，1 个千兆 WAN 口和 4 个千兆 LAN 口，2.4GHz 频段的无线速率为 800Mbps，2 个 5GHz 频段的无线速率为 867Mbps	1

任务内容

按照图 5-10-1 所示，将扫地机器人控制系统集成设计到海尔物联网云平台控制系统中。

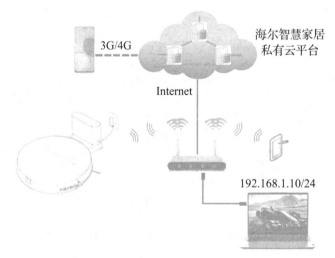

图 5－10－1　扫地机器人的物联网云平台控制系统的网络拓扑结构

🎓 任务知识

知识点：扫地机器人

P50U1 扫地机器人如图 5-10-2 所示，其面板各部分功能见表 5-10-1。

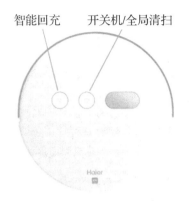

图 5-10-2　P50U1 扫地机器人

表 5-10-1　P50U1 扫地机器人面板各部分功能

位置	名称	功能描述	
顶部	智能回充	启动扫地机器人智能回充电功能	开机状态下，同时按住两键3秒，进入扫地机器人入网配置模式
顶部	开关机 / 全局清扫	短按该键，启动 / 暂停扫地机器人清扫；长按3秒为开 / 关机	

P50U1 扫地机器人是 WiFi 设备，无须通过上位机软件 SmartConfig 进行集成设计，也与网关无关，通过手机 / 平板 App 在线操作即可集成到海尔私有云平台控制系统。

［方法 5-10-1］通过海尔智家 App 将扫地机器人集成到云平台的步骤和方法。

第 1 步：按照项目三 - 知识点 21-［方法 3-1-9］介绍的方法，组建包括路由器、计算机的有线局域网，开启路由器的无线 WiFi 功能，将手机 / 平板连接到无线路由器的 WiFi 上。

第 2 步：按照图 5-10-3 所示，将 P50U1 扫地机器人集成到海尔私有云平台。

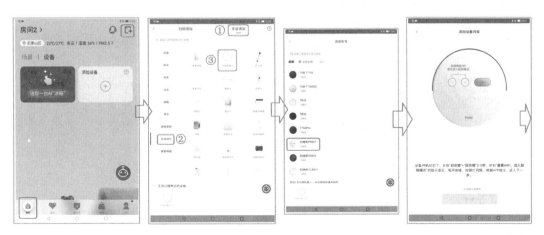

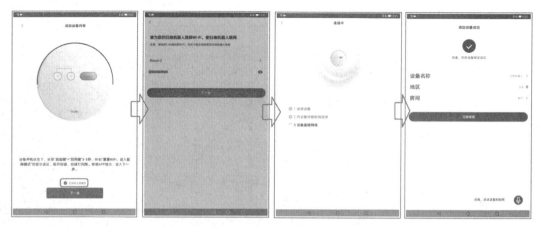

图 5 - 10 - 3 将 P50U1 扫地机器人集成到海尔私有云平台的步骤和方法

第 3 步：在相应的房间界面选择"智家"，然后单击右上角的"＋"添加设备；选择"手动添加"选项卡，在"智能硬件"目录中选择"扫地机器人"，再选择"扫地机 P50U1"，进入"添加设备向导"。

第 4 步：按照扫地机器人的提示，长按无线网络摄像头的"智能回充"和"开关机／全局清扫"按钮，待扫地机器人提示进入"配网模式"后，勾选"已完成上述操作"，单击"下一步"。

第 5 步：选择 WiFi 并输入密码，扫地机器人与 WiFi 进行连接，直至入网成功。

🔲 | 任务实施

步骤 1：按照项目三 - 知识点 21 -〔方法 3 - 1 - 9〕介绍的方法，组建包括路由器、计算机的有线局域网，开启路由器的无线 WiFi 功能，将手机／平板连接到无线路由器的 WiFi 上。

步骤 2：按照本任务 - 知识点 1 -〔方法 5 - 10 - 1〕介绍的方法，将扫地机器人集成到海尔私有云平台控制系统。

⭐ | 功能验证

手机／平板只能在无线路由器和外网的支持下对扫地机器人进行操控。

✒ | 任务总结与反思

如图 5 - 10 - 4 所示，扫地机器人借助无线路由器与海尔私有云平台交换数据，手机／平板也是经过无线路由器与海尔私有云平台交换数据。使用手机／平板操控扫地机器人时，需要借助云平台的中转功能来交互信息。从信息流向的角度看，手机／平板需要外网云平台的参与才能操控扫地机器人，否则相关功能不能实现。

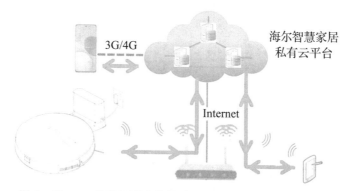

图 5 - 10 - 4　扫地机器人的物联网云平台控制系统的信息流

任务十一　智能门锁的物联网云平台控制系统的集成设计与调试

任务目标

- 掌握智能门锁的功能及其使用方法。
- 掌握将智能门锁集成到门锁网关的步骤和方法。
- 掌握将智能门锁集成到海尔私有云平台的步骤和方法。
- 理解本任务控制系统的信息流向。

主要设备器材清单

名称	型号	关键参数	数量
智能门锁	HL - 33PF4 - US	指纹开锁，密码开锁，卡片开锁，机械钥匙，试错自锁，胁迫密码，虚位密码，手机/平板 App 远程开锁等	1
门锁网关	HAG - 07M - W	DC5V/1A，网络通信方式为 WiFi 和 ZigBee	1
华为平板 Pad	AGS3 - W00D	9.7英寸，分辨率1280 像素 ×800 像素，运行内存3GB，内存容量32GB，Android 系统	1
TP-LINK 路由器	TL-WTR9200	4 根 2.4GHz 高增益单频天线和 4 根双 5GHz 高增益单频天线，1 个千兆 WAN 口和 4 个千兆 LAN 口，2.4GHz 频段的无线速率为 800Mbps，2 个 5GHz 频段的无线速率为 867Mbps	1

任务内容

按照图 5 - 11 - 1 所示，将智能门锁集成设计到海尔物联网云平台控制系统。

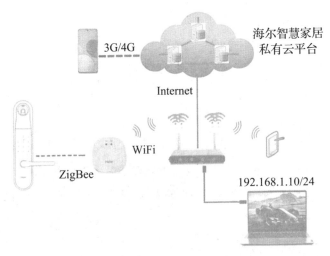

图 5-11-1　智能门锁的物联网云平台控制系统的网络拓扑结构

🎓 任务知识

知识点 1：智能门锁

HL-33PF4-US 智能门锁如图 5-11-2 所示，它是应用 ZigBee 协议的设备，通过专用的 HAG-07M-W 门锁网关连接到无线路由器，进而连接到海尔私有云平台。操作门锁网关上的相关按钮时，智能门锁先连接到门锁网关，再连接到无线路由器，最后通过安住·家庭 App 的在线集成功能集成到海尔私有云平台控制系统。

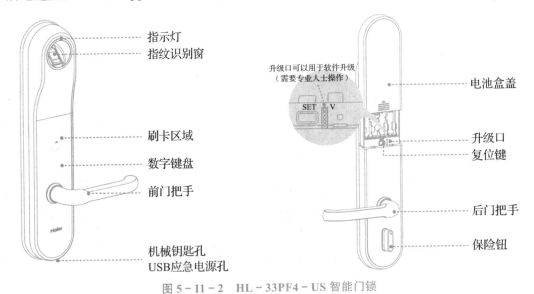

图 5-11-2　HL-33PF4-US 智能门锁

HL-33PF4-US 智能门锁的数字键盘区采用 12 键设计，某些按键具有第二功能，如图 5-11-3 所示。

图 5-11-3 HL-33PF4-US 智能门锁数字键盘的第二功能

HL-33PF4-US 智能门锁的密码种类见表 5-11-1。

表 5-11-1 HL-33PF4-US 智能门锁的密码种类

种类	初始密码	用户设定密码长度	功能
管理员密码	1234567890	6～10 位	管理门锁内部信息，有开门及添加、删除普通用户及系统管理设置等权限。支持 32 位虚位密码验证，可存储最多 1 组密码、1 个指纹
普通用户密码	-	6～10 位	普通用户只有开门权限。支持 32 位虚位密码验证，最多可存储 10 组密码、99 个指纹和 10 个开门卡片

［方法 5-11-1］恢复出厂设置。

门锁处于初始状态时，输入任意密码或使用任意指纹都可以开门，门锁显示的时间是初始化前的时间。为保证安全，首次使用智能门锁时，最好对门锁进行一次恢复出厂设置操作。

操作方法：长按图 5-11-2 右图所示的复位键 4 秒，门锁即开始初始化操作。

［方法 5-11-2］设置常开模式。

常开模式下，用户按下门把手就可以从外部开门。HL-33PF4-US 智能门锁的常开模式设置见表 5-11-2。

表 5-11-2 HL-33PF4-US 智能门锁的常开模式设置

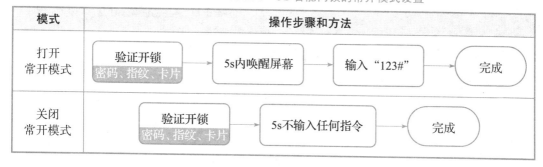

模式	操作步骤和方法
打开常开模式	验证开锁 密码、指纹、卡片 → 5s 内唤醒屏幕 → 输入 "123#" → 完成
关闭常开模式	验证开锁 密码、指纹、卡片 → 5s 不输入任何指令 → 完成

［提示］出远门时一定记得关闭常开模式。

［方法 5-11-3］添加用户设置密码。

智能门锁初始化以后添加的第一个用户默认是管理员，设置的第一个密码默认是管理员密码，其他均为普通用户及密码。操作方法如图 5-11-4 所示。

图 5-11-4　添加用户设置密码

[方法 5-11-4] 添加用户指纹。

智能门锁初始化以后添加的第一个指纹默认是管理员的指纹，其他均为普通用户的指纹。添加用户指纹的方法如图 5-11-5 所示。

图 5-11-5　添加用户指纹

[方法 5-11-5] 添加用户卡片。

添加卡片的用户均为普通用户。添加用户卡片的方法如图 5-11-6 所示。

图 5-11-6　添加用户卡片

[方法 5-11-6] 删除用户。

管理员账户和指纹不能删除，只能删除普通用户。删除普通用户的方法如图 5-11-7 所示。

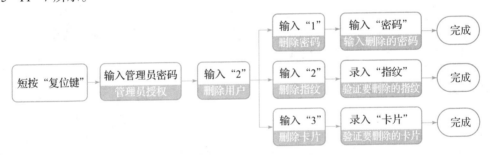

图 5-11-7　删除普通用户

[方法 5-11-7] 修改管理员密码或指纹。

修改管理员密码和指纹的方法如图 5-11-8 所示。

图 5-11-8　修改管理员密码或指纹

[方法 5-11-8] 虚位密码方式开门。

虚位密码又称虚拟密码，位数在允许长度范围内的、包含连续的正确密码和无效数位的一长串密码称为虚位密码。该功能可提升安全性，用户开门时如果出现不方便遮挡密码或有人窥视的情况，可输入无效数位，即可防止他人知晓真实密码，也不影响用户开锁进户。

HL-33PF4-US 智能门锁支持虚位密码方式开门，只要密码位数不超过 32 位即可，用户可以在真实密码串的前面或者后面添加没有规律的无效位。

［方法 5-11-9］设置胁迫密码。

在被人胁迫的情况下，输入胁迫密码能够打开智能门锁，避免受到伤害，但是智能门锁会发送远程报警信息至预先指定的人员的手机上。设置胁迫密码的方法如图 5-11-9 所示。

图 5-11-9　设置胁迫密码

［方法 5-11-10］设置胁迫指纹。

在被人胁迫的情况下，输入胁迫指纹能够打开智能门锁，避免受到伤害，但是智能门锁会发送远程报警信息至预先指定的人员的手机上。设置胁迫指纹的方法如图 5-11-10 所示。

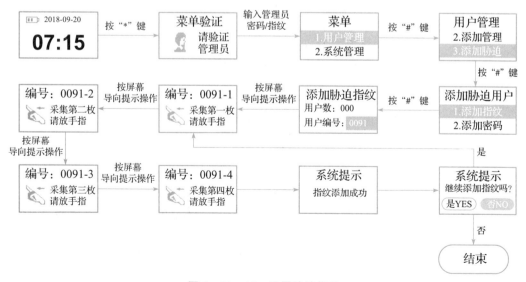

图 5-11-10　设置胁迫指纹

［方法5－11－11］智能门锁组网。

在 HAG-07M-W 门锁网关启动 ZigBee 入网配置状态的前提下，可以通过操作 HL-33PF4-US 智能门锁将其集成到 HAG-07M-W 门锁网关。智能门锁组网的方法如图 5-11-11 所示。

图 5-11-11　智能门锁组网设置

知识点 2：门锁网关

HAG-07M-W 门锁网关如图 5-11-12 所示，它集成了 ZigBee 协议和 WiFi 协议，通过 ZigBee 协议与智能门锁通信，通过 WiFi 协议与无线路由器交换信息，能够实现 ZigBee 协议与 WiFi 协议之间的通信数据转换。通过手机／平板 App 的在线集成功能即可将门锁网关管理的智能门锁集成到海尔私有云平台控制系统。

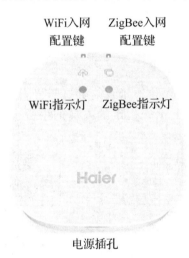

图 5-11-12　HAG-07M-W 门锁网关

［方法5－11－12］将智能门锁集成到门锁网关的步骤和方法。

第 1 步：长按门锁网关的"ZigBee 入网配置"键直至 ZigBee 指示灯开始闪烁，门锁网关即进入持续大约 10 分钟的 ZigBee 待入网配置状态。

第 2 步：按照本任务－知识点 1-［方法 5-11-11］介绍的方法操作智能门锁，将其集成到门锁网关。

［方法5－11－13］将智能门锁集成到海尔私有云平台的步骤和方法。

第 1 步：长按门锁网关的"WiFi 入网配置"键直至 WiFi 指示灯开始闪烁，门锁网关即进入持续大约 10 分钟的海尔私有云平台待入网配置状态。

第 2 步：按照图 5-11-13 所示，将智能门锁集成到海尔私有云平台。

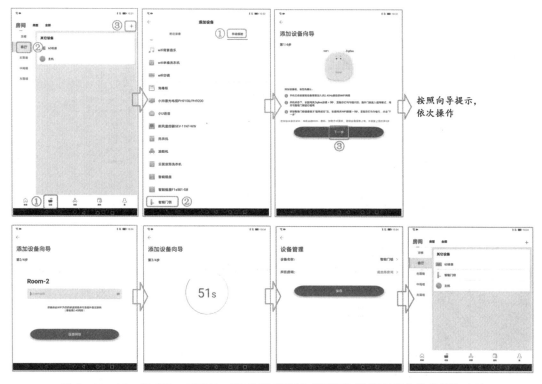

图 5-11-13　将 HL-33PF4-US 智能门锁集成到海尔私有云平台的步骤和方法

任务实施

步骤 1：按照本任务－知识点 1-［方法 5-11-1］介绍的方法，对智能门锁进行复位操作。

步骤 2：按照本任务－知识点 1-［方法 5-11-3］介绍的方法，对智能门锁设置管理员密码。

步骤 3：按照本任务－知识点 1-［方法 5-11-4］介绍的方法，对智能门锁设置管理员指纹。

步骤 4：按照本任务－知识点 1-［方法 5-11-9］介绍的方法，对智能门锁设置胁迫密码。

步骤 5：按照本任务－知识点 1-［方法 5-11-10］介绍的方法，对智能门锁设置胁迫指纹。

步骤 6：按照项目三－知识点 21-［方法 3-1-9］介绍的方法，组建包括路由器、计算机的有线局域网，开启路由器的无线 WiFi 功能，将手机 / 平板连接到无线路由器的 WiFi 上。

步骤 7：按照本任务－知识点 2-［方法 5-11-12］介绍的方法，将智能门锁集成到门锁网关。

步骤8：按照本任务 - 知识点 2 - ［方法 5 - 11 - 13］介绍的方法，将智能门锁集成到海尔私有云平台控制系统。

步骤9：参考项目五 - 任务六，按照图 5 - 11 - 14 所示，在安住·家庭 App 中对企一 KEEY - BUS 系统设置"打开门锁即开启回家模式"联动场景。

图 5 - 11 - 14　设置"打开门锁即开启回家模式"联动场景的步骤和方法

功能验证

本任务设置的智能门锁应具备以下功能：

（1）使用胁迫密码或者胁迫指纹打开门锁时，智能门锁会通过手机 / 平板 App 发送报警信息。

（2）支持虚位密码方式打开门锁，防止密码被外人知晓。

（3）通过手机 / 平板 App 可以打开智能门锁。

（4）打开智能门锁时，室内照明设备随即自动开启。

任务总结与反思

如图 5 - 11 - 15 所示。智能门锁借助门锁网关和无线路由器与海尔私有云平台连接并交换数据，手机 / 平板也是经过无线路由器与海尔私有云平台连接并交换数据。使用手机 / 平板操控智能门锁时，先与云平台交互信息，云平台再借助门锁网关与智能门锁交换信息。

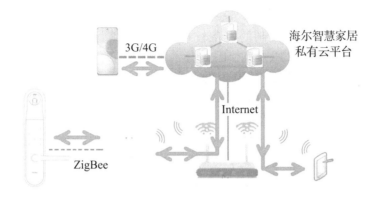

图 5 - 11 - 15　智能门锁物联网云平台控制系统的信息流

从信息流向的角度看，手机 / 平板需要外网云平台和门锁网关的参与才能操控智能门锁，否则相关功能不能实现。

任务十二　一居室智能家居的物联网云平台控制系统的集成设计与调试

任务目标

- 掌握分析客户需求的方法。
- 掌握将私有 / 标准 ZigBee 协议设备集成到海尔私有云平台的步骤和方法。
- 掌握将 WiFi 协议设备集成到海尔私有云平台的步骤和方法。
- 掌握设计智能面板联动场景的步骤和方法。
- 掌握通过安住・家庭 App 设计联动场景的步骤和方法。
- 掌握通过海尔智家 App 设计联动场景的步骤和方法。
- 掌握面板场景、安住・家庭 App 场景、海尔智家 App 场景的区别和联系。
- 理解本任务控制系统的信息流向。

任务内容

1. 客户需求

某家装公司业务部接到一室一厅一厨一卫的智能家居装修任务。客户对智能家装的具体要求如下：能够通过客厅的智能面板对全屋灯光、窗帘和窗户等设备进行集中操控。房间自然光线不足时，去往其他房间前能够操控当前房间的智能面板点亮目的房间的灯。客厅和卧室的电动推窗器能够在刮风或下雨等异常天气时自动关闭窗户。

2. 系统控制方案设计

（1）需求分析。

考虑到客厅的智能面板控制的设备较多，所以给客厅配备 1 个 61P4 智能面板。由于客厅窗户较大、卧室窗户较小，因此分别选择 UCE-60DR-U5 无线窗帘电机和 HK-55DX-U 线控窗帘电机进行窗帘的开关控制。选择 DWR-CM-A200-A220-400N 线控推窗器搭配 AW-1 风雨传感器，对客厅和卧室的窗户进行联动场景控制。一居室智能家居设备布局图如图 5-12-1 所示。

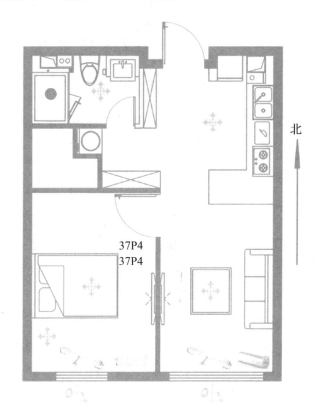

图 5-12-1　一居室智能家居设备布局图

按照户型图及客户的控制需求，卧室的智能面板需要连接台灯、顶灯以及线控推窗器和线控窗帘电机，共需要 6 个负载驱动端口，因此至少需要配备 2 块智能面板。同时，还需要智能面板能够操控卧室台灯、卧室顶灯、客厅顶灯、卫生间顶灯以及卧室的窗帘电机和卧室的推窗器，共 8 个按键，从降低工程成本的角度考虑给卧室配置 2 块 37P4 智能面板。

最后，给厨房和卫生间各配置 1 块 37P1 智能面板，能够控制各自所带设备即可。

（2）控制方案。

一居室智能家居选型配置清单及控制策略见表 5-12-1。

一居室智能家居控制系统的硬件接线原理图如图 5-12-2 所示。

表 5 - 12 - 1　一居室智能家居选型配置清单及控制策略

场所	设备种类及型号	数量	网络号	面板号	上级节点设备	连接的负载设备	控制设备
客厅	HW-WZ2JA-U 双模网关	1	1	1	TL-WTR9200 路由器	-	全屋所有灯光、所有窗帘、所有推窗器
	HK-61P4 智能面板	1		2	HW-WZ2JA-U 双模网关	客厅顶灯、客厅推窗器	-
	HSPK-X20UD 智能音箱	1		-	TL-WTR9200 路由器	-	-
	FW300R 路由器	1		-	海尔私有云平台	-	客厅推窗器
	AW-1 风雨传感器	1		3	HW-WZ2JA-U 双模网关	-	客厅窗帘
	UCE-60DR-U5 无线窗帘电机	1		4	HW-WZ2JA-U 双模网关	客厅窗帘	客厅窗户
	DWR-CM-A200-A220-400N 推窗器	1		-	HK-61P4 智能面板	客厅窗户	-
卧室	AGS3-W00D 华为平板	1		-	TL-WTR9200 路由器	-	全屋所有灯光、所有窗帘、所有推窗器
	HK-37P4 智能面板-1	1		5	HW-WZ2JA-U 双模网关	卧室顶灯、卧室台灯	卧室顶灯、卧室台灯、客厅顶灯、卫生间顶灯
	HK-37P4 智能面板-2	1		6	HW-WZ2JA-U 双模网关	窗帘电机、推窗器	卧室窗帘电机、卧室推窗器
	AW-1 风雨传感器	1		7	HW-WZ2JA-U 双模网关	卧室窗户	卧室推窗器
	DWR-CM-A200-A220-400N 推窗器	1		-	HK-37P4 智能面板-2	卧室窗户	卧室窗户
	HK-55DX-U 线控窗帘电机	1		-	HK-37P4 智能面板-2	卧室窗帘	卧室窗帘
厨房	HK-37P1 智能面板	1		8	HW-WZ2JA-U 双模网关	厨房顶灯	厨房顶灯
卫生间	HK-37P1 智能面板	1		9	HW-WZ2JA-U 双模网关	卫生间顶灯	卫生间顶灯

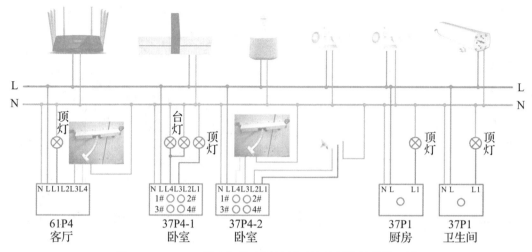

图 5－12－2　一居室智能家居控制系统的硬件接线原理图

📷 任务实施

（1）电气设备安装。

如图 5-12-2 所示，无线路由器、双模网关、智能音箱、风雨传感器和无线窗帘电机等设备只需连接到 220V 市电即可。

客厅配置的 61P4 智能面板连接了 1 盏顶灯和 1 个推窗器负载。该推窗器的棕色线为伸出控制线，接到面板的 L3 端，黄色线为缩回控制线，接到面板的 L4 端，蓝色线连接零线 N。在调试过程中，如果发现推窗器实际动作与预期相反，对调 L3 和 L4 端口的连接线即能达到预期的控制效果。

卧室配置了 2 块 37P4 智能面板，其中第 1 块连接了卧室的顶灯和台灯负载，4 个按键分别控制卧室的 2 盏灯，以及客厅顶灯和卫生间顶灯。第 2 块智能面板连接了卧室的推窗器和窗帘电机负载。推窗器的连线与客厅推窗器相同，棕色线为伸出控制线，接到面板的 L3 端，黄色线为缩回控制线，接到面板的 L4 端，蓝色线连接零线 N。在调试过程中，如果发现推窗器实际动作与预期相反，对调 L3 和 L4 端口的连接线即能达到预期的控制效果。窗帘电机的棕色线为正转控制线，接到面板的 L2 端，黑色线为反转控制线，接到面板的 L1 端，蓝色线连接零线 N。在调试过程中，如果发现窗帘实际动作与预期相反，对调 L1 和 L2 端口的连接线即能达到预期的控制效果。第 2 块面板的 4 个按键的功能：1# 按键控制窗户的打开，2# 按键控制窗户的关闭，3# 按键控制窗帘的打开，4# 按键控制窗帘的关闭。

在进行电气安装施工时，客厅的 61P4 智能面板需要预埋 5 根线：1 根火线、1 根零线、1 根与客厅顶灯连接的控制线，以及 2 根与客厅推窗器连接的控制线。客厅顶灯需要预埋 2 根线：1 根控制线连接到 61P4 智能面板的 L1 负载端子，1 根直接连接户内零线。

卧室的第 1 块 37P4 智能面板需要预留 4 根线：1 根火线、1 根零线、1 根与卧室顶灯连接的控制线、1 根与卧室的 86 型标准底盒连接的控制线，为卧室台灯提供电源。卧室顶灯需要预埋 2 根线：1 根控制线连接第 1 块 37P4 智能面板的 L4 负载端子，1 根线直接连接零线。卧室的台灯通过墙上预留的插座进行插接，插座盒需要预埋 2 根线：1 根控制线连接第 1 块 37P4 智能面板的 L3 负载端子，1 根线直接连接户内零线。卧室的第 2 块 37P4 智能面板需要预留 6 根线：1 根火线、1 根零线、2 根与卧室推窗器连接的控制线、2 根与卧室窗帘电机连接的控制线。卧室推窗器的零线和窗帘电机的零线直接连接户内零线即可。

厨房的 37P1 智能面板需要预埋 3 根线：1 根火线、1 根零线、1 根与厨房顶灯连接的控制线。厨房顶灯需要预埋 2 根线：1 根控制线连接到 37P1 智能面板的 L1 负载端子，1 根线直接连接户内零线。

卫生间的 37P1 智能面板需要预埋 3 根线：1 根火线、1 根零线、1 根与卫生间顶灯连接的控制线。卫生间顶灯需要预埋 2 根线：1 根控制线连接到 37P1 智能面板的 L1 负载端子，1 根线直接连接户内零线。

（2）网络系统搭建。

如图 5-12-3 所示，37P1 智能面板、37P4 智能面板、61P4 智能面板、风雨传感器、无线窗帘电机以及双模网关构成了私有 ZigBee 协议的无线 mesh 网络，各面板设备之间可以独立于双模网关实现直接通信。借助无线路由器，双模网关、上位机、平板 pad 和智能音箱构成了包含以太网协议和 WiFi 协议的局域网，它们之间也能实现互联互通。现场各种节点设备能够借助双模网关和无线路由器通过因特网与海尔智慧家居私有云平台通信。

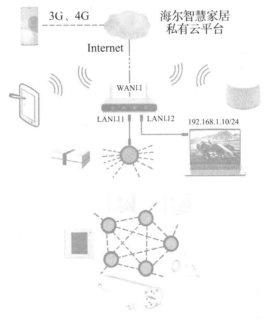

图 5-12-3　一居室智能家居控制系统的网络拓扑图

构建如图 5-12-4 所示的包含无线路由器、双模网关和上位机的以太网，同时开启路由器的无线 WiFi 和 DHCP 服务功能，步骤如下：

192.168.1.10/24

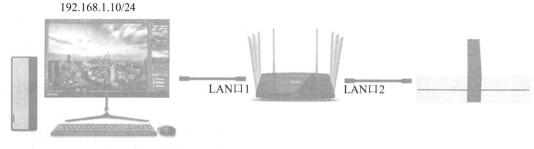

LAN口1   LAN口2

图 5 - 12 - 4   系统开发网络拓扑图

步骤 1：在计算机的桌面右击"网络"，选择"属性"快捷选项，在弹出的对话框中单击"以太网"，选择"属性"，打开"以太网 属性"对话框，在"网络"选项卡中双击"Internet 协议版本 4（TCP/IPv4）"，设置上位机的 IP 为"192.168.1.10"，子网掩码为"255.255.255.0"，如图 5 - 12 - 5 所示。

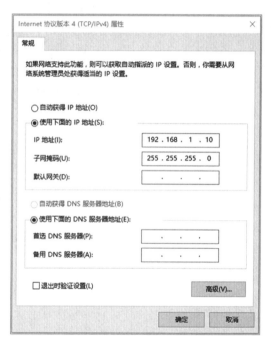

图 5 - 12 - 5   上位机的 IP 设置

步骤 2：打开浏览器，在地址栏输入 192.168.1.1，输入登录账号 admin 及密码后，顺利进入无线路由器的内置 Web 页，开启路由器的 DHCP 服务功能，并设置 WiFi 名称和 WiFi 密码，如图 5 - 12 - 6 所示。

（3）私有 ZigBee 协议设备和 WiFi 协议设备的集成设计。

通过上位机的 SmartConfig 软件集成设计私有 ZigBee 协议控制系统，步骤如下：

步骤 3：按照项目五 - 任务二 - 知识点 6 - ［方法 5 - 2 - 11］介绍的方法，创建新工程。

图 5 – 12 – 6　路由器的设置

步骤 4：按照项目五－任务二－知识点 6－［方法 5-2-12］介绍的方法，添加房间分组和客厅的被控负载设备，如图 5-12-7 所示。

图 5 – 12 – 7　添加房间分组和客厅的被控负载设备

步骤 5：按照项目五－任务二－知识点 6－［方法 5-2-12］介绍的方法，添加卧室的被控负载设备，如图 5-12-8 所示。

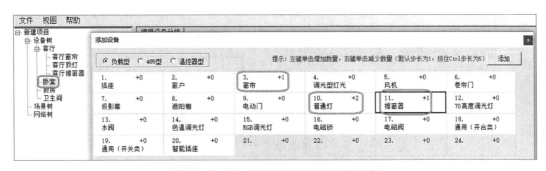

图 5 – 12 – 8　添加卧室的被控负载设备

步骤 6：按照项目五 - 任务二 - 知识点 6-［方法 5-2-12］介绍的方法，添加厨房的被控负载设备，如图 5-12-9 所示。

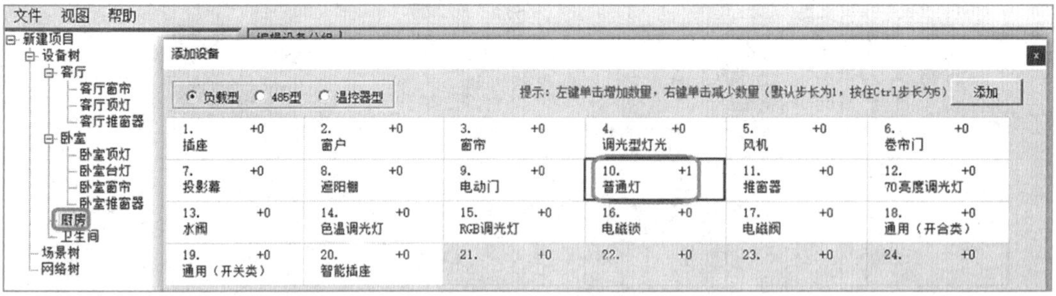

图 5-12-9　添加厨房的被控负载设备

步骤 7：按照项目五 - 任务二 - 知识点 6-［方法 5-2-12］介绍的方法，添加卫生间的被控负载设备，如图 5-12-10 所示。

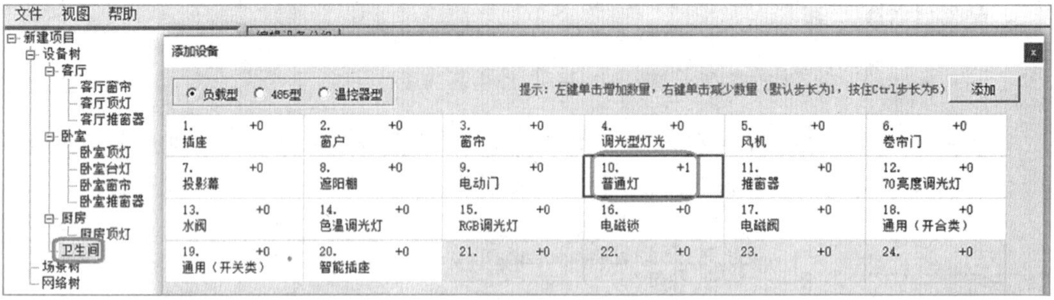

图 5-12-10　添加卫生间的被控负载设备

步骤 8：按照项目五 - 任务二 - 知识点 6-［方法 5-2-13］介绍的方法，在网络树中添加网络，然后给一居室控制系统添加面板设备，如图 5-12-11 所示。

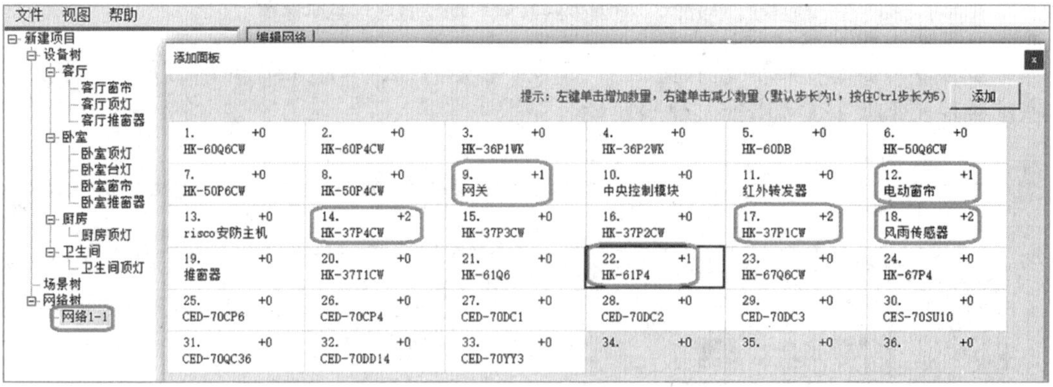

图 5-12-11　在工程中添加网络和面板设备

步骤 9：按照项目五 - 任务二 - 知识点 6-［方法 5-2-13］介绍的方法，依据

图 5-12-2 所示的接线原理图，为客厅的 61P4 智能面板设备绑定负载，如图 5-12-12 所示。

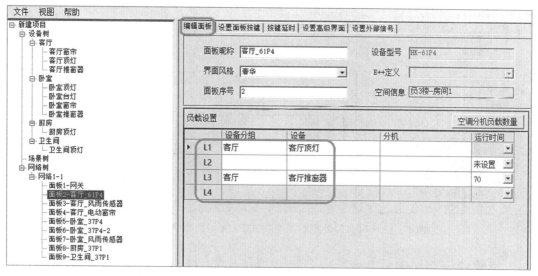

图 5-12-12　为客厅的 61P4 智能面板绑定负载设备

　　步骤 10：按照项目五 - 任务二 - 知识点 6-［方法 5-2-13］介绍的方法，依据图 5-12-2 所示的接线原理图，为客厅的电动窗帘面板设备绑定负载，如图 5-12-13 所示。

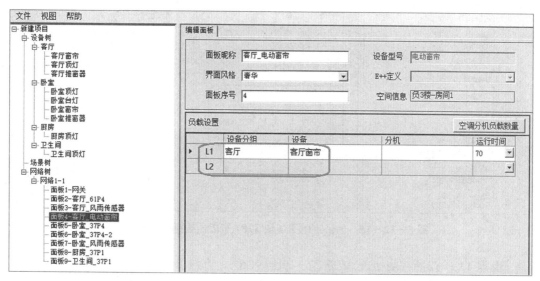

图 5-12-13　为客厅的电动窗帘面板绑定负载设备

　　步骤 11：按照项目五 - 任务二 - 知识点 6-［方法 5-2-13］介绍的方法，依据图 5-12-2 所示的接线原理图，为卧室的第 1 块 37P4 智能面板设备绑定负载，如图 5-12-14 所示。

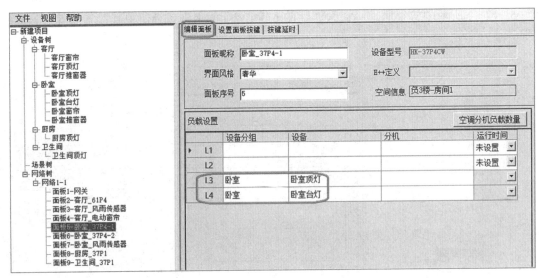

图 5－12－14　为卧室的第 1 块 37P4 智能面板绑定负载设备

　　步骤 12：按照项目五－任务二－知识点 6－［方法 5-2-13］介绍的方法，依据图 5-12-2 所示的接线原理图，为卧室的第 2 块 37P4 智能面板设备绑定负载，如图 5-12-15 所示。

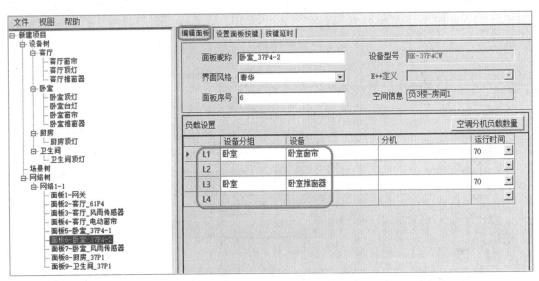

图 5－12－15　为卧室的第 2 块 37P4 智能面板绑定负载设备

　　步骤 13：按照项目五－任务二－知识点 6－［方法 5-2-13］介绍的方法，依据图 5-12-2 所示的接线原理图，为厨房的 37P1 智能面板设备绑定负载，如图 5-12-16 所示。

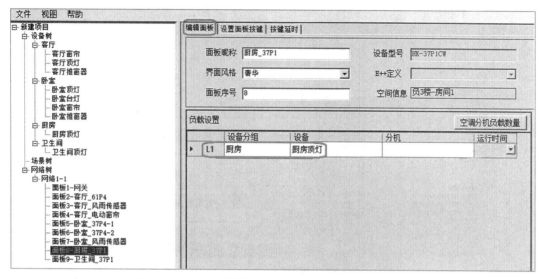

图 5 - 12 - 16　为厨房的 37P1 智能面板绑定负载设备

步骤 14：按照项目五 - 任务二 - 知识点 6 - ［方法 5 - 2 - 13］介绍的方法，依据图 5 - 12 - 2 所示的接线原理图，为卫生间的 37P1 智能面板设备绑定负载，如图 5 - 12 - 17 所示。

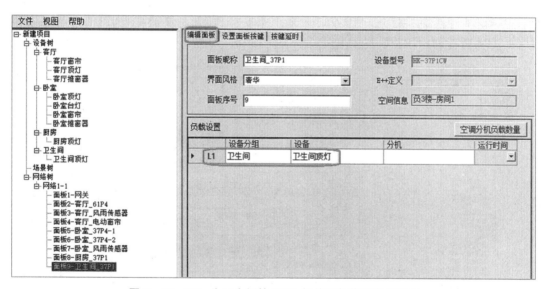

图 5 - 12 - 17　为卫生间的 37P1 智能面板绑定负载设备

步骤 15：按照项目五 - 任务二 - 知识点 6 - ［方法 5 - 2 - 14］介绍的方法，为客厅的 61P4 智能面板设备设置全屋灯光全开的场景，如图 5 - 12 - 18 所示。

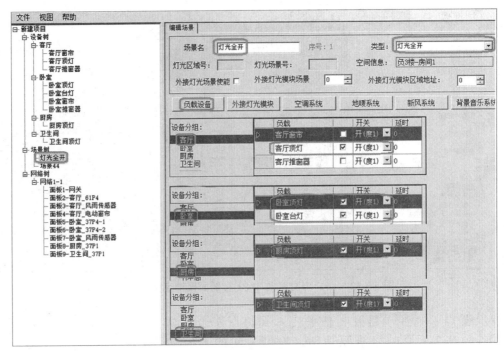

图 5-12-18　为客厅的 61P4 智能面板设置全屋灯光全开的场景

步骤 16：按照项目五 - 任务二 - 知识点 6-［方法 5-2-14］介绍的方法，为客厅的 61P4 智能面板设备设置全屋灯光全关的场景，如图 5-12-19 所示。

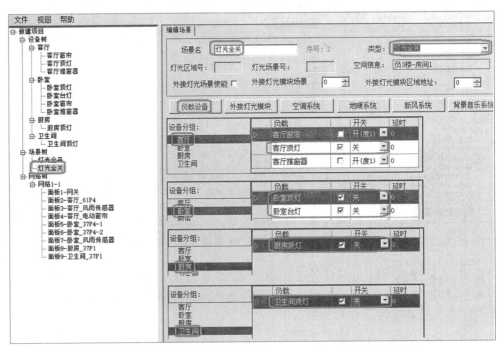

图 5-12-19　为客厅的 61P4 智能面板设置全屋灯光全关的场景

步骤 17：按照项目五 – 任务二 – 知识点 6-［方法 5-2-16］介绍的方法，为客厅的 61P4 智能面板设备设置按键功能，如图 5-12-20 所示。

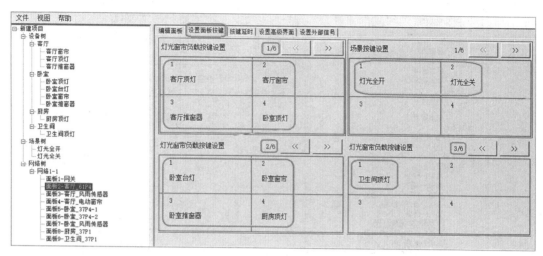

图 5-12-20　为客厅的 61P4 智能面板设置按键功能

步骤 18：按照项目五 – 任务二 – 知识点 6-［方法 5-2-16］介绍的方法，为卧室的第 1 块 37P4 智能面板设备设置按键功能，如图 5-12-21 所示。

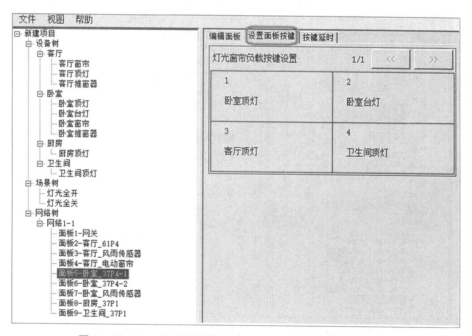

图 5-12-21　为卧室的第 1 块 37P4 智能面板设置按键功能

步骤 19：按照项目五 – 任务二 – 知识点 6-［方法 5-2-16］介绍的方法，为卧室的第 2 块 37P4 智能面板设备设置按键功能，如图 5-12-22 所示。

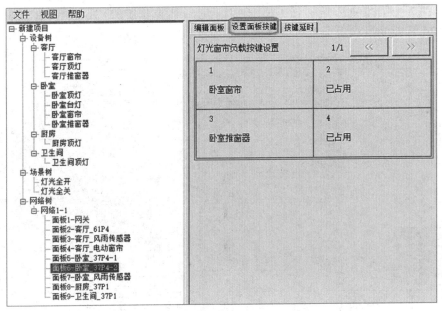

图 5 - 12 - 22 　 为卧室的第 2 块 37P4 智能面板设置按键功能

步骤 20：按照项目五 - 任务二 - 知识点 6 - ［方法 5-2-16］介绍的方法，为厨房的 37P1 智能面板设备设置按键功能，如图 5-12-23 所示。

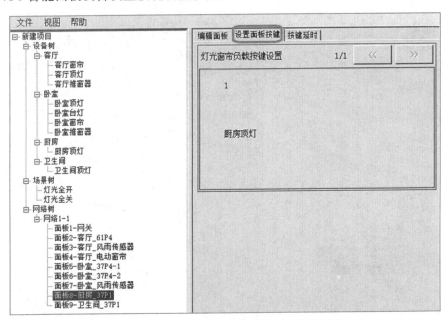

图 5 - 12 - 23 　 为厨房的 37P1 智能面板设置按键功能

步骤 21：按照项目五 - 任务二 - 知识点 6 - ［方法 5-2-16］介绍的方法，为卫生间的 37P1 智能面板设备设置按键功能，如图 5-12-24 所示。

步骤 22：在已经打开网关的 ADB 功能的前提下，按照项目五 - 任务二 - 知识点 2 - ［方法 5-2-2］介绍的方法，给网关设置网络号为 1、面板号为 1。

步骤 23：在已经打开网关的 ADB 功能的前提下，按照项目五 - 任务二 - 知识点 2-［方法 5-2-3］介绍的方法，将上位机配置的 hex 文件发送给网关。

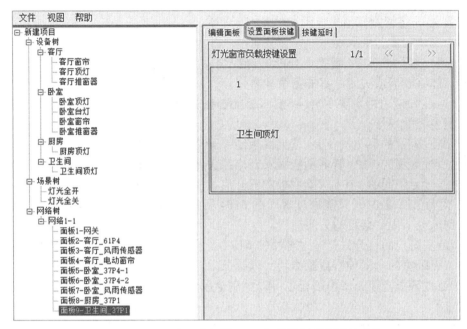

图 5-12-24　为卫生间的 37P1 智能面板设置按键功能

步骤 24：按照项目五 - 任务二 - 知识点 4-［方法 5-2-7］介绍的方法，给客厅的 61P4 智能面板设置网络号为 1、面板号为 2。

步骤 25：按照项目五 - 任务二 - 知识点 3-［方法 5-2-4］介绍的方法，给卧室的第 1 块 37P4 智能面板设置网络号为 1、面板号为 5；给卧室的第 2 块 37P4 智能面板设置网络号为 1、面板号为 6；给厨房的 37P1 智能面板设置网络号为 1、面板号为 8；给卫生间的 37P1 智能面板设置网络号为 1、面板号为 9。

步骤 26：按照项目五 - 任务三 - 知识点 1-［方法 5-3-1］介绍的方法，给客厅的风雨传感器设置网络号为 1、面板号为 3；给卧室风雨传感器设置网络号为 1、面板号为 7。

步骤 27：按照项目五 - 任务四 - 知识点 2-［方法 5-4-1］介绍的方法，给客厅的无线窗帘电机设置网络号为 1、面板号为 4。

步骤 28：按照项目五 - 任务二 - 知识点 3-［方法 5-2-5］中图 5-2-14 所示的方法，使用上位机将生成的配置数据通过网关一次性发布给所有私有 ZigBee 协议面板设备。

步骤 29：在已经打开网关的 ADB 功能的前提下，按照项目五 - 任务二 - 知识点 3-［方法 5-2-6］中图 5-2-14 所示的方法，将所有已经集成到网关中的私有 ZigBee 协议面板设备集成到海尔私有云平台。

步骤 30：按照项目五 - 任务二 - 知识点 6-［方法 5-2-15］介绍的方法，在安住·家庭 App 上对客厅和卧室分别设置"刮风立即关闭窗户"和"下雨立即关闭窗户"共 4 个联动场景。

步骤 31：打开海尔智家 App，输入与安住·家庭 App 注册账号相同的手机号，系统会将安住·家庭 App 同一账户中的配置信息导入海尔智家 App 中。

步骤 32：按照项目五 - 任务二 - 知识点 5-［方法 5-2-10］介绍的方法，通过海尔智家 App 将智能音箱集成到海尔私有云平台。

（4）系统功能验证。

1）通过客厅的 61P4 智能面板能够操控全屋的灯光，能够开启或关闭客厅的窗帘和窗户，能够开启或关闭卧室的窗帘和窗户。

2）通过卧室的第 1 块 37P4 智能面板能够操控卧室的全部灯光，能够开启或关闭客厅和卫生间的顶灯。

3）通过卧室的第 2 块 37P4 智能面板能够开启或关闭卧室的窗帘和窗户。

4）通过厨房的 37P1 智能面板能够开启或关闭厨房的顶灯。

5）通过卫生间的 37P1 智能面板能够开启或关闭卫生间的顶灯。

6）客厅窗户的打开只能通过客厅的 61P4 智能面板来操作，当客厅的风雨传感器探测到刮风或下雨，会自动关闭窗户。

7）卧室窗户的打开只能通过客厅的 61P4 智能面板或卧室的第 2 块 37P4 智能面板来操作，当卧室的风雨传感器探测到刮风或下雨，会自动关闭窗户。

8）通过智能音箱，使用语音也可以控制全屋灯光、窗帘和窗户。

✎ 任务总结与反思

（1）与普通家居照明开关不同，引入智能面板的电源线不仅有火线，还有零线。

（2）本地智能面板不仅可以操控自身连接的负载设备，还可以控制其他智能面板连接的负载设备。

（3）本任务控制系统中的节点设备均为私有 ZigBee 协议设备。

任务十三 三居室智能家居的物联网云平台控制系统的集成设计与调试

🎯 任务目标

- 掌握分析客户需求的方法。
- 掌握将私有 / 标准 ZigBee 协议设备集成到海尔私有云平台的步骤和方法。
- 掌握将 WiFi 协议设备集成到海尔私有云平台的步骤和方法。
- 掌握设计智能面板联动场景的步骤和方法。
- 掌握通过安住·家庭 App 设计联动场景的步骤和方法。
- 掌握通过海尔智家 App 设计联动场景的步骤和方法。
- 掌握面板场景、安住·家庭 App 场景、海尔智家 App 场景的区别和联系。

● 理解本任务控制系统的信息流向。

任务内容

1.客户需求

某智能装潢装饰集团业务部接到山水小区某个三居室的智能家居装修任务。客户对智能家装的具体要求如下：

在安防报警方面，发生以下几种意外情况时，家中的声光报警器会报警，同时给主人手机发送短信：①家中无人时有外人闯入；②厨房或卫生间渗水；③燃气泄漏；④其他紧急求助。发生燃气泄漏时，自动打开厨房窗户，自动切断燃气管道阀门。

在场景联动方面，侧重舒适方便，在客厅设置观影模式、会客模式、回家模式和离家模式等联动场景，并能在多个联动场景间实现一键切换。安装一套全屋音响设备，能够实现多屋同时欣赏相同的音乐。在门厅、厨房和卫生间等房间设置方便实用的联动场景。

在照明方面，房间自然光线不足时，去往其他房间前能够操控当前房间的智能面板点亮目的房间的灯。

2.系统控制方案设计

（1）需求分析。

考虑到客户对安防报警方面的需求，在进户门和有阳台的两间卧室都安装门磁和红外探测器，在有上下水的卫生间和厨房均安装水浸探测器，将声光报警器配置在客厅顶部显眼处，一旦检测到有人非法闯入或发生漏水，声光报警器联动报警，并向主人手机发送短信。在厨房配备燃气套装，检测到燃气泄漏时，推窗器自动打开厨房窗户，系统自动切断燃气管道阀门，声光报警器报警，并向主人手机发送短信。次卧1配置紧急按钮，当老人跌倒、生病或有其他求助需求时，按下紧急按钮，声光报警器报警，并向主人手机发送短信。三居室智能家居设备布局图如图5-13-1所示。

在场景联动方面，在客厅设置回家模式、离家模式、音乐模式、观影模式、会客模式和就寝模式共6种联动场景。基于客户对全屋各房间能够收听相同音乐的需求，选择海尔Uhome背景音乐系统，除厨房以外，在各房间安装吸顶音箱。考虑到客厅的智能面板需要连接485型背景音乐负载设备、需要满足6种联动场景的切换要求、需要操控的设备较多，给客厅配置1块61Q6智能面板。由于客厅和餐厅的窗户是比较大的落地窗户，主卧和两间次卧的窗户较小，因此分别选择UCE-60DR-U5无线窗帘电机和HK-55DX-U线控窗帘电机。

门厅的智能面板能够实现一键开启"回家模式"或"离家模式"，还能够单独开启门厅顶灯、客厅顶灯、餐厅顶灯和厨房顶灯，至少需要6个按键；它连接的负载设备只有1个门厅顶灯，所以给门厅配置1块61P4智能面板。

主卧的智能面板需要操控的负载设备较多，且需要连接的负载设备较多，考虑到廊道的面板只需要连接1盏顶灯和1盏卫生间顶灯，能够帮助主卧连接2个负载设备，所以给主卧配置一块61P4智能面板。

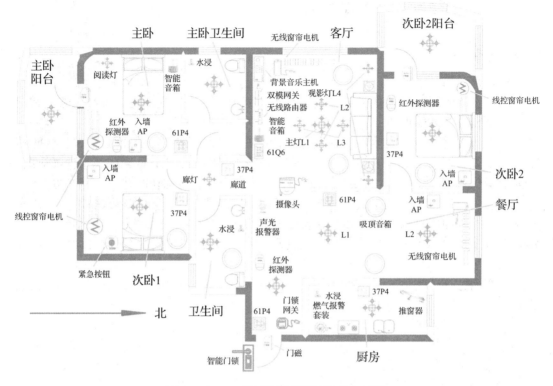

图 5 - 13 - 1   三居室智能家居设备布局图

由于其他房间的智能面板只需控制房间内的设备，数量较少，从降低成本的角度考虑，各配置了 1 块 37P4 智能面板。

从实用方便、快捷舒适的角度考虑，设计的联动控制场景如下：

1）打开智能门锁，门厅灯开启，智能音箱播报"欢迎回家"。

2）单击门厅或客厅智能面板的"回家模式"按键或者选择海尔智家 App 中的"回家"场景，客厅主灯打开，客厅窗帘打开，门厅灯关闭，客厅播放背景音乐，红外探测器和门磁等设备自动撤防，客厅的空调、卫生间的热水器和浴霸自动开启。

3）离家时，单击门厅或客厅智能面板的"离家模式"按钮或者通过手机 App 选择"离家"场景，全屋灯光和空调关闭，卫生间的热水器和浴霸等关闭，全屋窗帘关闭，厨房窗户关闭，红外探测器和门磁等设备自动布防。

4）关闭卫生间热水器后，浴霸自动关闭，同时开启换气功能，5 分钟后换气功能自动关闭。

5）洗衣机完成衣物洗涤程序后，晾衣架会自动降下。

6）燃气灶任意 1 个灶眼点火，吸油烟机随即打开，并且开启照明灯；熄灭燃气灶的所有灶眼后，照明灯关闭，5 分钟后吸油烟机关机。

（2）控制方案。

三居室智能家居选型配置清单及控制策略见表 5-13-1。

表 5-13-1　三居室智能家居选型配置清单及控制策略

场所	设备种类及型号	数量	面板号	上级节点控制设备	打开门锁	回家模式	离家模式	音乐模式	观影模式	会客模式	就寝模式
客厅	HW-WZ2JA-U 双模网关①-2	1	7	TL-WTR9200 无线路由器	—	—	—	—	—	—	—
	UM-60Z6 背景音乐主机①-1	1	—	客厅 HK-61Q6 智能面板	—	开	关	开	关	关	关
	UM-60S6 吸顶音箱-A1	2	—	—	—	开	关	开	关	关	关
	HSPK-X20UD 智能音箱③	1	—	TL-WTR9200 无线路由器	欢迎词	开	开	开	开	开	关
	TL-WTR9200 无线路由器	1	—	海尔私有云平台	—	—	—	—	—	—	—
	75V81（PRO）智能电视③	1	—	TL-WTR9200 无线路由器	—	关	关	关	开	关	关
	UCE-60DR-U5 窗帘电机①-1/-2	1	8	客厅 HK-61Q6 智能面板	—	开	关	—	关	开	开
	HCC-22AI-W 网络摄像头③	1	—	TL-WTR9200 无线路由器	—	开	开	开	开	开	开
	CAP729YAA（A1）U1 空调③	1	—	TL-WTR9200 无线路由器	—	开	关	开	开	开	关
	P50U1 扫地机器人③	1	—	TL-WTR9200 无线路由器	—	—	开	—	—	—	—
	AGS3-W00D 华为平板	1	—	TL-WTR9200 无线路由器	—	—	—	—	—	—	—
	LED主灯L1①-1	1	—	客厅 HK-61Q6 智能面板	—	开	关	开	关	开	关
	LED会客灯L2①-1	2	—	客厅 HK-61Q6 智能面板	—	关	关	—	关	开	关
	LED会客灯L3①-1	2	—	客厅 HK-61Q6 智能面板	—	关	关	开	关	开	关
	观影灯L4①-1	2	—	客厅 HK-61Q6 智能面板	—	关	关	开	开	关	关
	HS-21ZA-U 声光报警器②	1	—	HW-WZ2JA-U 双模网关	—	开	开	开	开	开	开
	HK-61Q6 智能面板①-2	1	9	HW-WZ2JA-U 双模网关	—	—	—	—	—	—	—
	HK-37P4 智能面板①-2	1	10	HW-WZ2JA-U 双模网关	—	—	—	—	—	—	—
	LED廊灯①-1	1	—	廊道 HK-37P4 智能面板	—	—	关	—	—	—	开

续表

场所	设备种类及型号	数量	面板号	上级节点控制设备	打开门锁	回家模式	离家模式	音乐模式	观影模式	会客模式	就寝模式
餐厅	UCE-60DR-U5 窗帘电机①-1/-2	1	11	餐厅 HK-61P4 智能面板	—	—	关	—	—	—	关
	CAS359YAA（81）U1 空调套机③	1	—	TL-WTR9200 无线路由器	—	—	关	—	—	—	关
	UM-60S6 吸顶音箱-A2	2	—	—	—	关	关	开	关	关	关
	LED 餐厅顶灯 L1①-1	1	—	餐厅 HK-61P4 智能面板	—	—	关	—	—	—	关
	LED 餐厅顶灯 L2①-1	1	—	餐厅 HK-61P4 智能面板	—	—	关	—	—	—	—
	HK-61P4 智能面板①-2	1	12	HW-WZZJA-U 双模网关	—	—	—	—	—	—	开
	CAS359YAA（81）U1 空调套机③	1	—	TL-WTR9200 无线路由器	—	—	关	关	关	—	开
	HK-55DX-U 线控窗帘电机②	1	—	主卧 HK-61P4 智能面板	—	关	开	开	开	关	关
	HS-21ZH 红外探测器②	1	—	HW-WZZJA-U 双模网关	—	开	开	开	开	开	开
	HSPK-X20UD 智能音箱③	1	—	TL-WTR9200 无线路由器	—	关	关	开	关	关	开
	UM-60S6 吸顶音箱-A3	1	—	—	—	关	关	开	关	—	关
主卧	LED 主卧顶灯①-1	1	—	廊道 HK-37P4 智能面板	—	—	关	—	—	—	—
	LED 阅读灯①-1	1	—	主卧 HK-61P4 智能面板	—	—	关	—	—	—	—
	LED 主卧卫生间顶灯①-1	1	—	廊道 HK-37P4 智能面板	—	—	关	—	—	—	—
	HS-22ZW 主卧卫生间水浸②	1	—	HW-WZZJA-U 双模网关	—	开	开	开	开	开	开
	LED 主卧阳台顶灯①-1	1	—	主卧 HK-61P4 智能面板	—	—	关	—	—	—	开
	HS-22ZD 主卧阳台门磁②	1	—	HW-WZZJA-U 双模网关	—	关	开	关	关	关	—
	ZNND1324 纤见晾衣架③	1	—	TL-WTR9200 无线路由器	—	—	—	—	—	—	开
	HK-61P4 智能面板①-2	1	13	HW-WZZJA-U 双模网关	—	—	—	—	—	—	—

续表

场所	设备种类及型号	数量	面板号	上级节点控制设备	打开门锁	回家模式	离家模式	音乐模式	观影模式	会客模式	撤摸模式
次卧1	CAS359YAA（81）U1 空调套机③	1	—	TL-WTR9200 无线路由器	—	—	—	—	—	—	—
	HK-55DX-U 线控窗帘电机①-1	1	—	次卧1HK-37P4 智能面板	—	—	关	—	—	—	关
	HS-21ZJ-U 紧急按钮②	1	—	HW-WZ2JA-U 双模网关	—	开	开	开	开	开	开
	UM-60S6 吸顶音箱-A4	1	—	—	—	关	关	开	关	关	关
	次卧1-LED 顶灯①-1	1	—	次卧1HK-37P4 智能面板	—	—	关	—	—	—	关
	HK-37P4 智能面板①-2	1	14	HW-WZ2JA-U 双模网关	—	—	—	—	—	—	—
次卧2	CAS359YAA（81）U1 空调套机③	1	—	TL-WTR9200 无线路由器	—	—	—	—	—	—	—
	HK-55DX-U 线控窗帘电机①-1	1	—	次卧2HK-37P4 智能面板	—	关	关	开	—	—	关
	UM-60S6 吸顶音箱-A5	1	—	—	—	关	开	关	关	关	关
	HS-21ZH 红外探测器②	1	—	HW-WZ2JA-U 双模网关	—	—	关	—	关	开	开
	次卧2-LED 顶灯①-1	1	—	次卧2HK-37P4 智能面板	—	关	开	关	关	关	关
	HS-22ZD 次卧2阳台门磁②	1	—	HW-WZ2JA-U 双模网关	—	—	关	—	—	—	开
	次卧2阳台 LED 顶灯①-1	1	—	次卧2HK-37P4 智能面板	—	关	关	开	关	关	关
	HK-37P4 智能面板①-2	1	15	HW-WZ2JA-U 双模网关	—	—	—	—	—	—	关
厨房	HR-01KJ 中央控制模块①-2	1	16	HW-WZ2JA-U 双模网关	—	开	开	开	开	开	开
	GAS-EYE-102A 燃气探测器	1	—	HR-01KJ 中央控制模块	—	—	—	—	开	开	开
	GSV-102T 燃气报警切断器	1	—		—	—	—	—	—	—	—
	JA-A 管道机械手①-1	1	—		—	—	关	—	—	—	—
	JZT-C7G82DGU1（12T）燃气灶③	1	—	TL-WTR9200 无线路由器	—	—	—	—	—	—	关
	CXW-219-C7T90CGU1 吸油烟机③	1	—	TL-WTR9200 无线路由器	—	—	—	—	—	—	—

续表

场所	设备种类及型号	数量	面板号	上级节点控制设备	打开门锁	回家模式	离家模式	音乐模式	观影模式	会客模式	就寝模式
厨房	DWR-CM-A200-A200-400N 推窗器①-1	1	—	厨房 HK-37P4 智能面板	—	—	关	—	—	—	关
	厨房 LED 顶灯①-1	1	—	厨房 HK-37P4 智能面板	—	—	关	—	—	—	关
	HS-22ZW 厨房水浸②	1	—	HW-WZ2JA-U 双模网关	—	开	开	开	开	开	开
	BCD-611WDIEU1 冰箱③	1	—	TL-WTR9200 无线路由器	—	—	—	—	—	—	—
	HK-37P4 智能面板①-2	1	17	HW-WZ2JA-U 双模网关	—	—	—	—	—	—	—
	UM-60S6 吸顶音箱-A6	1	—	—	—	关	关	开	关	关	关
卫生间	卫生间 LED 顶灯①-1	1	—	廊道 HK-37P4 智能面板	—	—	关	—	—	—	—
	C1 HD12G6LU1 洗衣机③	1	—	TL-WTR9200 无线路由器	—	开	关	—	—	—	关
	HS-22ZW 卫生间水浸②	1	—	HW-WZ2JA-U 双模网关	—	开	开	开	开	开	开
	ES40H-SMART5（U1）电热水器③	1	—	TL-WTR9200 无线路由器	—	开	关	—	—	—	关
	HYB-HW642DTU1 智能浴霸③	1	—	TL-WTR9200 无线路由器	—	—	关	—	—	—	关
门厅	HL-33PF4-US 智能门锁②	1	—	HAG-07M-W 门锁网关	—	—	—	—	—	—	—
	HAG-07M-W 门锁网关②③	1	—	TL-WTR9200 无线路由器	—	关	开	关	关	关	关
	HS-22ZD 进户门门磁②	1	—	HW-WZ2JA-U 双模网关	—	关	开	关	关	关	开
	HS-21ZH 红外探测器②	1	—	HW-WZ2JA-U 双模网关	—	—	—	关	关	关	开
	HK-61P4 智能面板①-2	1	18	HW-WZ2JA-U 双模网关	—	关	关	关	关	关	开
	门厅 LED 顶灯①-1	1	—	门厅 HK-61P4 智能面板	开	关	关	关	关	关	关

注：①-1：私有 ZigBee 协议节点设备负载端连接的负载。

注：①-1：私有 ZigBee 协议节点设备。
①-2：私有 ZigBee 协议节点设备。
②：标准 ZigBee 协议节点设备。
③：WiFi 协议节点设备。

📟 任务实施

（1）电气设备安装。

客厅控制系统的硬件接线原理图如图 5-13-2 所示。

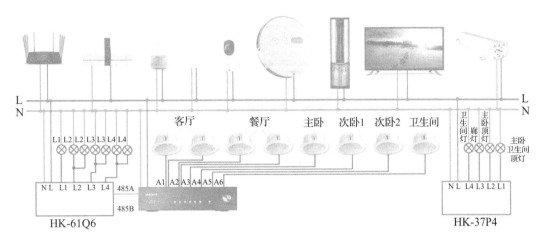

图 5-13-2　客厅控制系统的硬件接线原理图

客厅中的无线路由器、双模网关、智能音箱、声光报警器、无线网络摄像头、扫地机器人、智能空调、智能电视和无线窗帘电机等设备直接连接 220V 市电。61Q6 智能面板的负载端连接 5 盏顶灯和 2 盏观影灯，通过其 485 通信口连接 UM-60Z6 背景音乐主机。背景音乐主机连接的 6 组吸顶音箱分机分别布置到客厅、餐厅、主卧、次卧1、次卧2 和卫生间。廊道 37P4 智能面板的负载端 L1 接主卧卫生间的顶灯，L2 端接主卧顶灯，L3 端接廊灯，L4 端接卫生间顶灯。

进行电气安装施工时，客厅的 61Q6 智能面板需要预埋 6 根线：1 根火线、1 根零线、4 根与客厅灯连接的控制线。客厅主灯需要预埋 2 根线：1 根控制线连接到 61Q6 智能面板的 L1 负载端子，1 根零线连接户内零线。2 盏 LED 会客灯 L2 的控制线和零线分别短接在一起，然后将公共控制线连接到 61Q6 智能面板的 L2 负载端子，零线连接户内零线。2 盏 LED 会客灯 L3 的控制线和零线分别短接在一起，然后将公共控制线连接到 61Q6 智能面板的 L3 负载端子，零线连接户内零线。2 盏观影灯 L4 的控制线和零线分别短接在一起，然后将公共控制线连接到 61Q6 智能面板的 L4 负载端子，零线连接户内零线。廊道的 37P4 智能面板需要预埋 6 根线：1 根火线、1 根零线、4 根与主卧卫生间顶灯、主卧顶灯、廊灯和卫生间顶灯连接的控制线。主卧卫生间顶灯需要预埋 2 根线：1 根控制线连接到 37P4 智能面板的 L1 负载端子，1 根零线连接户内零线。主卧顶灯需要预埋 2 根线：1 根控制线连接到 37P4 智能面板的 L2 负载端子，1 根零线连接户内零线。廊灯需要预埋 2 根线：1 根控制线连接到 37P4 智能面板的 L3 负载端子，1 根零线连接户内零线。卫生间顶灯需要预埋 2 根线：1 根控制线连接到 37P4 智能面板的 L4 负载端子，1 根零线连接户内零线。无线路由器、双模网关、智能音箱、声光报警器、无线网络摄像头、扫地机器人、智能空调、智能电视和无线窗帘电机等设备通过墙上预留的插座连接 220V 市电。在调试过程中，如果发现客厅窗帘实际动作方向与预期相反，通过遥控器进行换向设置即可。

餐厅控制系统的硬件接线原理图如图 5-13-3 所示。

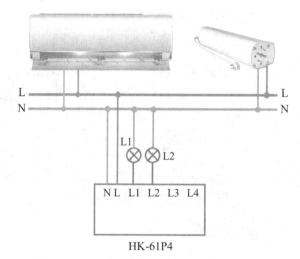

图 5-13-3　餐厅控制系统的硬件接线原理图

餐厅中的空调和无线窗帘电机直接连接 220V 市电，配置的 61P4 智能面板的负载连接 2 盏顶灯。

进行电气安装施工时，餐厅的 61P4 智能面板需要预埋 4 根线：1 根火线、1 根零线、2 根与餐厅灯连接的控制线。餐厅的 L1 灯需要预埋 2 根线：1 根控制线连接到 61P4 智能面板的 L1 负载端子，1 根零线连接户内零线。L2 灯也需要预埋 2 根线：1 根控制线连接到 61P4 智能面板的 L2 负载端子，1 根零线连到户内零线。空调和无线窗帘电机通过墙上预留的插座连接 220V 市电。在调试过程中，如果发现餐厅窗帘实际动作方向与预期相反，通过遥控器进行换向设置即可。

主卧控制系统的硬件接线原理图如图 5-13-4 所示。

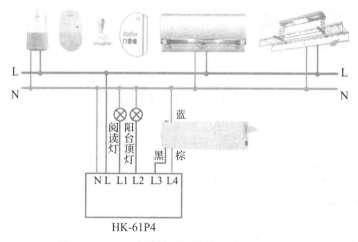

图 5-13-4　主卧控制系统的硬件接线原理图

主卧的智能音箱、空调和智能晾衣架直接连接220V市电，红外探测器、水浸探测器和门磁依靠自身的锂电池供电，61P4智能面板的负载端连接阅读灯、阳台顶灯和线控窗帘电机。

进行电气安装施工时，主卧的61P4智能面板需要预埋6根线：1根火线、1根零线、1根与阅读灯连接的控制线、1根与主卧阳台顶灯连接的控制线、2根与主卧窗帘电机连接的控制线分别连接窗帘电机的黑色和棕色控制线。阅读灯需要预埋2根线：1根控制线连接到61P4智能面板的L1负载端子、1根零线连接户内零线。主卧阳台顶灯也需要预埋2根线：1根控制线连接到61P4智能面板的L2负载端子、1根零线连接户内零线。窗帘控制电机的蓝色线连接户内零线，智能音箱、空调和智能晾衣架等设备通过墙上预留的插座连接220V市电。在调试过程中，如果发现主卧窗帘实际动作方向与预期相反，对调L3和L4端口的连接线即可。

次卧1控制系统的硬件接线原理图如图5-13-5所示。

次卧1中的紧急按钮依靠自身的锂电池供电，空调直接连接220V市电，37P4智能面板的负载端连接次卧1顶灯和线控窗帘电机。

进行电气安装施工时，次卧1的37P4智能面板需要预埋5根线：1根火线、1根零线、1根与次卧1顶灯连接的控制线、2根与次卧1窗帘电机连接的控制线分别连接窗帘电机的黑色和棕色控制线。次卧1顶灯需要预埋2根线：1根控制线连接到37P4智能面板的L3负载端子、1根零线连接户内零线。窗帘控制电机的蓝色线连接户内零线，空调通过墙上预留的插座连接220V市电。在调试过程中，如果发现次卧1窗帘实际动作方向与预期相反，对调L1和L2端口的连接线即可。

次卧2控制系统的硬件接线原理图如图5-13-6所示。

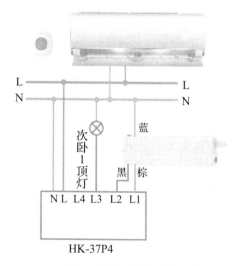

图5-13-5　次卧1控制系统的硬件接线原理图

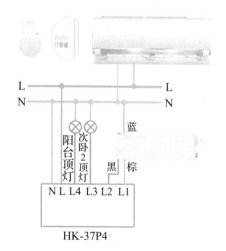

图5-13-6　次卧2控制系统的硬件接线原理图

次卧2中的红外探测器和门磁依靠自身的锂电池供电，空调直接连接220V市电，37P4智能面板的负载端连接次卧2顶灯、阳台顶灯和线控窗帘电机。

进行电气安装施工时，次卧2的37P4智能面板需要预埋6根线：1根火线、1根零线、1根与次卧2顶灯连接的控制线、1根与阳台顶灯连接的控制线、2根与次卧2窗帘电机连接的控制线分别连接窗帘电机的黑色和棕色控制线。次卧2顶灯需要预埋2根线：1根控制线连接到37P4智能面板的L3负载端子、1根零线连接户内零线。阳台顶灯需要预埋2根线：1根控制线连接到37P4智能面板的L4负载端子、1根零线连接户内零线。窗帘控制电机的蓝色线连接户内零线，空调通过墙上预留的插座连接220V市电。在调试过程中，如果发现次卧2窗帘实际动作方向与预期相反，对调L1和L2端口的连接线即可。

厨房控制系统的硬件接线原理图如图5-13-7所示。

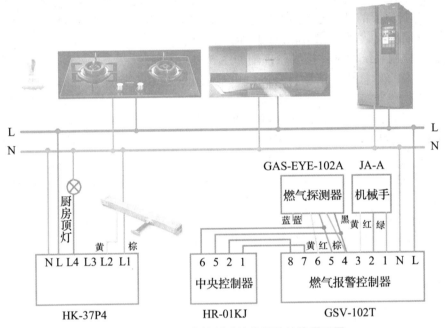

图5-13-7　厨房控制系统的硬件接线原理图

厨房的水浸探测器依靠自身的锂电池供电，燃气灶、吸油烟机和冰箱直接连接220V市电。37P4智能面板的负载端连接厨房顶灯和1个线控推窗器。燃气报警套装通过HR-01KJ中央控制器与双模网关进行信息交互，进而与海尔私有云平台完成信息交换。燃气报警套装中的核心控制器是燃气报警控制器，接到上级下达的控制信息即驱动JA-A机械手进行相应的动作。当燃气探测器探测到发生燃气泄漏事件，即报告给燃气报警控制器，燃气报警控制器立即驱动JA-A机械手关闭燃气管道阀门，同时把实时状态通过HR-01KJ中央控制器和双模网关上传至海尔私有云平台。

进行电气安装施工时，厨房的37P4智能面板需要预埋5根线：1根火线、1根零线、1根与厨房顶灯连接的控制线、2根与推窗器连接的控制线分别连接推窗器的棕色和黄色控制线。厨房顶灯需要预埋2根线：1根控制线连接到37P4智能面板的L4负载端子，1根零线连接户内零线。推窗器的蓝色线连接户内零线，燃气灶、吸油烟机和冰箱通过墙上预留的插座连接220V市电。在调试过程中，如果发现厨房推窗器实际动作方向与预期相反，对调 L1 和 L2 端口的连接线即可。

卫生间控制系统的硬件接线原理图如图 5-13-8 所示。

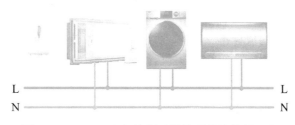

图 5-13-8　卫生间控制系统的硬件接线原理图

卫生间的水浸探测器依靠自身的锂电池供电，智能浴霸、洗衣机和电热水器直接连接 220V 市电。

进行电气安装施工时，智能浴霸、洗衣机和电热水器通过墙上预留的插座连接 220V 市电。

门厅控制系统的硬件接线原理图如图 5-13-9 所示。

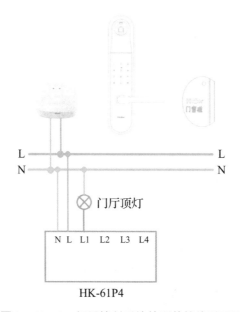

图 5-13-9　门厅控制系统的硬件接线原理图

门厅的智能门锁和门磁依靠自身的锂电池供电，门锁网关直接连接 220V 市电。61P4 智能面板的负载端连接 1 盏顶灯，智能门锁通过门锁网关与无线路由器交互信息。

进行电气安装施工时，门厅的 61P4 智能面板需要预埋 3 根线：1 根火线、1 根零线、1 根与门厅顶灯连接的控制线。门厅顶灯需要预埋 2 根线：1 根控制线连接到 61P4 智能面板的 L1 负载端子，门厅顶灯的零线连接户内零线。门锁网关通过墙上预留的插座连接 220V 市电。

（2）网络系统搭建。

如图 5-13-10 所示，37P3 智能面板、37P4 智能面板、61P4 智能面板、61Q6 智能面板、无线窗帘电机以及双模网关构成私有 ZigBee 协议的无线 mesh 网络，各面板设备之间可以独立于双模网关直接通信。声光报警器、门磁、紧急按钮、红外探测器、水浸探测器和双模网关构成标准 ZigBee 协议的无线通信网络。借助无线路由器，双模网关、上位机、平板和智能音箱构成了包含以太网协议和 WiFi 协议的局域网，它们之间也能实现互联互通。现场各种节点设备借助双模网关、无线路由器能够通过因特网与海尔智慧家居私有云平台通信。

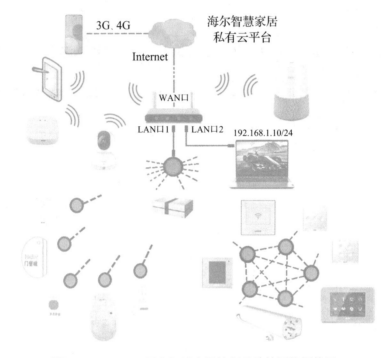

图 5-13-10　三居室智能家居控制系统的网络拓扑图

参照项目五的任务十二介绍的方法，首先构建包含无线路由器、双模网关和上位机的以太网，同时开启路由器的无线 WiFi 和 DHCP 服务功能。

（3）将私有 ZigBee 协议设备集成到网关。

通过上位机的 SmartConfig 软件集成设计私有 ZigBee 协议系统的方法和步骤如下：

步骤 1：按照项目五 - 任务二 - 知识点 6 - ［方法 5-2-11］介绍的方法，创建新工程。

步骤 2：按照项目五 - 任务二 - 知识点 6 - ［方法 5-2-12］介绍的方法，添加客厅和被控负载设备，如图 5-13-11 所示。

步骤 3：按照项目五 - 任务二 - 知识点 6 - ［方法 5-2-12］介绍的方法，添加餐厅和被控负载设备，如图 5-13-12 所示。

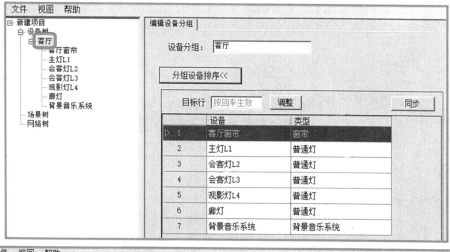

图 5 − 13 − 11　添加客厅和被控负载设备

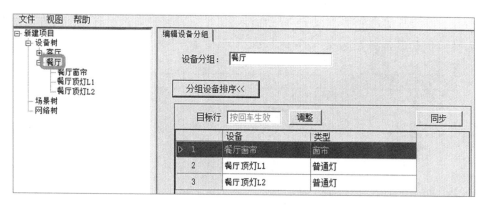

图 5 − 13 − 12　添加餐厅和被控负载设备

　　步骤 4：按照项目五 − 任务二 − 知识点 6 − ［方法 5 − 2 − 12］介绍的方法，添加主卧和被控负载设备，如图 5 − 13 − 13 所示。

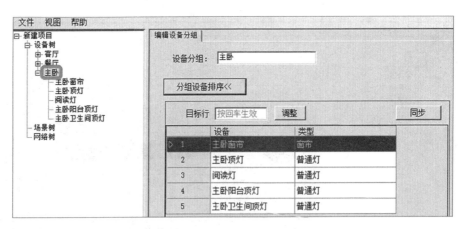

图 5 - 13 - 13　添加主卧和被控负载设备

步骤 5：按照项目五 - 任务二 - 知识点 6 - ［方法 5 - 2 - 12］介绍的方法，添加次卧 1 和被控负载设备，如图 5 - 13 - 14 所示。

图 5 - 13 - 14　添加次卧 1 和被控负载设备

步骤 6：按照项目五 - 任务二 - 知识点 6 - ［方法 5 - 2 - 12］介绍的方法，添加次卧 2 和被控负载设备，如图 5 - 13 - 15 所示。

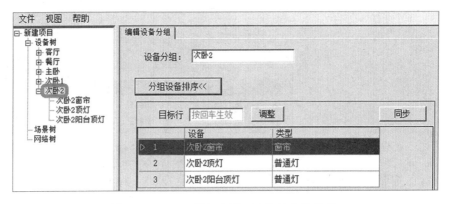

图 5 - 13 - 15　添加次卧 2 和被控负载设备

步骤7：按照项目五－任务二－知识点6-［方法5-2-12］介绍的方法，添加厨房和被控负载设备，如图5-13-16所示。

图5-13-16　添加厨房和被控负载设备

步骤8：按照项目五－任务二－知识点6-［方法5-2-12］介绍的方法，添加卫生间和被控负载设备，如图5-13-17所示。

图5-13-17　添加卫生间和被控负载设备

步骤9：按照项目五－任务二－知识点6-［方法5-2-12］介绍的方法，添加门厅和被控负载设备，如图5-13-18所示。

图5-13-18　添加门厅和被控负载设备

步骤 10：按照项目五－任务二－知识点 6-［方法 5-2-13］介绍的方法，为三居室智能控制系统添加网络和面板设备，如图 5-13-19 所示。

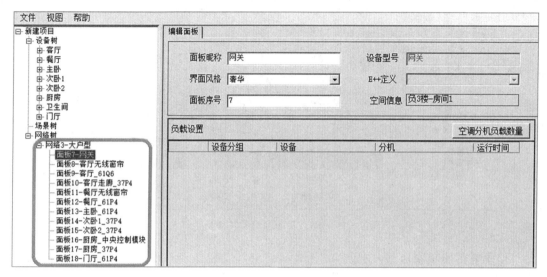

图 5-13-19　添加网络和面板设备

步骤 11：按照项目五－任务二－知识点 6-［方法 5-2-13］介绍的方法，为客厅的无线窗帘面板绑定负载，如图 5-13-20 所示。

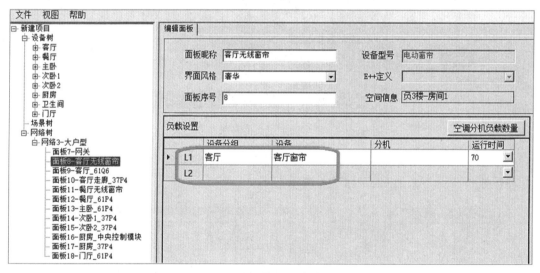

图 5-13-20　为客厅的无线窗帘面板绑定负载

步骤 12：按照项目五－任务二－知识点 6-［方法 5-2-13］介绍的方法，为客厅的 61Q6 智能面板绑定负载，如图 5-13-21 所示。

图 5 – 13 – 21　为客厅的 61Q6 智能面板绑定负载

步骤 13：按照项目五 – 任务二 – 知识点 6 – ［方法 5-2-13］介绍的方法，为客厅走廊的 37P4 智能面板绑定负载，如图 5-13-22 所示。

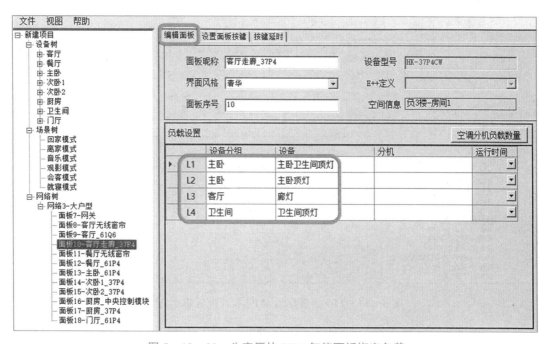

图 5 – 13 – 22　为客厅的 37P4 智能面板绑定负载

步骤 14：按照项目五 – 任务二 – 知识点 6 – ［方法 5-2-13］介绍的方法，为餐厅的无线窗帘面板绑定负载，如图 5-13-23 所示。

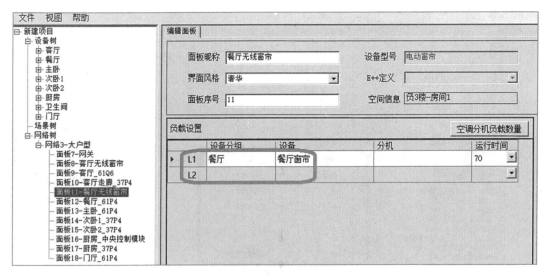

图 5 - 13 - 23　为餐厅的无线窗帘面板绑定负载

步骤 15：按照项目五 - 任务二 - 知识点 6-［方法 5-2-13］介绍的方法，为餐厅的 61P4 智能面板绑定负载，如图 5-13-24 所示。

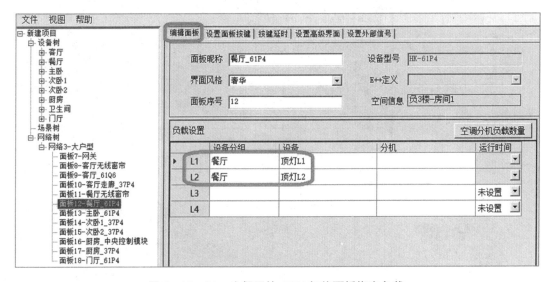

图 5 - 13 - 24　为餐厅的 61P4 智能面板绑定负载

步骤 16：按照项目五 - 任务二 - 知识点 6-［方法 5-2-13］介绍的方法，为主卧的 61P4 智能面板绑定负载，如图 5-13-25 所示。

步骤 17：按照项目五 - 任务二 - 知识点 6-［方法 5-2-13］介绍的方法，为次卧 1 的 37P4 智能面板绑定负载，如图 5-13-26 所示。

步骤 18：按照项目五 - 任务二 - 知识点 6-［方法 5-2-13］介绍的方法，为次卧 2 的 37P4 智能面板绑定负载，如图 5-13-27 所示。

智慧家居物联网云平台控制系统的工作原理、系统集成设计与调试

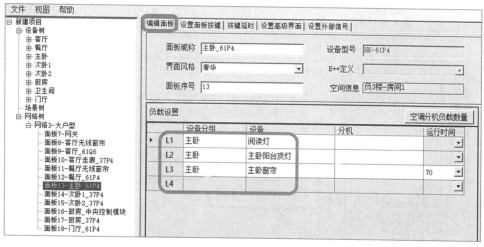

图 5 - 13 - 25　为主卧的 61P4 智能面板绑定负载

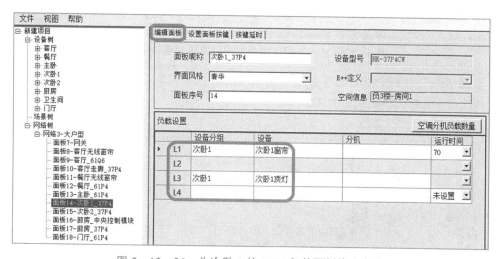

图 5 - 13 - 26　为次卧 1 的 37P4 智能面板绑定负载

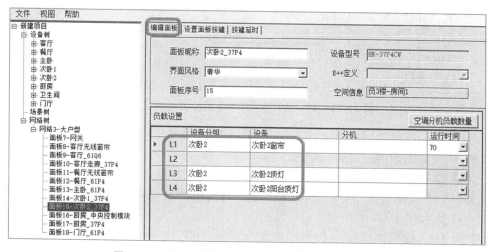

图 5 - 13 - 27　为次卧 2 的 37P4 智能面板绑定负载

步骤 19：按照项目五－任务二－知识点 6－［方法 5-2-13］介绍的方法，为厨房的中央控制模块面板绑定负载，如图 5-13-28 所示。

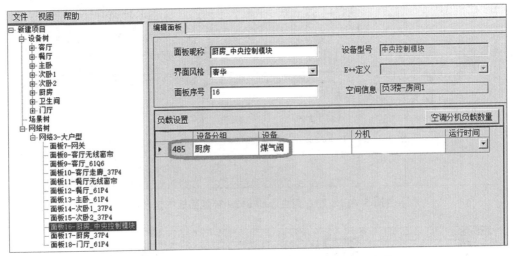

图 5-13-28　为厨房的中央控制模块面板绑定负载

步骤 20：按照项目五－任务二－知识点 6－［方法 5-2-13］介绍的方法，为厨房的 37P4 智能面板绑定负载，如图 5-13-29 所示。

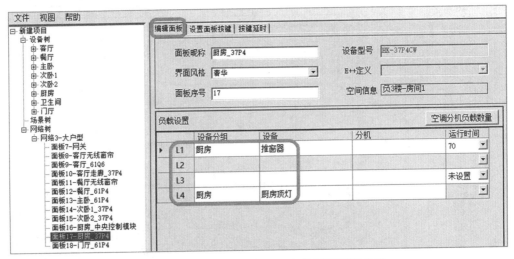

图 5-13-29　为厨房的 37P4 智能面板绑定负载

步骤 21：按照项目五－任务二－知识点 6－［方法 5-2-13］介绍的方法，为门厅的 61P4 智能面板绑定负载，如图 5-13-30 所示。

步骤 22：按照项目五－任务二－知识点 6－［方法 5-2-14］介绍的方法，针对表 5-13-1 中标有①-1 的设备设置回家模式中的自动播放背景音乐功能，如图 5-13-31 所示。

步骤 23：按照项目五－任务二－知识点 6－［方法 5-2-14］介绍的方法，针对表 5-13-1 中标有①-1 的设备设置回家模式中的灯光照明场景，如图 5-13-32 所示。

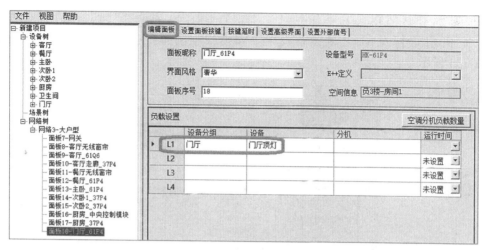

图 5-13-30 为门厅的 61P4 智能面板绑定负载

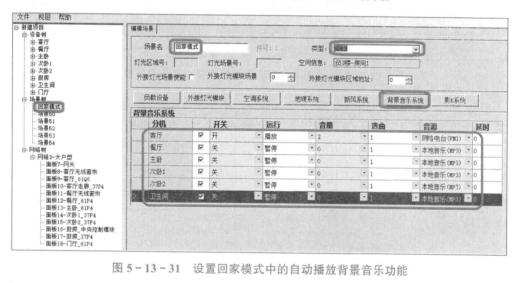

图 5-13-31 设置回家模式中的自动播放背景音乐功能

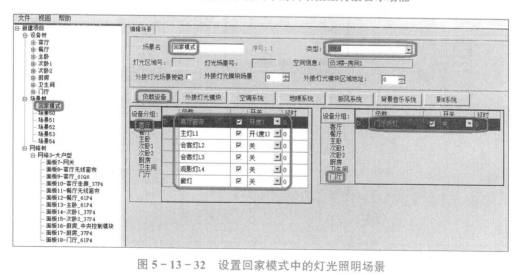

图 5-13-32 设置回家模式中的灯光照明场景

步骤 24：按照项目五 - 任务二 - 知识点 6-［方法 5-2-14］介绍的方法，针对表 5-13-1 中标有① -1 的设备设置离家模式中的暂停播放背景音乐功能，如图 5-13-33 所示。

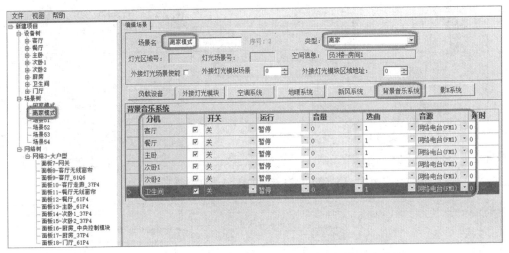

图 5-13-33　设置离家模式中的暂停播放背景音乐功能

步骤 25：按照项目五 - 任务二 - 知识点 6-［方法 5-2-14］介绍的方法，针对表 5-13-1 中标有① -1 的设备设置离家模式中的关闭窗帘和灯光照明功能，如图 5-13-34 所示。

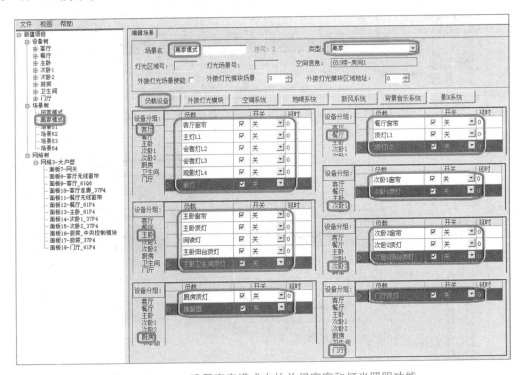

图 5-13-34　设置离家模式中的关闭窗帘和灯光照明功能

步骤26：按照项目五－任务二－知识点6－[方法5-2-14]介绍的方法，针对表5-13-1中标有①－1的设备设置音乐模式中的背景音乐播放功能，如图5-13-35所示。

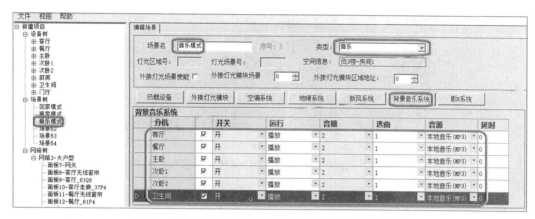

图5-13-35　设置音乐模式中的背景音乐播放功能

步骤27：按照项目五－任务二－知识点6－[方法5-2-14]介绍的方法，针对表5-13-1中标有①－1的设备，设置观影模式中的暂停播放背景音乐功能，如图5-13-36所示。

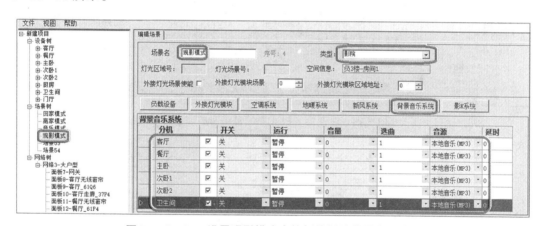

图5-13-36　设置观影模式中的暂停播放背景音乐功能

步骤28：按照项目五－任务二－知识点6－[方法5-2-14]介绍的方法，针对表5-13-1中标有①－1的设备设置观影模式中的灯光照明及窗帘关闭等功能，如图5-13-37所示。

步骤29：按照项目五－任务二－知识点6－[方法5-2-14]介绍的方法，针对表5-13-1中标有①－1的设备设置会客模式中的暂停播放背景音乐功能，如图5-13-38所示。

步骤30：按照项目五－任务二－知识点6－[方法5-2-14]介绍的方法，针对表5-13-1中标有①－1的设备设置会客模式中的打开窗帘和灯光照明功能，如图5-13-39所示。

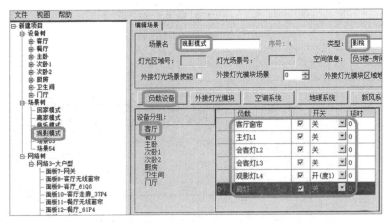

图 5 - 13 - 37　设置观影模式中的灯光照明及窗帘关闭等功能

图 5 - 13 - 38　设置会客模式中的暂停播放背景音乐功能

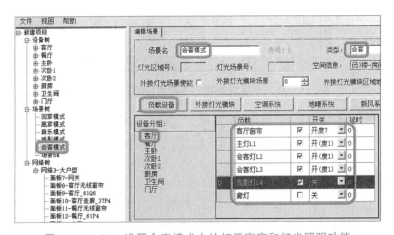

图 5 - 13 - 39　设置会客模式中的打开窗帘和灯光照明功能

步骤 31：按照项目五 - 任务二 - 知识点 6 - ［方法 5 - 2 - 14］介绍的方法，针对表 5 - 13 - 1 中标有①- 1 的设备设置就寝模式中的暂停播放背景音乐功能，如

图 5-13-40 所示。

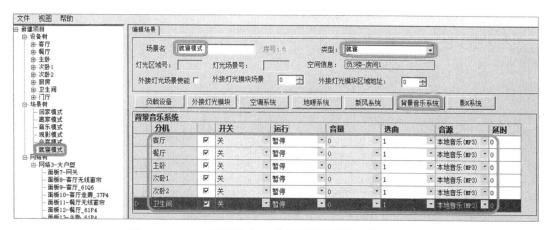

图 5-13-40　设置就寝模式中的暂停播放背景音乐功能

步骤 32：按照项目五 - 任务二 - 知识点 6 - [方法 5-2-14] 介绍的方法，针对表 5-13-1 中标有① -1 的设备设置就寝模式中的关闭窗帘及灯光照明功能，如图 5-13-41 所示。

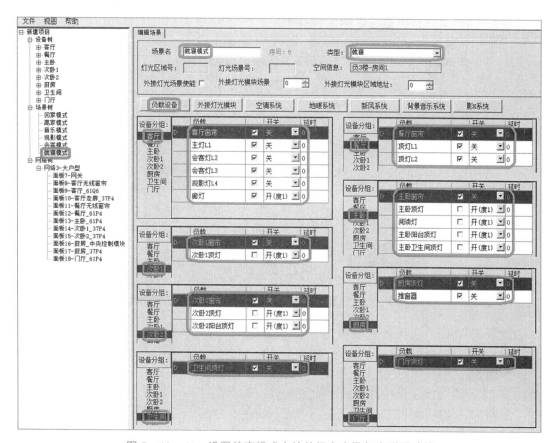

图 5-13-41　设置就寝模式中的关闭窗帘及灯光照明功能

步骤 33：按照项目五 - 任务二 - 知识点 6 - [方法 5 - 2 - 16] 介绍的方法，为客厅的 61Q6 智能面板设备设置按键功能，如图 5 - 13 - 42 所示。

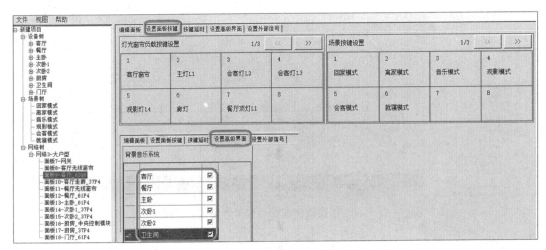

图 5 - 13 - 42　设置客厅的 61Q6 智能面板的按键功能

步骤 34：按照项目五 - 任务二 - 知识点 6 - [方法 5 - 2 - 16] 介绍的方法，为客厅廊道的 37P4 智能面板设置按键功能，如图 5 - 13 - 43 所示。

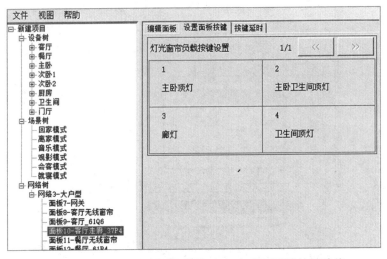

图 5 - 13 - 43　设置客厅廊道的 37P4 智能面板的按键功能

步骤 35：按照项目五 - 任务二 - 知识点 6 - [方法 5 - 2 - 16] 介绍的方法，给餐厅的 61P4 智能面板设置按键功能，如图 5 - 13 - 44 所示。

步骤 36：按照项目五 - 任务二 - 知识点 6 - [方法 5 - 2 - 16] 介绍的方法，给主卧的 61P4 智能面板设置按键功能，如图 5 - 13 - 45 所示。

步骤 37：按照项目五 - 任务二 - 知识点 6 - [方法 5 - 2 - 16] 介绍的方法，为次卧 1 的 37P4 智能面板设置按键功能，如图 5 - 13 - 46 所示。

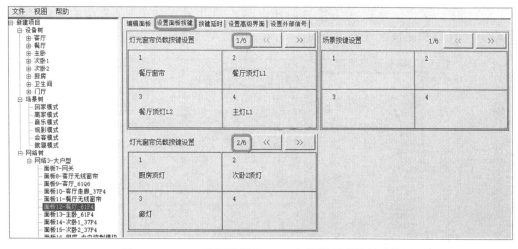

图 5 - 13 - 44　设置餐厅的 61P4 智能面板的按键功能

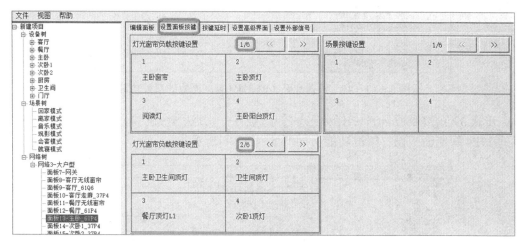

图 5 - 13 - 45　设置主卧的 61P4 智能面板的按键功能

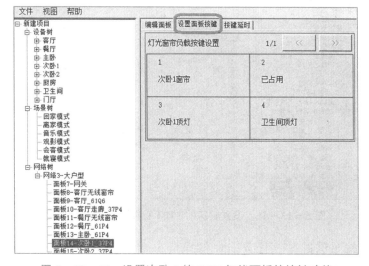

图 5 - 13 - 46　设置次卧 1 的 37P4 智能面板的按键功能

步骤 38：按照项目五－任务二－知识点 6－［方法 5-2-16］介绍的方法，为次卧 2 的 37P4 智能面板设置按键功能，如图 5-13-47 所示。

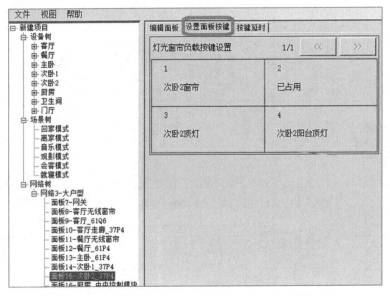

图 5-13-47　设置次卧 2 的 37P4 智能面板的按键功能

步骤 39：按照项目五－任务二－知识点 6－［方法 5-2-16］介绍的方法，为厨房的 37P4 智能面板设置按键功能，如图 5-13-48 所示。

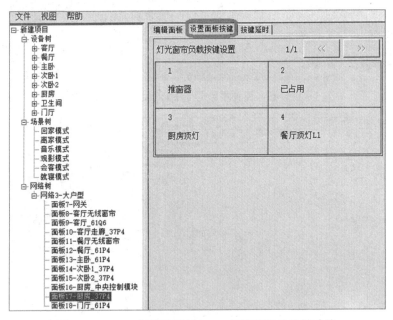

图 5-13-48　设置厨房的 37P4 智能面板的按键功能

步骤 40：按照项目五－任务二－知识点 6－［方法 5-2-16］介绍的方法，为门厅的 61P4 智能面板设置按键功能，如图 5-13-49 所示。

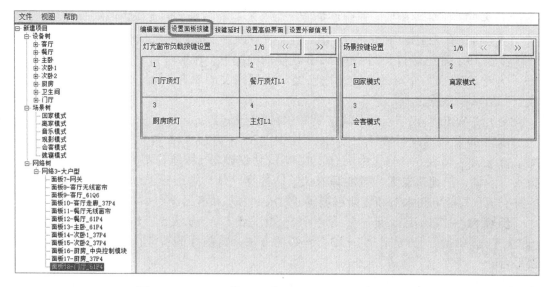

图 5 - 13 - 49　设置门厅的 61P4 智能面板的按键功能

步骤 41：在已经打开网关的 ADB 功能的前提下，按照项目五 - 任务二 - 知识点 2-［方法 5-2-2］介绍的方法，为客厅的双模网关设置网络号为 7、面板号为 7。

步骤 42：按照项目五 - 任务二 - 知识点 4-［方法 5-2-7］介绍的方法，为客厅的 61Q6 智能面板设置网络号为 7、面板号为 9；为餐厅的 61P4 智能面板设置网络号为 7、面板号为 12；为主卧的 61P4 智能面板设置网络号为 7、面板号为 13；为门厅的 61P4 智能面板设置网络号为 7、面板号为 18。

步骤 43：按照项目五 - 任务二 - 知识点 3-［方法 5-2-4］介绍的方法，为客厅的 37P4 智能面板设置网络号为 7、面板号为 10；为次卧 1 的 37P4 智能面板设置网络号为 7、面板号为 14；为次卧 2 的 37P4 智能面板设置网络号为 7、面板号为 15；为厨房的 37P4 智能面板设置网络号为 7、面板号为 17。

步骤 44：按照项目五 - 任务四 - 知识点 2-［方法 5-4-1］介绍的方法，为客厅的无线窗帘电机设置网络号为 7、面板号为 8；为餐厅的无线窗帘电机设置网络号为 7、面板号为 11。

步骤 45：按照项目五 - 任务七 - 知识点 1-［方法 5-7-2］介绍的方法，为厨房的中央控制模块设置网络号为 7、面板号为 16。

步骤 46：在已经打开网关的 ADB 功能的前提下，按照项目五 - 任务二 - 知识点 2-［方法 5-2-3］介绍的方法，把上位机软件集成设计产生的 hex 文件发送给网关。

步骤 47：按照项目五 - 任务二 - 知识点 3-［方法 5-2-5］中图 5-2-14 所示的方法，使用上位机将生成的 bin 文件通过网关一次性发布给所有私有 ZigBee 协议面板设备。

（4）将标准 ZigBee 协议设备集成到网关。

步骤 48：在已经打开网关的 ADB 功能的前提下，按照项目五 - 任务五 - 知识点 1-［方法 5-5-1］介绍的方法，将表 5-13-1 中标有②的标准 ZigBee 协议节点设备

（声光报警器、红外探测器、水浸探测器、紧急按钮和门磁）集成到双模网关。

（5）将私有 ZigBee 和标准 ZigBee 协议节点设备集成到海尔私有云平台。

步骤 49：在已经打开网关的 ADB 功能的前提下，按照项目五－任务二－知识点 3－［方法 5-2-6］介绍的方法，把已经集成到网关的私有／标准 ZigBee 协议设备集成到海尔私有云平台。

（6）将 WiFi 协议节点设备集成到海尔私有云平台。

步骤 50：按照项目五－任务二－知识点 5－［方法 5-2-10］介绍的方法，通过海尔智家 App 将表 5-13-1 中标有③的 WiFi 协议设备（智能音箱、智能电视、网络摄像头、空调、扫地机器人、智能晾衣架、智能燃气灶、智能吸油烟机、智能冰箱、智能洗衣机、智能电热水器和智能浴霸等）集成到海尔私有云平台。

步骤 51：按照项目五－任务十一－知识点 1－［方法 5-11-11］和知识点 2－［方法 5-11-12］、［方法 5-11-13］介绍的方法，将门厅的智能门锁集成到海尔私有云平台。

（7）海尔智家 App 中联动场景的设计。

步骤 52：后续在海尔智家 App 中设置多个联动场景时均需执行如图 5-13-50 所示的操作。

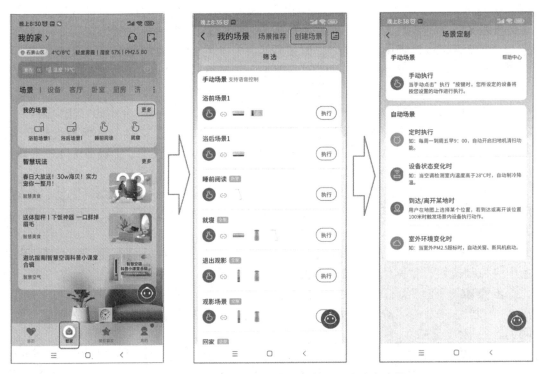

图 5-13-50　进入场景设置界面的通用方法和步骤

步骤 53：在图 5-13-50 所示的最后一页选择"设备状态变化时"，设置"开锁即开门厅灯并语音播报"联动场景，如图 5-13-51 所示。

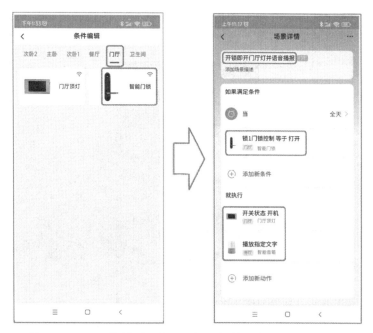

图 5 - 13 - 51　设置"开锁即开门厅灯并语音播报"联动场景

步骤 54：按照图 5-13-52 所示的方法，设置"回家"联动场景，即按照表 5-13-1 中"回家模式"列所述，关闭门厅灯，打开客厅灯，打开空调、热水器和浴霸，撤防红外探测器，等等。

图 5 - 13 - 52　设置"回家"联动场景

步骤 55：参照步骤 54 设置"离家"联动场景，即按照表 5-13-1 中"离家模式"列所述，关闭全屋窗户和灯光，红外探测器布防，等等。

步骤 56：在图 5-13-50 所示的最后一页选择"设备状态变化时"，设置"热水器关机则关闭浴霸"联动场景，如图 5-13-53 所示。

步骤 57：在图 5-13-50 所示的最后一页选择"设备状态变化时"，设置"洗衣完成下降晾衣架"联动场景，如图 5-13-54 所示。

图 5-13-53　设置"热水器关机则关闭浴霸"联动场景

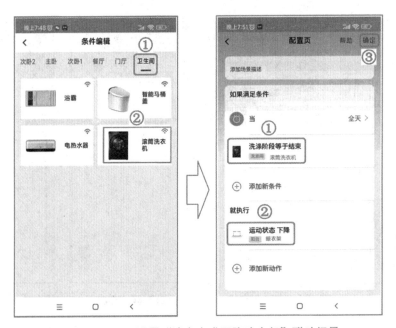

图 5-13-54　设置"洗衣完成下降晾衣架"联动场景

步骤 58：在图 5-13-50 所示的最后一页选择"设备状态变化时"，设置"灶台点火则开启吸油烟机和照明"联动场景，如图 5-13-55 所示。

步骤59：在图5-13-50所示的最后一页选择"设备状态变化时"，设置"灶台熄火则关闭照明延时关闭吸油烟机"联动场景，如图5-13-56所示。

图5-13-55 设置"灶台点火则开启吸油烟机和照明"联动场景

图5-13-56 设置"灶台熄火则关闭照明延时关闭吸油烟机"联动场景

步骤60：在图5-13-50所示的最后一页选择"设备状态变化时"，设置"外人闯入"的报警短信发送联动场景，如图5-13-57所示。

图5-13-57 设置"外人闯入"的报警短信发送联动场景

步骤 61：参照步骤 60 依次设置"厨房发生渗水"、"卫生间发生渗水"、"厨房发生燃气泄漏"和"紧急求助"的短信发送联动场景。

（8）系统功能验证。

1）凭预置的密码打开智能门锁，门厅灯开启、智能音箱语音播报"欢迎回家"。

2）通过本房间的智能面板可以单控本房间的所有设备，还可以控制相邻房间的灯光照明。

3）通过门厅或客厅的智能面板选择"回家模式"或"离家模式"，系统能够按照表 5-13-1 中"回家模式"和"离家模式"两列所述对各房间的私有 ZigBee 协议设备进行相应的控制。

4）通过海尔智家 App 开启"回家模式"和"离家模式"后，可以按照表 5-13-1 中"回家模式"和"离家模式"两列所述对所有协议设备进行相应的控制。

5）通过客厅的 61Q6 智能面板可以在 6 种模式之间随意切换联动场景。

6）关闭卫生间热水器后，浴霸自动关闭，同时开启换气功能，5 分钟后换气功能自动关闭。

7）洗衣机洗涤程序完成后，晾衣架自动降下。

8）点燃燃气灶任意一个灶眼后，吸油烟机立即打开，并且开启吸油烟机照明；熄灭燃气灶的所有灶眼，照明灯马上关闭，5 分钟后吸油烟机关机。

9）通过海尔智家 App 可以单控全屋所有设备。

10）通过智能音箱的语音可以控制被控设备。

11）模拟发生外人闯入、厨房或卫生间渗水、燃气泄漏或紧急求助等意外事件时，手机收到对应的报警短信。

✎ 任务总结与反思

（1）所有私有 ZigBee 协议的节点设备及其负载端连接的设备均需要通过上位机软件 SmartConfig 进行集成设计，而标准 ZigBee 协议的节点设备和 WiFi 协议的节点设备则不需要。

（2）私有 ZigBee 协议节点设备和标准 ZigBee 协议节点设备均需要集成到网关，然后借助安住·家庭 App 通过网关集成到海尔私有云平台。

（3）WiFi 协议的节点设备通过海尔智家 App 即可集成到海尔私有云平台。

（4）上位机 SmartConfig 软件中设置的联动场景，可以通过现场智能面板中的场景按钮来操控；通过安住·家庭 App 中自动生成的联动场景图标也能达到同样的操控效果。上述步骤产生的联动场景与通过安住·家庭 App 和海尔智家 App 重新设置的联动场景无关，它们共存于海尔物联网云平台控制系统中。通过手机/平板独立设置的联动场景只能使用手机/平板 App 来操控，不能通过现场的智能面板操控。

参考文献

［1］李浩，吴建龙，李长艳．基于服务的 AT89x51 单片机的网络体系架构［J］．微型机与应用，2016，35（16）：53－56+59．

［2］李浩，凡明春，陈邹铭，等．嵌入式系统对等式网络的研究与实现［J］．电子设计工程，2020，28（5）：176－180．DOI:10.14022/j.issn1674－6236.2020.05.038．

［3］Louis E．Frenzel Jr．串行通信接口规范与标准［M］．林赐，译．北京：清华大学出版社，2017．

［4］李浩，廖雪梅，袁振文，等．基于西门子 PLC 的群控电梯的研究与实现［J］．测控技术，2015，34（12）：95－99．DOI:10.19708/j.ckjs.2015.12.025．

［5］三轮贤一．图解网络硬件［M］．盛荣，译．北京：人民邮电出版社，2014．

［6］竹下隆史，村山公保，荒井透，等．图解 TCP/IP［M］．5 版．乌尼日其其格，译．北京：人民邮电出版社，2013．

［7］王彦，张金生．数据网组建与维护［M］．北京：北京师范大学出版社，2014．

［8］崔升广．网络互联技术项目教程［M］．北京：人民邮电出版社，2021．

［9］裴丹，江飞涛．数字经济时代下的产业融合与创新效率——基于电信、电视和互联网"三网融合"的理论模型［J］．经济纵横，2021（7）：85－93．DOI:10.16528/j.cnki.22－1054/f.202107085．

［10］解运洲．物联网系统架构［M］．北京：科学出版社，2019．

［11］解运洲．NB－IoT 技术详解与行业应用［M］．北京：科学出版社，2019．

［12］张飞舟，杨东凯．物联网应用与解决方案［M］．2 版．北京：电子工业出版社，2019．

［13］王良民．云计算通俗讲义［M］．3 版．北京：电子工业出版社，2019．

［14］平山毅，中岛伦明，中井悦司．图解云计算架构 基础设施和 API［M］．胡屹，译．北京：人民邮电出版社，2020．